영적혁명을 위한 지침서

영적혁명

無見 김상국 지음

여의

삶의 의미와 가치를 일깨워주시고
진리의 세계로 이끌어주신
한울 김준원 큰스승님께 이 책을 바칩니다.

■ 여는 글

無見 김상국

지금 세상은 변화의 극점極點을 향해 치닫고 있습니다. 지난 100년간의 변화는 그 전에 이루었던 모든 변화를 뛰어넘고 있습니다. 이런 현상은 인류 역사상 일찍이 유래가 없던 일입니다. 그런데 문제는 누구도 이 변화의 끝을 모른다는 것입니다. 어떤 이들은 이런 변화를 통해 새로운 시대로 도약할 것이라 생각하는가 하면, 또 어떤 이들은 황폐화 되어가는 지구 환경과 인간의 무지로 인해 멸망에 이를지도 모른다고 생각합니다. 지금 천문, 지리, 생물, 환경 등 여러 분야에서 많은 과학자들은 나름대로의 연구결과를 가지고 미래에 다가올 불행에 대해 앞 다투어 경고하고 있습니다. 그렇다면 지금 우리는 무엇을 해야 할까요? 변화의 끝에 서 있는 우리는 지금 싫든 좋든 이 물음에 답해야 하는 시점에 와 있습니다.

우리는 지금 우주시대에 살고 있습니다. 그런데도 대부분의 사람들이 영적 무지와 아집과 탐욕에 사로잡혀 있습니다. 이런 인성으로는 절대로 다가올 미래를 주도할 수 없습니다. 자연을 훼손하고 수많은 생명체를 희생시켜서라도 자신만 존재하면 된다고 생각하는 편협하고 저급한 의식이 세상을 이토록 황폐하게 만들어 버린 것입니다. 우리는 이제 우주적인 시각과 의식을 가져야 합니다. 사람영의 차원에서 우주의식과 우주지성을 가진 우주영의 차원으로 거듭나야 합니다. 우주영의 차원으로 거듭나려면 영적 대변혁이 일어나야 합니다. 우리에게 영적 혁명이 일어나지 않는다면 행복하고 가치 있는 삶은 물론 인류의 미래 또한 보장되기 어렵습니다.

영적 혁명을 위해서는 영적 바탕을 바르게 이해해야 합니다. 우리는 '몸'과 '본영'과 '모좌'로 이루어져 있습니다. 우리는 모두 몸을 가지고 살아가며, 몸은 '본영'이 주도하여 '명'을 실행합니다. 그리고 각자가 운영할 힘과 정보의 총화總和인 명이 다하면 '본영'은 몸을 거두고 '모좌'로 돌아갑니다. '모좌'는 몸과 영혼의 근거이며 바탕입니다. 모든 몸(생명체)은 원형原型이자 모형模型인 '모좌'에 의해 만들어지며, 몸을 만들어낼 때 사용된 '모좌'의 프로그램은 그 몸이 살아가는 동안 계속 관여하여 주도하고 조종하며 관리합니다.

우리의 의식 저 너머에는 심오한 고차원의 우주적 실체가 있습니다. 그것이 바로 설계하고 다스리며 실행하는 '제도계製圖界. 濟度界'입니다.

우리가 보고 듣고 느끼고 사고하고 경험하는 저편에는 모든 것을 초월해 있으면서 동시에 모든 것 속에 들어와 작용하고, 모든 것을 쓰기도 하고 모든 것에 쓰이기도 하는 우주적 실체가 있습니다. 우리 눈에 보이는 현실세계는 보이지 않는 우주의 실체가 연출하는 장場. field에 지나지 않습니다. 따라서 우주의 실체를 알아야 자신을 바로 알 수 있고, 모든 문제의 본질을 깨달을 수 있으며, 새로운 세계를 열 수 있습니다.

유전학자가 유전 정보를 재조립하여 새로운 종을 만들어내듯이 우리가 우주적 실체를 깨달아 왜곡歪曲되고 혼탁混濁한 영적 정보를 정화淨化하고 변조變造하여 새롭게 제도해 낼 수 있게 된다면 우리는 영적 대도약을 이루어내어 제3인류로 거듭나게 될 것입니다.

이 책에서는 '내일來日을 알아야 내 일을 알리라'에서 인류가 처한 오늘을 바로 보고, 우리가 왜 제3인류로 도약해야 하는지를 살펴봅니다.

'새 세상을 여는 도리道理'에서는 존망存亡의 위기를 극복하고 영적 대도약을 이룰 새로운 사상으로서 '유○론적 각성법唯○論的 覺醒法'과

'생명장 이론生命場 理論'과 '성층구조成層構造의 인간론'을 제시합니다.

'영적 대도약을 위한 우주영제도'에서는 영적 무지로부터 깨어나 우주적 지성과 의식을 가진 우주영으로 거듭나기 위한 '우주영제도의 근본원리'와 '우주영제도의 수행원리'를 안내합니다.

'우주영제도를 위한 수행법의 실제'에서는 우주영제도를 위한 실제적인 안내로 신체각성법, 의식각성법, 영적각성법을 단계별로 설명합니다.

그리고 부록 '참을 찾아서'는 우리의 내면에 잠들어있는 '참'을 깨워낼 말씀을 실었습니다.

우리 인류가 벼랑 끝에 서 있다는 것은 극적인 변화를 해야 하는 시점에 서 있다는 것을 의미합니다. 이제 우리는 우주근원인 ○('영'으로 읽음)계에서 보내오는 ○적 파도를 타고 조종하여 제3의 인류로 힘차게 날아올라야 합니다.

이 책은 비상飛上과 추락墜落의 벼랑 끝에 서 있는 인류가 오늘의 현실을 바로 보고, 우주만물의 원형인 설계(프로그램)의 변조를 통해 우주지성으로 거듭나는 길을 제시합니다. 이 책을 통해 영적 해방을 맞이하고 영적 혁명을 이루어 우주지성인으로 거듭나기를 진심으로 소망합니다.

contents

하나
내일来日을 알아야 내 일을 알리라

chapter1
지구 대변혁의 서막序幕

지구의 대변혁이 시작되었다 ·· 17
인간의 자연파괴가 극단으로 치닫고 있다 ·· 28
우리를 지탱해온 가치들이 급격하게 바뀌고 있다 ·· 40

chapter2
제3인류의 탄생

제3인류는 이미 시작되었다 ·· 49
이제 영적 파동를 타야한다 ·· 58

둘
새 세상을 여는 도리道理

chapter1
유○론有○論

우주는 ○으로부터 비롯되었다 ·· 71

chapter2
생명장生命場

생명장이 우리의 삶을 좌우한다 ·· 80

chapter3
성층구조成層構造의 인간

우리는 위대한 '하나'를 품고 있다 ·· 97

셋
영적 대도약을 위한 우주영제도

chapter1
우주영제도의 근본원리
인간의 영격靈格과 영적 진화 ‥ 139
영혼과 육체의 구성원리 ‥ 158

chapter2
우주영제도의 수행원리
○계 지도로 이루어지는 우주영제도 ‥ 173

넷
우주영제도를 위한 수행법의 실제

chapter1
신체각성
신체각성을 위한 몸기운영법 ‥ 189
좌판 운기법 ‥ 200
여의 운기법 ‥ 205
기맥 운기법 ‥ 212
숨 조종법 ‥ 221
명상법 ‥ 237
완전 이완법 ‥ 244

chapter2
의식각성
내면의식 관조법 ‥ 253
수數 조종법 ‥ 270
몸섬 운기법 ‥ 274
여의 조종법 ‥ 280

chapter3
영적각성

조건 지도 ·· 297
제도 보조 ·· 301
氣태 운영 ·· 304
지기^{地氣} 조달 ·· 313
업장 제도 ·· 347

chapter4
우주영제도 동참자들의 긍정적 변화

맺는 글 ·· 360

부록 참을 찾아서 ·· 363

용어해설 ·· 400
참고문헌 ·· 414

*이 제도는 당신의 영혼을 맑고 순수하게 합니다.

자리를 정하고 앉아서 몸과 마음을 가다듬은 후, 회로에서 약 10㎝ 위에 양손을 펴서 가볍게 띄워놓고 의식을 집중합니다. 점차 따뜻한 온열감, 찌릿찌릿한 전류감, 밀고 당기는 자력감 등의 기감을 느끼게 됩니다. 기운이 이끄는 대로 자연스럽게 氣의 흐름을 타십시오.

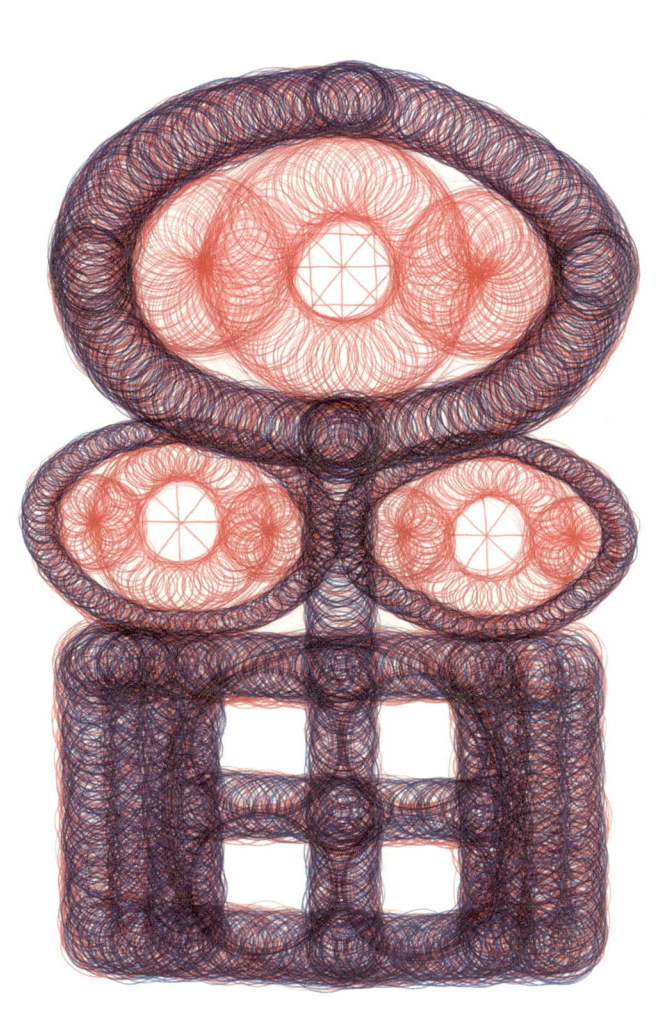

하나.

내일來日을 알아야
내 일을 알리라

믿어야 할 것을 믿지 않거나
믿지 않아야 할 것을 마구 믿어버리는 것은
모두가 위험하다.

지구 대변혁의 서막 序幕

chapter1

지구의 대변혁이 시작되었다

지구는 아주 특별한 별이다

 우리 모두의 삶의 요람인 지구는 필연적인 기적들을 멋지게 이루어낸 아주 특별한 별이다. 지금까지 지구는 지구가 될 수밖에 없는 모든 조건들을 완벽하게 충족시켜 왔다. 지구는 태양과 적당한 거리, 적당한 크기, 적당한 속도의 자전과 공전, 그리고 적당한 기온과 압력을 가짐으로써 물을 보존할 수 있었고, 그로써 지구에는 온갖 생명체들이 살아갈 수 있는 환경이 조성되었다. 생명 탄생을 위해서는 기본적으로 적당한 온도와 습도, 압력과 재료가 필요하며, 이 모든 것을 혼합하는 에너지원이 있어야 한다. 약 46억

년 전부터 지구는 수증기로 가득한 대기를 식혀서 바다를 만들고, 원시지각을 용해시켜서 대륙을 만들고, 이산화탄소를 대륙과 해양으로 보내서 생명 탄생에 필요한 모든 조건들을 착실하게 준비해 왔다. 이는 마치 지구가 분명한 의지를 가지고 생명체의 등장을 위한 무대 연출을 해 온 것처럼 보인다. 그런데 우리의 요람인 지구가 일찍이 유래가 없는 대변혁을 시작했다. 우리가 이 변혁을 어떻게 바라보고 어떻게 대처하느냐가 우리의 미래를 결정하게 될 것이다.

내일을 알아야 내 일을 알리라

한울 김준원 큰스승께서는 '내일을 알아야 내 일을 알리라'고 말씀하셨다. 그것은 자기의 내일^{來日}을 알면 자기가 오늘 행할 바를 알고, 인류의 내일^{來日}을 알면 인류가 이 시대에 행해야 할 바를 안다는 의미다.

행할 바를 알려면 먼저 우리가 어떤 상황에 처해 있는지를 알아야 한다. 지금 인류는 유래 없는 빠른 속도로 변화를 거듭하는 대변혁의 시대에 살고 있다. 지구 환경 파괴의 심각성으로 인해 자칫 전 인류가 멸망할 수도 있는 극히 위험한 시대에 살고 있기도 하다. 한마디로 우리가 처한 상황은 매우 불안정하고 위험한 상태라 할 수 있다. 그런데도 각자의 생존에 급급하여 스스로 자멸^{自滅}의 길로 가고 있는 것이 오늘날 우리 인류의 안타까운 현실이다. 우리는 지나온 과거를 되돌아보고, 다가올 미래를 내다봄으로써 우리가 나아갈 길을 찾아야 한다. 지구라는 토대 위에서 살아가는 한 우리는 절대로 지구환경과 무관하지 않기 때문이다.

다음은 우리가 처해 있는 지구의 오늘을 보여주는 대표적인 현상들이다. 이를 통해 우리가 지금 어디에 서 있는지 살펴보기로 하자.

태양에너지의 유입량이 크게 증가하고 있다

지구로 들어오는 태양에너지의 양은 거의 일정하게 유지되어 왔는데, 그것이 지금 점점 더 증가하고 있다고 한다. 지구로 들어온 태양에너지 중 30%정도는 대기권에서 반사되고, 약 20%는 대기에 머물며, 나머지 50%는 대기권 안으로 들어온다. 그 50% 중에 절반 정도가 생명체를 키워내고 나머지는 다시 반사되어 나가는데, 이때 대기에 머물고 있던 에너지를 끌고 나감으로써 일정한 평형상태를 유지하게 된다. 그런데 들어오는 태양에너지의 양이 갑자기 증가하면 에너지 조절에 문제가 생긴다.

지구에 태양에너지의 유입량이 증가하면 지진과 화산활동이 활발해진다. 태양은 핵융합 반응을 일으키면서 두 세 시간에 한 번씩 태양풍太陽風이라는 어마어마한 우주선宇宙線을 방출한다. 우주선은 양성자, 전자 등의 강력한 파괴력을 가진 고에너지 입자를 말하는데, 밴앨런대(Van Allen Belt)는 이러한 치명적인 우주선으로부터 지구상의 모든 생명체를 보호하는 보호막 역할을 한다. 밴앨런대는 지구라는 거대한 자석에서 발생하는 자력선으로 인해 지구 상공에 이중 도넛 모양으로 형성되는 3차원의 에너지 장을 말한다. 이 밴앨런대가 감소하면 태양에너지의 유입량이 증가하여 빙하가 감소하고, 그로 인해 가벼워지는 대륙이 생기면서 외핵의 유동상태가 증가한다. 이로써 대륙판의 이동이 쉬워져 지진이나 화산활동이 빈번하게 된다. 지금 이런 일련의 현상들이 점점 더 활발하고 강렬하게 일어나고 있다.

금년 초 아이티에서 발생한 강진은 최소 35만 명 이상의 희생자를 냈고, 칠레를 비롯한 세계 곳곳에서 지진으로 수많은 사상자가 발생했다. 또한 세계 곳곳에서 한파와 폭설, 폭염과 폭우로 수많은 사람이 희생되었고, 그로 인해 삶의 터전은 점점 더 황폐해지고 있다. 지구에 엄청난 변화가 일어나고 있는 것이다.

지구의 자기장(磁氣場)이 급속도로 약화되고 있다

태양에너지의 유입량이 증가하면 외핵의 온도가 상승하면서 유동상태가 증가하고, 자기물질(磁氣物質)의 불규칙성이 증가하며, 그로 인해 지표면 자기장인 지자기(地磁氣, Earth's magnetic field)가 감소하게 된다.

지자기(地磁氣)가 약화되면 태양방사선으로부터 지구를 보호하는 밴앨런대의 기능이 약해지게 된다. 이러한 지자기의 약화는 일단 동물에게 많은 영향을 준다. 지자기는 모든 생명체에 신호체계 역할을 하는데, 철새는 물론 연어 같은 어류와 돌고래에 이르기까지 온갖 동물들이 지자기를 이용해서 이동하기 때문이다.

지자기의 약화는 인간의 뇌 구조와 인식체계에도 지대한 영향을 주게 된다. 인간의 의식은 에너지로 작용하며, 에너지는 전기와 자기를 포함한다. 인간의 뇌에 있는 수백만 개의 미세한 자기(磁氣) 입자들은 우리가 인식하지 못하는 사이에, 다른 동물들처럼 매우 강력하고 직접적이며 긴밀한 방식으로 지구 자기장과 연결하여 살아가고 있다.

이처럼 지구 생명체에게 일종의 신호체계 역할을 하고 있는 지구 자기장은 신경계 및 면역체계와 더불어 공간과 시간, 꿈, 심지어 현실에 대한 인지능력에도 지대한 영향을 주고 있다고 알려져 있다. 이런 자기장에 변화가 일어난다면 인간의 뇌 구조와 인식체계에도 거대한 변혁이 일어날 것이다. 자기장이 급격하게 약화되면 생명체는 커다란 혼란을 겪게 되고 심할 경우 생명체가 멸종할 수도 있다고 한다. 지질학적 측정 결과에 따르면, 지자기 강도는 2000년 전의 최대치에서 현재는 38%가 줄어든 상태이며, 1800년대 중반부터 100년간 총 7%가 감소해 이전보다 감소 추세가 점점 더 빨라지고 있다.

지구의 평균기온이 급격하게 상승하고 있다

지구의 평균기온이 일정하게 유지되어야 생명체들이 살아갈 수 있는데, 이 균형이 지금 급격하게 흔들리고 있다. 지구는 태양과 적당한 거리에서 돌고 있으며, 대기층에는 열을 가두는 성분인 이산화탄소, 메탄가스, 수중기 등이 있어서 약 25℃ 정도의 일정한 온도를 유지하여 생명체가 살 수 있는 환경을 형성한다.

지구가 일정한 온도를 유지하는 것은 우리 인체와도 같다. 인체는 36.5℃의 체온을 유지하는데, 만약 여기에서 약 3~4℃만 오르거나 내리면 생명이 위험해진다. 우리는 생각보다 아주 작은 경계 내에서 불안정한 균형을 이루며 살아가고 있는 것이다. 그것은 지구도 마찬가지다. 지구도 평균기온이 약 3℃ 정도만 오르거나 내리면 매우 심각한 상태가 되고, 6℃ 정도가 오르거나 내려가면 불타거나 얼어붙게 된다고 한다. 지구의 평균기온이 어느 정도 오르내리느냐에 따라서 지구 전체가 불 탈 수도 있고 얼어버릴 수도 있는 것이다. 현재의 지구온도는 지구 역사상 백만 년을 통틀어 가장 높았던 기온대보다도 1℃ 정도가 높다고 한다. 지구기온의 급격한 변화는 모든 문제의 시발점이 될 것이다. 생명활동의 근거가 되는 지구 환경의 부정적 변화는 인간 생존에 치명적인 결과를 초래하게 될 것이 분명하다.

수증기와 이산화탄소, 메탄가스 등은 지구에 열을 가두는 역할을 하는데, 지난 수십만 년간 유지되던 이산화탄소의 농도가 280ppm에서 400ppm이상으로 높아졌다고 한다. 산업혁명 이후 이산화탄소 농도는 연간 5ppm씩 증가하고 있는데, 이는 2억 5천만 년 전, 생물의 95%가 사멸했던 당시의 이산화탄소 증가량보다 300배 이상 빠른 증가 속도라고 한다. 온실효과가 인간 때문만은 아니라 하더라도 인간이 차량과 공장에서 엄청난 양의 이산화탄소와 메탄 등의 온실가스를 내보냄으로써 지구 온도를 높이는데 일조하고 있다.

빙하가 사라지고 있다

지구 온난화로 극지대의 빙하와 만년설이 급속히 녹아내리고 있는 것은 매우 심각한 문제이다. 이는 지구의 온실효과를 더욱 부채질하고 있다. 지표면의 눈과 얼음, 빙산 등이 햇빛의 90% 이상을 바로 반사시키는데, 빙하가 녹아버리면 5~10% 밖에 반사하지 못한다. 반사시키지 못한 햇빛은 열의 형태로 바다와 대기권에 흡수된다. 그러면 빙하가 녹는 속도와 지구 기온이 상승하는 속도가 점점 더 빨라지게 된다. 남극까지 녹는다면 더욱 심각한 상황이 될 것이다. 북극과 달리 남극빙하는 대륙을 덮고 있는 빙하이다. 이 빙하가 녹아 바다로 유입되면 바다의 수위가 높아지는 데 결정적인 역할을 하게 될 것이다.

최근 지구의 온도 상승 폭은 0.7℃인데, 현재의 이산화탄소의 분포량만으로도 지구 기온을 0.5℃ 더 상승시키게 된다고 한다. 고작 0.7℃의 기온 상승으로 북극의 빙하가 20% 이상 녹아내리고 북극의 동토凍土가 녹기 시작했다. 특히 극極지대에서는 온도 상승이 증폭되어 앞으로 몇 십 년 내에 빙하가 완전히 사라질 것이라고 한다. 지구의 냉장고 역할을 해왔던 극지방의 빙하가 이렇게 급속하게 녹아내리고 있는 것이다. 최악의 상황에서도 100년은 끄떡없으리라 예상했던 거대 빙하들이 녹아내리면서 냉장고를 잃은 지구는 점점 더 빠른 속도로 뜨거워지고 있다. 이미 멈출 수 없는 악순환이 시작된 것이다. 단 0.7℃의 차이가 이렇게 큰 변화를 일으키고 있다. 지구 온난화는 이제 우리의 현실이고 그로 인한 파괴력은 상상을 초월할 것이다.

빙하가 녹으면 해수의 순환에도 문제가 생긴다. 따뜻하게 데워진 적도의 물은 극지방으로 흐르고, 극지에 있는 염도가 높은 물은 밀도가 커서 심해로 가라앉은 채 적도로 흐른다. 이 과정에서 자연스럽게 열 교환이 일어나는데, 이는 뜨거운 공기가 위로 가고 차가운 공기는 가라앉는 대류 순환과도 같다. 그런데 기온이 올라가서 극지에 있는 빙하가 빠르게 녹으면 빙하가 녹은 담수가 극지

極地로 유입되어 극지의 해수 염도가 낮아진다. 그러면 해수의 밀도가 낮아져서 물은 심해로 가라앉지 못한다. 결국 해수의 순환이 정지되고 열 교환이 일어나지 않게 되어 바다가 죽게 된다.

바다의 수온이 올라가면 바다 생명체들도 살기 어려워진다

바다의 수온이 높아지면 플랑크톤^{Plankton}이 살 수 없고, 그로 인한 산소 고갈로 바다 생물이 살 수 없게 된다. 2억 5천만 년 전, 지구 생물의 95% 이상이 사라진 페름기 말의 대멸종이 그 예다.

매년 세계 산호초의 3분의 1과 생물 수만 종이 멸종해 가고 있다. 산성화된 바다에서는 산호들이 녹기 시작했다. 산호초는 바다 생물의 생존 기반이 된다. 따라서 산호초의 멸종은 인간을 비롯한 생명체계에 심각한 영향을 미칠 것이 분명하다. 그런데도 인간들은 해산물을 계속 채취해서 황폐화를 가속화시키고 있다. 대양의 어류가 너무도 빨리 멸종해 가고 있어서 40년 뒤에는 해산물을 먹는다는 것이 먼 기억 속의 일이 될 것이라고 한다.

각종 질병과 전염병이 날로 심각해지고 있다

신종 인플루엔자와 같은 바이러스^{virus}에 의한 각종 전염병의 대유행은 전 세계를 죽음의 공포로 몰아넣었다. 드디어 본격적인 인간과 바이러스와의 전쟁이 시작된 것이다. 몇 년 전에 극성을 부리던 조류 인플루엔자에 이어 금년에는 신종 인플루엔자가 '대유행'에 이르렀다. 현재는 잠시 주춤하고 있으나 만약 신종 인플루엔자의 전염속도에 사스^{SARS}와 같은 사망률이 더해진다면 생각만 해도 끔찍한 사태가 일어날 것이다. 앞으로 온난화된 지구에 수많은 질병과 전염병이 창궐할 가능성이 매우 높다.

온난화의 원인은 온실가스만이 아니다

지구 온난화의 원인은 크게 보면 온실가스설과 자연순환설, 그리고 태양활성화설의 세 가지로 요약해 볼 수 있다.

온실가스설은 지구의 대기 속에 존재하는 수증기, 이산화탄소, 메탄 등이 땅에서 복사되는 에너지를 흡수함으로써 온실효과를 일으킨다는 견해로서 특히 인간에 의한 이산화탄소 배출을 주된 원인으로 본다. 인간이 산업화를 진행하면서 사용하게 된 석유, 석탄, 천연가스 등에 의해 이산화탄소의 배출량은 크게 늘어났고 그것이 지구 온난화를 가속시키고 있다는 것이다.

자연순환설은 지구와 태양 간에 일어나는 변화 즉, 공전궤도의 변화, 자전축의 변화, 지구의 세차운동 주기에 의해 지구에 유입되는 태양에너지의 양이 변화되며, 이로 인해 빙하기와 간빙기가 교차하면서 온다는 설이다.

태양활성화설은 태양이 전례 없이 활성화됨으로써 지구로 입력

되는 에너지양이 증가하여 지구 온난화가 이루어진다는 설이다.

나는 이들 중 어느 하나의 원인 때문이 아니라 여러 가지 요인들이 복합적으로 작용하여 상승효과를 내면서 가속화된다고 본다. 즉, 지구 온난화는 인간의 노력으로 해결 가능한 요인과 불가항력적인 요인이 함께 있다. 중요한 것은 원인이 무엇이든 지구 온난화는 매우 급박하게 진행되고 있다는 것이며, 우리는 때를 놓치지 말고 유리한 대비를 해야 한다는 사실이다.

지구는 점점 더 통제하기 어려워지고 있다

앞에 열거한 사실들만으로도 우리가 경각심을 갖기에 충분하다. 그런데 더욱 심각한 것은 우리 인류가 안고 있는 여러 문제들이 단순히 우리 인간의 무분별한 개발과 소비 때문만은 아니라는 데 있다. 언제든지 일어날 수 있는 다른 행성과의 충돌, 태양의 흑점활동에 따른 태양 에너지의 증가, 지구 온난화와 지자기의 감소, 대규모의 지진과 화산, 오존층의 파괴와 온실효과 등등….

현재 우리 인간의 힘으로 해결하기에는 역부족인 것들이다. 여기에 하늘과 땅과 바다를 온통 독(毒)으로 덮어가는 각종 공해, 모든 재앙의 발단이 되는 인구증가와 끝이 보이지 않는 민족 간의 갈등과 전쟁, 인류를 파멸로 몰고 갈 가공할 핵무기, 그리고 세상을 주도하고 있는 인간의 저급한 인성은 우리의 미래를 더욱 어둡게 하고 있다.

우리는 지구가 생명체들이 살 수 없는 끔찍한 영토로 바뀌는 것을 막을 수 있을까? 막을 수 있다면 시간이 얼마나 남았을까? 어쩌면 지구는 이미 스스로 통제 할 수 없는 지경에 이르렀는지도 모른다.

인간의 자연파괴가 극단極端으로 치닫고 있다

쓰레기 섬

지금 전 세계 해양은 쓰레기로 인해 죽음의 바다가 되어가고 있다. 1997년, 미국 서부 샌프란시스코와 하와이 섬 사이에서 텍사스 주의 두 배에 달하는 쓰레기 섬이 발견 되었다. 그뿐만 아니라 일본과 하와이 섬 사이에서도 한반도의 여섯 배에 달하는 거대한 쓰레기 섬이 발견됐다고 한다. 이것은 환태평양 지대를 흐르는 바닷물이 해류를 따라서 흐르다가 한 지점에서 해류가 급격하게 느려지는 곳이 있는데, 이곳에 해양 쓰레기가 모여 만들어진 것이다. 주로 동아시아와 북미에서 흘러나온 쓰레기들로 각종 플라스틱 병과 폐타이어, 버려진 그물, 장난감 등 90% 이상이 인간이 버린 쓰레기라고 한다.

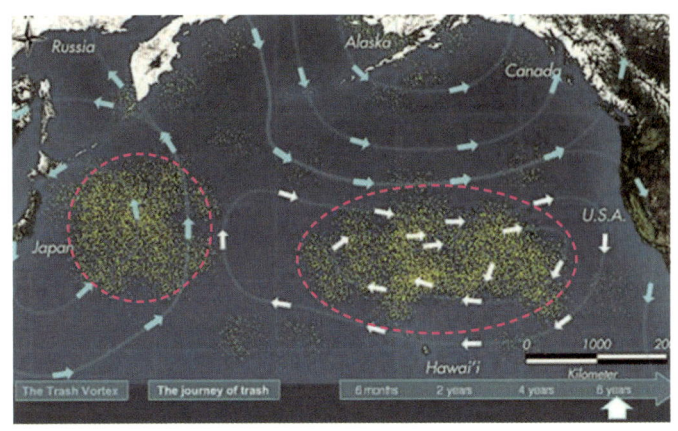

북태평양에 형성된 쓰레기섬

    쓰레기 섬이 발견된 지 12년 후인 지난 2009년, 쓰레기 섬의 크기는 두 배로 커져 있었다. 녹지 않는 살충제와 폴리염화비닐 등으로 인한 독성물질 또한 이전보다 두 배 이상 강력해졌다고 한다. 태평양에 형성된 쓰레기 섬은 태평양 전체 면적의 8%에 해당하며 무게로는 약 1억 톤에 이른다. 더욱 심각한 것은 이런 쓰레기 섬이 태평양뿐만 아니라 전 세계 해양에서 속속 발견되고 있다는 것이다. 해양 부유 쓰레기의 전체 양은 북태평양 환류 쓰레기의 다섯 배에 이른다고 한다. 이런 쓰레기 섬이 움직이면서 해양 생물들을 희생시키고 있다. 쓰레기 섬 주변의 플랑크톤이 쓰레기에 오염되고, 이것을 먹은 물고기가 오염되고, 결국 물고기를 먹은 인간이 오염되는 악순환이 계속되고 있다. 이대로 방치한다면 생명의 원천인 전 세계 해역은 죽음의 바다가 되고 말 것이다.

부유 쓰레기를 없애는 방안이 모색되고 있지만 아직까지는 마땅한 해결책이 없는 실정이다. 쓰레기의 양이 너무도 방대하여 통째로 옮길 수도 없고, 대부분이 플라스틱이라서 태울 수도 없다고 한다. 이것을 태울 경우 심각한 독이 발생하며, 독성을 지닌 재가 그대로 바다에 가라앉아 또 다른 문제를 야기하게 된다. 옮길 수도 없고 태울 수도 없어 그대로 방치되고 있는 가운데 쓰레기 섬은 점점 더 거대해지고 있다.

인간의 이기심이 자연을 심각하게 오염시키고 있다

오염원은 부유 쓰레기뿐만이 아니다. 세계 각국에서 앞 다투어 공해公海에 버리고 있는 각종 산업폐기물과 건축폐기물 등은 그 규모를 가히 상상조차 할 수 없다. 그로 인해 바다 밑에는 각종 폐기물들이 쌓여가고 있다. 바다 위에 떠있는 부유 쓰레기와 바다 밑을 메우고 있는 폐기물들이 무서운 독을 뿜으며 해양 생물을 죽음으로 몰아가고 있다. 그리고 그 영향은 결국 다시 우리에게 되돌아오고 있다. 이와 관련된 질병도 계속 늘어가는 추세이다. 물고기가 수은과 같은 중금속이나 살충제, 제초제 등에 중독되고 그런 물고기를 먹은 인간은 암과 노화가 촉진되며 퇴행성 질환 등의 병증이 유발된다. 인간이 태내에 있을 때 화학물질에 노출이 되면 그 영향이 최소 3대까지 미치게 된다고 한다. 우리는 지금 자신도 모르는 사이에 후손들에게 독을 먹이고 있는 것이다. 바다가 언제까지 정화기능을 유지할 수 있을까? 바다가 정화기능을 잃게 되면 육지 생물도 더 이상 살 수 없게 된다.

인간이 수많은 생물을 멸종위기로 몰아넣고 있다

인간이 지하자원을 닥치는 대로 캐내서 쓰고 있다. 자원은 점점 고갈되어 가고 있고 지구 생물체의 가파른 멸종현상은 계속되고 있다. 세계경제가 성장하면서 자원의 소비가 급격히 늘어나 생명체계가 심각하게 붕괴되고 있다. 그 결과는 인간의 생존위협으로 되돌아오고 있다. 유엔의 환경 계획 보고에 따르면 매년 5만 5천 종이 인간 때문에 멸종한다고 한다.

제3차 세계 생물다양성 전망 보고서에 따르면 1970년부터 2006년까지 지구상에 서식하는 생물종의 31%가 사라졌는데, 특히 열대지역에서는 59%, 청정지역에서는 41%가 멸종됐다고 한다. 환경 전문가들은 지구를 정상적으로 가동하는 생태시스템이 이미 제 기능을 상실했고, 지구 환경을 원래대로 복구하는 것은 이미 불가능해 보인다고 발표했다.

비극적인 것은 인간의 멸망이 아니라 인간이 수많은 생물을 멸종위기에 빠뜨린다는 사실이다. 인간이 너무 많은 자원을 독식^{獨食}

해 버렸고 수많은 생물을 멸종위기에 빠뜨렸다. 지구를 이렇게 황폐하게 만든 것은 말할 것도 없이 바로 우리 자신이다.

사막화와 황폐화 또한 자연현상으로만 볼 수 없다

온난화로 지구기온이 올라가면 물의 증발량이 많아지고 그만큼 대기 중의 수증기량도 늘어난다. 증가한 수증기는 폭설과 폭우로 이어져 곳곳에서 홍수가 일어나고 이것은 사막화로 이어진다. 현재 육지의 3분의 1이 사막화되어 있는 가운데, 점점 더 빠른 속도로 진행되고 있다

사막화의 원인은 지구환경 자체의 문제도 있으나 인간의 영향 또한 무시할 수 없다. 인간은 농경을 하면서부터 문명을 이루기 시작했다. 농경의 발달은 고도의 관개시설을 개발하였고 더욱 안정된 생산성이 보장되었다. 안정된 생산은 인구증가를 촉진시켰고, 그것은 다시 더 많은 농지와 관개시설을 필요로 하게 되었다. 그래서 결국 지하수를 끌어올려야만 했다. 그 결과 지하수의 고갈과 토양의 황폐화가 일어났다. 이미 지구상의 토양은 30% 이상 심각하게 파괴된 상태라고 한다.

토양의 파괴와 침식은 그대로 사람에게 피해를 주고 바다를 오염시킨다. 이러한 현상은 단기간에 일어나는 것이 아니라 오랜 기간 동안 서서히 진행되면서 토지는 회복불능의 상태가 되고 결국

사막화로 이어지게 된다. 인간의 편의와 이기심으로 훼손되고 오염된 자연은 이제 인간을 노리는 부메랑이 되어 재앙으로 되돌아오고 있는 것이다.

인간의 자연파괴는 불의 사용으로부터 시작되었다

인간이 땅 속에 숨겨진 화석연료를 발견하면서부터 자연을 엄청나게 파괴하기 시작했다. 약 200년 전, 산업혁명과 함께 화석연료의 시대가 열리면서 인간은 삶의 방식과 리듬이 완전히 달라졌다. 산업혁명 이후 인간은 자연을 무한자원으로 인식하여 무한성장과 무한확장을 이루어 왔다.

인간의 역사는 불의 역사이며 불이 인간의 진화를 주도해왔다고 해도 과언이 아니다. 그런데 아이러니하게도 인간이 불을 다루게 되면서부터 삶의 터전인 지구가 황폐화되기 시작했다. 불의 사용은 처음에는 아주 느리게 발전했으나 갈수록 빨라져서 지금은 그 속도를 상상할 수조차 없게 됐다. 우리는 이제 다른 생물과 달리 불이 없으면 꼼짝도 못하게 되었다.

인구의 폭발적인 증가 또한 불에서 그 원인을 찾을 수 있다. 인간이 화석연료인 석탄, 석유, 천연가스 등을 찾아내면서부터 인구가 급격하게 증가하기 시작했다. 산업혁명이 시작되기 전인 200년 전의 세계 인구는 10억에 지나지 않았다. 이것이 두 배인 20억이 되는 데는 130년(1930년)이 걸렸으며, 30억이 되는 데는 30년(1960년) 밖에 걸리지 않았고, 현재는 이미 60억을 넘어선지 오래다. 이렇게 인구가 급격히 늘어날 수 있었던 것은 전적으로 화석연료에 기인한다. 화석연료를 쓰면서부터 이 모든 것이 가능하게 되었다. 화석연료의 소비는 물과 흙까지 동반 소비하여 자원고갈을 재촉하고 있을 뿐만 아니라 공기와 물과 토양을 심각하게 오염시키고 있으며, 산성비와 지구 온난화와 이상기후를 초래하고 있다.

그리스 신화에서 프로메테우스^{Prometheus}가 하늘의 불을 훔쳐서 인간에게 가져다 준 죄로 벌을 받는 장면이 나온다. 왜 신은 인간을 이롭게 한 프로메테우스에게 벌을 주었을까? 그것은 프로메테우스가 인간에게 불을 전해줌으로써 지구를 못 쓰게 만들었기 때문이다. 인간은 지금 수많은 생명체가 수억 년에 걸쳐 저장해온 화석연료들을 캐내어 마구 쓰고 있다. 어쩌면 이제 우리 인간도 프로메테우스와 같이 벌을 받아야 할지도 모른다.

인간은 자연의 일부이며 자연 그 자체이다

인간은 자연과 절대로 무관할 수 없다. 인간이 지상에서 가장 우월하다는 생각, 자연계와 별도로 존재한다는 생각, 그리고 모두를 지배한다는 생각은 잘못된 것이다. 우리는 자연과 떨어져서는 존재할 수 없다. 우리는 인간이 대체 할 수 없는 자연의 역할이 있다는 것을 깨달아야 한다. 꽃가루받이나 이산화탄소를 산소로 바꾸는 것 등은 벌과 나비와 바람과 숲 등 자연의 역할로서 이는 인간의 힘으로는 도저히 감당할 수 없다. 꿀벌이 하던 꽃가루받이를 인간이 무슨 수로 해낼 수 있겠는가? 또한 인간은 식물이 광합성을 통해 만든 탄수화물을 먹고 식물이 내놓은 산소를 마시며 살아가는데, 이 역시 인간의 힘만으로는 어찌 해볼 수 없는 것이다.

인간의 삶은 전적으로 자연의 기반 위에서 이루어진다. 자연은 이 모든 것을 아무 대가 없이 그저 해주고 있는 것이다. 인간도 자연의 일부라는 사실을 하루 빨리 깨닫지 못한다면 그 대가는 고스란히 인간에게 되돌아오게 될 것이다. 우리는 자연으로부터 왔고 자연으로 돌아간다. 우리가 자연과 조화를 이룰 때 우리의 삶이 보장된다는 것을 결코 잊어서는 안 된다.

우리가 달라지지 않는다면 우리는 모든 것을 잃게 될 것이다. 게다가 전쟁의 위기는 나날이 고조되어 각국이 보유하고 있는 핵무기는 지구를 수백 번 파괴하고도 남을 정도라고 한다. 저들은 자국의 이익과 생존을 위해서 언제든지 버튼을 누를 준비가 되어있다. 무모하고 무지한 저들이 언제, 어떤 식으로 이 세상을 파멸의 길로 몰아갈지 아무도 모른 채 그저 운명에 맡기고 있는 것이다. 이것이 우리가 살고 있는 지구의 오늘의 모습인 것이다.

지구의 오늘

＊태양에너지 유입량이 증가하고 있다.

태양에너지 유입량의 증가로 온난화가 가속되고, 지구 내부의 온도를 상승시켜 핵의 유동상태를 증가시켰으며, 그로 인해 지자기地磁氣가 감소하고 있다.

＊지구의 자기장磁氣場이 급속도로 약화되고 있다.

지자기 강도가 2000년 전의 최대치에서 계속 감소해서 현재는 38%가 줄어든 상태이다.

＊오존층 파괴가 심각하다.

1980년부터 지속적으로 4%씩 감소하고 있다.

＊지구가 빠른 속도로 더워지고 있다.

세계기온이 1880년 이후 0.74℃ 상승했다.

3.5℃ 이상 올라가면 거의 대부분의 생물이 멸종할 것이다.

＊지진과 화산폭발이 급격하게 증가하고 있다.

1973년 이래 지진이 400% 이상 증가했고, 화산폭발도 발생빈도와 강도가 높아지고 있다.

＊태풍과 해일, 폭설과 폭우 등의 자연재해가 증가하고 있다.
태풍과 산사태, 홍수와 가뭄, 조류변화가 1963년에 비해 30년 동안 약 410%가 증가했다. 기후 통제 시스템이 심각하게 파괴되고 있다.

＊극지대의 빙하와 만년설이 급속히 녹아내리고 있다.
지구 온난화로 빙원의 두께가 40년 동안 40%가 얇아졌다.

＊킬리만자로와 히말라야의 만년설이 사라지고 있다.
20억 명 이상이 이 물에 의존해서 살아간다.

＊빙하가 녹아 해수면이 높아지고 있다.
해수면의 상승으로 인구의 70%가 살고 있는 해안 저지대의 도시들이 물 속에 잠기게 된다.

＊시베리아의 영구 동토가 녹아내리고 있다.
동토의 해빙으로 메탄가스가 방출되면 통제 불능의 심각한 온실효과를 가져올 것이다.

＊지구가 사막화되고 있다.
전체 육지 면적의 3분의 1이 이미 사막화되었으며 최근 더욱 가속화

되고 있다. 그로 인해 집단이주가 발생하고 학살, 분쟁, 전쟁이 잦아지고 있다.

＊토지가 황폐화되고 있다.
지구 토양의 30% 이상, 경작지의 40%가 회복불능의 장기적 손상을 입었다.

＊공해가 심각하다.
독성 있는 살충제가 공기, 토양, 동식물, 강, 대양으로 스며들어 모든 생명체의 세포 속으로 침투한다.

＊생태계의 균형이 심각하게 파괴되고 있다.
매년 5만 5천 종이 사라지고 있으며 포유류의 4분의 1, 조류의 8분의 1, 양서류의 3분의 1이 멸종위기에 처해 있다.

＊바다에 엄청난 크기의 쓰레기 섬이 계속 생겨나고 있다.
태평양에 형성된 쓰레기 섬은 태평양 전체 면적의 8%에 해당한다.

＊바다가 죽어가고 있다.
종의 사슬에서 아주 중요한 위치에 있는 산호초가 사라지고 있다.

*바닷물고기가 사라져가고 있다.

현재의 조업형태로는 2050년이면 어류가 고갈될 것이다.

*숲이 사라지고 있다.

지구의 폐에 해당하는 아마존이 40년 만에 20% 이상 줄었다.

매년 1,300만 헥타르(그리스 국토 면적)의 숲이 사라지고 있다.

*대형화재 발생이 빈번하다.

대형화재는 이산화탄소의 증가와 생태계의 파괴로 이어진다.

*인구가 폭발적으로 증가했다.

200년 전 10억이었던 세계인구가 현재는 70억에 육박하고 있다.

*식량이 고갈되고 있다.

온난화로 인한 지구의 황폐화와 도시화로 농경지가 급속히 사라지고 있다.

*물이 고갈되어 가고 있다.

매일 5천명이 오염된 식수로 인해 죽으며, 10억 명에게는 안전한 식수원이 없다.

＊자원이 급격히 감소하고 있다.

21C가 끝나기 전에 석유, 석탄 등의 매장량은 거의 고갈될 것이다.

＊빈부의 차이가 갈수록 커지고 있다.

10억의 인구가 기아에 허덕이고 있다.

＊핵무기의 위협이 심각하다.

현재 개발된 핵무기만으로도 지구를 수백 번 파괴하고도 남을 정도라고 한다.

그런데도 세계는 개발도상국 원조금의 10배를 무기증강에 사용한다.

우리를 지탱해온 가치들이 급격하게 바뀌고 있다

막연한 희망만큼 위험한 것은 없다

우리는 지구 역사상 가장 급진적인 파괴와 재건의 시대에 살고 있다. 너무도 급격한 변화가 우리를 두렵게 한다. 이 변화는 인류 멸망의 파국을 향해 달려가고 있을까? 아니면 안정과 평화의 시대를 향해 나아가고 있을까? 인류는 가파른 변화의 극점을 향해

치달아 가고 있으나 불행하게도 그 끝이 어디인지는 아무도 모른다. 우리가 살고 있는 이 시대는 전체가 파멸할 수도 있는 위험의 시대이기도 하고, 대도약을 통해 비상할 수도 있는 행운의 시대이기도 하다.

우리는 나 자신과 이 세상을 위해 무엇을 해야 할까?
우리는 이 물음에 과연 희망적으로 답할 수 있을까?
우리 인간의 존재의미는 무엇일까?

우리가 제3의 인류로 크게 도약하든 아니면 지금까지의 모든 것을 파멸시키든 그것은 오늘을 사는 우리 스스로가 선택하고 결정해야 한다. 지구 생명을 주도하고 있는 우리는 마땅히 희망으로 답해야 할 의무와 책임이 있다고 생각한다. 여기서 우리가 무엇을 버리고 무엇을 취해야 하는지를 바르게 알고 진지하게 실천해 나간다면 우리는 엄청난 행운의 시기를 맞게 될 것이고, 그렇지 않으면 가장 불행한 미래를 맞게 될 것이다.

이 시점에서 우리는 냉철한 이성으로 우리 앞에 놓인 현실을 다각적이고 심층적으로 보고 판단해야 한다. 절대로 신 종말론에 휩쓸려 소중한 삶을 무의미하게 보내서도 안 되고, 그렇다고 위기로 다가오는 현실을 무시하고 외면해서도 안 된다. 가장 우려해야 할 것은 막연한 희망에 자신을 맡겨버리는 것이다. 막연한 희망만큼 위험한 것은 없다.

지금 우리 인류가 역사상 유래가 없는 심각한 상황을 맞고 있다는 것은 의심의 여지가 없다. 이는 미래를 걱정하는 몇몇 사람들의 주장 때문만이 아니다. 지금까지 세상의 미래를 경고하는 심판론은 끊임없이 계속되어 왔다. 과거에는 여러 종교와 영성인과 선각자와 예언가들이 다가올 심판과 멸망을 예고해 왔다. 그러나 지금은 종교가나 예언가가 얘기하는 것이 아닌 많은 과학자들이 확실한 데이터를 토대로 지구의 위기를 경고하고 있다.

인류에게 가장 불행한 것은 자멸自滅이다

자멸이란 스스로 자신을 망치거나 멸망하게 되어 모든 가능성이 사라지고 다시 시도조차 할 수 없는 상태의 파멸을 의미한다. 인간과 모든 생명체의 삶의 터전인 지구가 사막화되고, 바다는 자정능력을 잃고, 대기는 오염되고, 지구자원은 전부 써버려 생태계의 순환 고리가 완전히 끊어져 버린다면 우리는 자멸할 수밖에 없다. 그것이 가장 불행한 일이다. 자멸하기 전에 되돌려야 한다. 되돌리지 못하면 다시 시작할 수도 없다. 이제라도 눈을 떠야 한다. 우리가 영적 무지에서 깨어나지 못하여 무절제한 탐욕으로 세상을 멸망의 길로 몰고 간다면 우리의 미래는 결코 보장될 수 없을 것이다.

지구의 환경체계에 심각한 고장을 일으킨 것은 말할 것도 없이 우리 인간이다. 그것은 인간이 자신의 생존을 위해서 크든 작든 환경을 파괴할 수밖에 없는 존재이기 때문이다. 그래서 인간이 가는 곳이면 어디든 황폐화되었다. 적어도 지금까지는 그랬다. 그러나 우리는 여기서 문제의 답을 찾아내야 한다.

초기 인류라고 할 수 있는 오스트랄로피테쿠스^{Australopithecus} 로부터, 돌로 도구를 만들어 썼던 '손재주 있는 사람' 호모 하빌리스$^{Homo\ habilis}$로, 불을 일으켜 사용했던 '직립보행 인간' 호모 에렉투스$^{Homo\ erectus}$를 거쳐 '지혜로운 인간' 호모 사피엔스$^{Homo\ sapiens}$, 그리고 '더욱 슬기로워진 인간' 호모 사피엔스 사피엔스$^{Homo\ sapiens\ sapiens}$에 이르기까지 우리 인간은 진화를 거듭해 왔다. 그렇다면 진화가 여기에서 멈추어야 할 어떤 이유도 없다. 우리 인류는 이미 새로운 인류로의 진입을 시도하고 있다. 아니 이미 진입해 있다고 본다. 그러나 대부분의 사람들이 지금과 같은 저급한 의식에서 깨어나지 못한다면 우리보다 앞섰던 많은 종들이 멸종한 것처럼 우리도 같은 길을 걷게 될지도 모른다. 사실 지구상에 존재했던 생물의 99.9999%가 여러 이유들로 인해 멸종했으며, 0.0001% 만이 생존에 성공하여 살아가고 있는 것이다. 이렇게 볼 때, 우리 인간이 이 지구에서 영원히 살 수 있으리라는 보장은 어디에도 없다.

우리가 지구를 계속 주도할 수 있을까

40억 년 전, 단세포 생물로부터 시작된 지구 생명체는 생성과 멸종을 거듭하며 헤아릴 수없이 다양한 종으로 진화, 발전해 왔다. 장구한 지구 역사에서 인간은 극히 최근에 끼어든, 지구 생태계를 형성하는 수많은 종들 중 하나에 지나지 않는다. 그럼에도 우리 인간은 다른 생명체들을 마음대로 지배하면서 생성과 멸종의 자연법칙으로부터는 예외적인 존재로 남고 싶어 한다.

모든 것은 끊임없는 진화의 연장선상에 서 있다. 지금의 인류가 처음부터 현재의 모습으로 계속돼 온 것이 아니며, 지구가 항상 인간이 살아가기에 좋은 조건만 제공했던 것은 아니었다. 어느 때는 온통 불덩어리였고, 또 어느 때는 얼음덩어리였다. 인간을 비롯한 생명체들은 이런 극적인 환경의 변화와 수많은 동기들에 의해 진화, 발전을 거듭해 왔다. 그렇다면 인류가 현재의 모습으로 계속 존재해야만 한다는 어떤 이유도 없다. 언젠가는 지금과 전혀 다른 환경에서 전혀 다른 모습으로 살아갈 수도 있는데, 이미 그 변화의 선상에 서 있을 수도 있는 것이다.

46억 년의 장구한 지구 역사에서 뒤늦게 합류한 우리 인간이 지구를 주도하고 있고, 이 지구를 회복불능의 상태로 몰아가고 있다. 우리가 인간 위주로만 살아왔기 때문에 지구가 인간에게서 돌아서고 있다. 인간이 사라져도 지구는 그대로 남을 것이며, 자연은 스스로 회복되어 때가 되면 또 다른 모습으로 새로운 세계를 펼쳐나갈 것이다. 따라서 문제는 지구가 아니라 바로 우리 인간이다. 이러한 관계를 무시한다면 자연재해는 더 이상 공상과학 영화의 소재로만 머물지 않고 현실이 되어 우리의 삶과, 삶의 공간을 위협하게 될 것이다.

그렇다면 우리 인간의 존재의미는 무엇일까

인간은 지구를 무차별 훼손시킨 무자비한 파괴자에 지나지 않는 것일까? 나는 결코 그렇다고 생각하지 않는다. 인간이 자연과 생명체계를 심각하게 파괴하여 회복불능의 상태에 이르게 한 것은 분명한 사실이다. 그런데 우리 인간은 지구상에서 그 어떤 생명체도 할 수 없는 역할을 해냈다. 인간은 지구를 토대로 우주진화의 꽃을 피워냈다. 보잘 것 없어 보이는 우리 인간이 말이다. 인간은 코끼리의 힘을 이길 수 없고, 사자의 용맹을 당할 수 없으며, 말의 빠르기를 따를 수 없고, 독수리의 시력에 비교할 수 없으며, 박쥐의 감각에도 미치지 못한다. 그럼에도 불구하고 인간은 다른 생명체들의 위에 설 수 있게 되었다. 인간의 끝없는 호기심과 탐구욕은 인간을 높은 차원으로 진화시켜 왔다. 높은 지능과 사고력을 가지고 온갖 기구를 발명하여 미시세계와 거시세계를 밝혀 나갔다. 현미경의 발명으로 미시세계를 탐구하여 우주만물을 구성하는 본질을 밝혀 냈으며, 망원경의 발명으로 외계로까지 시각을 확대하여 광대무변한 우주를 파악해 왔다. 그뿐만 아니라 유전정보를 읽고 조작하게 됨으로써 생명체를 자유자재로 변조할 수 있는 단계에까지 이르렀다. 인간은 이 거대한 우주를 온통 꿰뚫고 있는 것이다. 게다가 과학은 물론 의학, 철학, 예술, 종교를 비롯한 온갖 영역에서 정말로 눈부신 성과를 이루어 내었다.

우리 인간이 진화의 최정상에서 진화를 주도해 왔다는 것을 실감하지 않을 수 없다. 인간이야말로 지구에서, 아니 우주에서 정말 특별한 존재임에 틀림없다. 인간은 끊임없는 호기심으로 우주 만물의 존재 의미를 밝혀낸 것이다.

문제는 인간의 의식수준이다

지구를 살리고자 하는 연구와 대책이 넘쳐나고 있으나 서로의 이해가 엇갈려서 실행에 옮기는 것이 매우 어려운 실정이다.

환경보전과 산업개발은 동전의 양면과 같다. 산업개발은 인간의 풍족한 삶을 위해 필수적이다. 그러나 산업개발은 자연의 훼손 없이는 거의 불가능하다. 더욱이 인구 증가에 따른 소비량이 커질수록 개발은 불가피하다.

모든 것은 서서히 시작된다. 그러나 시간이 갈수록 진행 속도가 빨라져서 임계점臨界點을 넘어서면 도저히 되돌릴 수 없게 된다. 넘어지는 나무를 처음에는 아주 작은 힘으로도 막을 수 있지만 임계점을 넘어서면 다시 세우기 어렵다. 오늘을 여유 있게 볼 수 없는 이유가 바로 여기에 있다. 우리 인류가 당면한 제반 문제는 지금이 아니면 다시는 바로잡을 기회가 없는 것이다. 미국의 권위 있는 기후학자 제임스 핸슨James E. Hansen은 '우리는 변화가 급격하게 확산되는 지점을 의미하는 온난화의 티핑 포인트Tipping point를 이미 지나왔다.'고 했다. 나는 티핑 포인트가 단순히 기후문제에 국한되는 것이 아니라 인류가 위기를 극복할 수 있는 한계점을 지나온 것이 아닐까 우려하고 있다.

우리는 참으로 풀기 어려운 시험을 치르고 있다

1972년, 로마클럽의 경제학자 및 기업인들은 경제성장이 환경오염과 자원고갈 등에 미치는 영향을 분석한 보고서인 '성장의 한계成長─限界, The Limits to Growth'에서 경제성장의 지속 가능성에 대한 회의적인 분석을 하고 있는데, 크게 다섯 가지로 요약된다. 첫째, 인구는 계속해서 연 2.1%로 증가하는데 반해 식량 산출량은 인구증가율을 따라잡지 못한다. 둘째, 공업생산은 연 5%씩 증가하는데 자본재가 없어지는 속도는 공업의 성장 속도보다 훨씬 빠르다. 셋째, 식량 수요의 지수적指數的 성장은 인구증가의 직접적 결과이기 때문에 지구의 모든 땅이 활용된다 하더라도 결국 인구를 먹여 살릴 식량 생산은 한계에 이를 수밖에 없다. 넷째, 재생 불가능한 자원의 사용 속도는 인구나 공업성장 속도보다 빠르게 증가해 마침내는 고갈될 수밖에 없다. 다섯째, 인구와 공업 활동의 영향을 받아 갈수록 지구의 환경오염은 가속화될 수밖에 없다. 따라서 현재의 성장 추세가 계속 변하지 않는 한 앞으로 100년 안에 성장의 한계에 도달할 것이라고 보았다. 즉 유한한 환경에서 계속 인구증가, 공업화, 환경오염, 식량감소, 자원고갈이 일어난다면 성장은 한계에 이른다는 것이다. 다음 인용문은 이 보고서에서 주장하는 내용의 특성을 한마디로 압축해 보여 주는데, 시사示唆하는 바가 참으로 크다.

'연못에 수련水蓮이 자라고 있다. 수련이 하루에 갑절로 늘어나는데 29일째 되는 날 연못의 반이 수련으로 덮였다. 아직 반이 남았다고 태연할 것인가? 연못이 완전히 수련에게 점령되는 날이 바로 다음날인데도 말이다.'

지금 우리는, 지금까지 우리 인류가 이룬 모든 것에 대해 재 해석 하고 재 정돈 하여 매듭짓고 새로운 도리로 새로운 세계를 열어나가지 않으면 안 될 중대한 시점에 이르렀다. 이는 현생 인류가 풀어야 할 중대한 시험이기도 하다.

chapter2
제3인류의 탄생

제3인류는 이미 시작되었다

우리는 영적 개벽의 시대를 맞이하고 있다

우리는 지금 영적 차원이 바뀌는 영적 개벽의 때에 살고 있다. 차원이 바뀐다는 것은 육체적으로 차원이 바뀌는 것이 아니라 영적 차원이 완전히 바뀌는 것을 의미한다. 그것은 물질에만 집착하는 이기적인 사람영의 차원에서 서로의 관계를 중시하며 도리를 따르는 인간영의 차원으로, 그리고 다시 우주적 지성과 힘을 가진 우주영으로 영적 차원이 바뀌는 것이다. 우리는 지금 영적 차원이 바뀌지 않고서는 넘어갈 수 없는 파도를 맞이하고 있다. 이것은 우리가 영적 차원을 높일 수 있는 가장 좋은 때에 살고 있다는 것을 의미하는 것이기도 하다.

이제 우리 인류에겐 더 이상 나아갈 길이 없다. 그러나 이것은 절망이 아니라 희망이다. 멋지게 날아오르기만 한다면 영적 대도약을 위한 절호의 기회가 될 것이다. 우리가 살고 있는 이 시대는 전체가 파멸할 수도 있는 위험의 시대인 동시에 전체가 도약할 수 있는 행운의 시대이기도 한 것이다. 여기서 우리가 무엇을 버리고 무엇을 취해야 하는가를 알고 진지하게 실천해 나간다면 우리는 분명 행운의 시기를 맞게 될 것이다.

우주는 분명한 의지를 가지고 있다

영국의 과학자 제임스 러브록James Lovelock은 〈지구상의 생명을 보는 새로운 관점〉이라는 저서를 통해 '가이아 이론Gaia theory'을 주장했다. 그것은 지구를 환경과 생물로 구성된 하나의 유기체, 즉 스스로 조절되는 하나의 생명체로 본다는 이론이다. 나는 가이아라고 하는 지구 의지마저 포함하는 '우주○계'의 의지에 의해 세상이 주도된다고 믿고 있다.

○계는 파波를 통해 세상을 주도하고, 세상은 파동의 상호작용으로 운행된다. 인간 역시 파동하는 생체리듬을 가지고 살아가며, 역사의 흐름에도 파동하는 주기週期가 있다. 우주○계에서 지금까지와는 차원이 다른 거대한 ○적 파도가 밀려오고 있다.

세상을 육지라고 한다면 ○계는 바다에 비유할 수 있다. 파도가 육지로 밀려오듯 ○계에서는 ○적 파도를 세상으로 보낸다. ○계는 ○적 파도를 통해서 이 세상에 영향력을 행사하고, 세상은 ○계에서 보내는 ○적 파도에 의해 정화되고 진화되고 발전된다.

○적 파도는 일정한 주기를 가지고 있다. 46억 지구 역사에서 크고 작은 ○적 파도가 수없이 밀려왔고 지구를 극적으로 변화시켜 왔다. 그 중에서도 인류사에 기록될 대형 파도가 약 5~6천 년 전에 밀려왔었다. 이 시기에 세계 4대 문명이 꽃을 피우기 시작했다. 유프라테스 강과 티그리스 강 유역의 메소포타미아 문명, 나일 강 유역의 이집트 문명, 인더스 강과 갠지스 강 유역의 인더스 문명, 황하 강 유역의 황하 문명이 그것이다.

그리고 지금으로부터 약 2천~2천 5백년쯤 전에 다시 큰 파도가 밀려왔는데 그때에 석가, 노자, 공자, 소크라테스, 히포크라테스, 플라톤, 맹자, 장자, 모세, 예수 등 수많은 성인聖人들이 대거 출현했다. ○적 파도의 정점이라고 할 수 있는 그들은 자신의 노력만으로 성자가 된 것이 아니라 ○계의 파도에 의해 밀어 올려 짐으로써 성자가 될 수 있었던 것이다. 아무리 높이 뛰고 싶어도 밑에서 밀어 올려주지 않으면 높이 오르지 못하는 것처럼 크게 깨닫고 싶어도 자신을 밀어 올리는 파도를 만나지 못하면 깨닫기 어렵다. 세상에 성인이 태어나는 것도 ○적인 파도가 있기에 가능한 것이다.

앞으로 올 파도는 상상을 초월하는 큰 파도이다

노르웨이 연안에는 50년 파도라는 것이 있다. 노르웨이 연안은 특히 파도가 심한데, 50년간 계속 에너지를 축적하고 있다가 폭발하듯이 파도를 일으키면 그 높이가 50미터 이상이나 된다고 한다. 과거 문명이 일어나고 성인들이 대거 출현했던 시기에 일어났던 파도를 50년 파도에 비유한다면 앞으로 우리가 맞이할 파도는 소혹성 충돌에 의해 일어난 해일과 같은 크기의 파도가 될 것이다.

약 6500만 년 전, 멕시코 남동부에 있는 유카탄 반도에 직경 10km 정도의 소혹성 하나가 떨어졌다. 그로 인해 지구 곳곳에 지진과 해일이 일어나고 화산이 폭발했다. 그리고 수증기와 연기와 화산재가 온통 하늘을 덮어버렸다. 그 결과 햇빛을 못 받은 식물들이 먼저 죽었고, 초식동물들과 육식동물들이 차례로 멸종되었다. 당시 지구를 누비던 공룡들은 그렇게 해서 멸종했는데, 완전히 사라지기까지 대략 1만 년의 시간이 걸렸다고 한다. 그런데 앞으로 우리에게 다가올 파도는 1만 년이 아닌 수십 년 사이에 일어나는 아주 급격한 파도가 될 것이다. 수십 년의 시간은 지구 시간으로 볼 때 그야말로 순식간의 일이다. 이 파도는 우리에게 절호의 기회가 될 것이다. 우리는 이 파도를 타고 넘어 가야 한다. 이 파도를 넘기 위해서는 영적으로 완전히 변해야만 한다. 지금이야말로 자기 속에 안주하지 말고 진정한 자아를 일깨워내야 하는 것이다.

앞으로는 우주영이 주도하는 제3인류가 될 것이다

인간은 지금까지 세 번의 큰 혁명을 이루었다. 첫 번째는 농경과 목축을 시작한 농업혁명이고, 두 번째는 대량생산 체제를 이룬 산업혁명이며, 세 번째는 고도의 정보를 갖추게 된 정보혁명이다. 이것은 우리 인간의 삶의 형태를 기준으로 본 것이다.

영적 기준으로 보면 어떨까? 영적 진화의 수준으로 보면, 제1의 인류는 동물과 크게 다를 바 없는 성품의 동물영이 주를 이룬 인류였다. 인류의 조상으로 불리는 '아디^{Ardi}'로부터 시작한 인류는 수백만 년을 채집採集과 수렵狩獵으로 살았는데, 그들은 동물과 크게 다를 바 없는 인류였다. 그러다가 불의 사용으로 급속도로 지능이 발달한 인류는 지금부터 약 1만 년 전에 농경農耕과 목축牧畜을 하면서 정착생활을 시작하게 되었고, 이를 토대로 점차 문명이 급속하게 발달하기 시작했다. 근대에 들어서는 대량생산 체제의 산업혁명을 이루고 마침내는 고도의 정보혁명까지 이루어내었다. 바로 오늘의 주역인 현재의 인류가 제2의 인류이다. 그러나 이런 대단한 문명을 이루고도 영적으로 보면 아직 이기적이고 편협한 성품을 가진 사람영의 수준을 벗어나지 못하고 있다.

그렇다면 미래를 주도할 제3의 인류는 어떤 인류일까? 미래를 주도할 제3인류는 우주적인 지혜와 힘을 가진 우주영들이 주도하는 인류가 될 것이다. 인간영의 차원을 뛰어넘어 우주영으로 진화한 제3인류는 육체의 한계를 벗어나 정신으로 물질을 통제하고 영감으로 소통하는 삶을 살게 될 것이다. 그들은 텔레파시와 같은 염력(念力)을 쓰고, 우주 에너지인 ○력을 자유자재로 쓰게 될 것이다. 또한 그들은 물질의 차원을 뛰어넘으며, 시간과 공간의 개념이 완전히 바뀐 세상에서 살게 될 것이다. 이 모든 것이 사람영이 주류를 이루고 있는 현 인류로서는 불가능한 일이다.

오늘 날 전체 인구의 80% 이상이 아직 사람영의 상태에 머물러 있다. 이런 사람영의 수준으로는 다가오는 우주시대를 절대로 주도할 수 없다. 그런데 지금 인류에게 영적 대전환이 일어나고 있다. 이미 제3인류로의 전환이 시작된 것이다. 그러나 우리 모두가 완전하게 제3인류로 전환되기 위해서는 우리의 상상보다 훨씬 더 많은 난관을 넘어서야 한다. 성공여부는 누구도 장담할 수 없다.

제3인류의 탄생을 위해 우주○계에서는 ○적 파도를 일으켜서 인간을 비롯한 수많은 생명체가 살아가는 지구의 조건을 바꿈으로써 새로운 지구 환경을 만들고, 그 환경에서 살아갈 새로운 인류를 탄생시키고 있다. 이것이 바로 우주○계가 주도하는 영적 혁명이다. 우주○계가 요구하는 제반 조건을 완벽하게 갖추게 된다면 우리가 바로 제3인류의 시작이 될 것이다. 그러나 그 조건에 적합하지 않다면 현 인류는 지금까지의 역할에 만족하고 새로운 인류에게 지구의 미래를 물려주어야 할 것이다. 그래서 지금 우리는 영적 혁명을 이루어 제3인류로 거듭나야 하는 것이다.

제3인류로 대도약한다는 것은 지금 우리가 상상할 수 있는 정도의 변화가 아니라 전혀 다른 차원으로의 도약을 의미한다. 그러나 그 도약에 얼마나 많은 자가 성공할지는 아무도 모른다. 여기서 제시하는 우주영제도는 제3인류로의 대도약을 위한 것이다.

제3인류는 어떤 모습일까

우리가 제3인류로 도약한다면 아마도 우리는 지금과는 전혀 다른 삶을 살게 될 것이다. 한울 큰스승께서는 현생 인류가 제3인류로의 도약에 성공 한다면 다음과 같이 변화할 것이라 하셨다.

*제3인류는 7개 정도의 유전자 정보를 조합하여 쓰게 될 것이다.

*탄소 골격체에서 사이버 정보를 수용하고 교류할 수 있는 규소 골격체로 변할 것이다.

*병적 요인은 유전자 차원에서 제거 혹은 교정하게 될 것이다.

*태아의 성별이나 생김새, 능력 같은 것을 자유롭게 부여할 수 있게 될 것이다.

*임신과 출산은 인공자궁이나 소牛와 같은 동물이 대리모의 역할을 대신하게 될 것이다. 임신과 출산을 통해 일어날 인체의 내적 변화는 가상현실로 체험하여 보완할 것이다.

*성性은 게임 내지 휴식, 안마 정도의 수준으로 격하될 것이며 생체에너지를 소비하지 않으면서도 즐길 수 있는 다양한 방법과 기술이 개발 될 것이다.

*에너지원은 열에너지에서 파동에너지 또는 소용돌이 에너지(토션에너지), 생체에너지, 염력에너지 등으로 변화될 것이며, 가장 기대하는 것은 상온에서의 핵융합과 초전도 기술일 것이다.

*선형의 정보 전달 체계는 쇠퇴하고 파동에너지가 보편화할 것이므로 그에 따른 파동문화가 이루어 질 것이다.

*자본주의가 쇠퇴하고 자본주의의 결함을 보완한 사회주의와 비슷한 형태가 될 것이다.

*거주형태는 돔dome 형태가 가장 선호될 것이며, 각각의 방들은 가변적可變的 형태가 될 것이다.

＊지금의 학교와 같은 것은 없어지고 사이버교육이 이루어질 것이며, 공부를 하는 것이 아니고 어떤 매체를 통하여 지식을 주입하는 형태가 될 것이며, 영성계발에 중점을 두는 교육이 될 것이다.

＊일은 사무실이나 일터에서 하는 것이 아니고, 각자의 삶을 누리는 중에 처리될 수 있는 중간 매체들을 통하여 할 것이다.

＊정치는 여러 형태의 감시와 통제 안에서 이루어지고, 깨달은 자에 의한 철인哲人정치가 될 것이다.

＊종교는 지금까지의 여러 종교들의 주장이 희석되고 우주에 대한 깨달음을 추구하는 쪽으로 가게 될 것이다.

＊시장형태는 거의 사라지고 사이버를 통해서 거래하며, 전송은 초공간이동 같은 것을 통해 전달할 것이다.

＊행정기구나 사법기구 등은 많은 부분에서 다른 매체를 통하게 될 것이며, 사람이 개입할 여지가 최소화될 것이다.

＊물과 공기를 만드는 기술에 의해 물 부족, 신선한 공기의 부족

등으로 시달리지 않게 될 것이다.

*기상氣像을 조절하는 기술의 발달로 지구환경을 조절 할 수 있게 될 것이다.

단, 이러한 모든 것들은 제3인류로의 도약에 성공했을 때의 가상이다. 지금의 우리 인류는 생명이 바다에서 육지로 올라오는 때와 버금가는 대도약의 시점에 있다. 여기서 우리는 제3인류로 멋지게 날아올라야 하는 것이다.

이제 영적 파도를 타야한다

인류는 변화의 정점에 도달했다

유사 이래 지금과 같은 격변기는 단 한 번도 없었다. 연세가 높으신 분들은 호롱불을 켜던 때부터 레이저에 이르기까지 모두를 경험하고 있다. 불과 수십 년 사이에 이렇게 급변하고 있는 것이다. 옛날에는 할아버지가 타던 배를 아버지가 타고, 아버지가 타던 배를 아들이 물려받아서 타고, 또 그 아들이 손자에게 물려 줄 수가 있었다. 그런데 지금은 아버지의 가업을 이어받아 계속하기 어려울 정도로 시대가 급변하고 있다. 그런데 문제는 너무도 빠른 변화에 우리가 제대로 적응하지 못한다는 것이다. 그리고 더욱 큰 문제는 어느 누구도 변화의 끝을 모른다는 사실이다. 변화는 파동의 진행과 같아서 처음엔 느리게 시작하지만 뒤쪽으로 갈수록 가속되는 속성을 가지고 있다. 나이가 들수록 시간이 빨리 가는 것처럼 느껴지는 것은 바로 이 때문이다.

 수천 년 동안 우리를 지탱해온 가치들이 순식간에 바뀌고 있으며, 삶의 속도가 눈에 띄게 빨라지고 있다. 수십 년이 걸렸던 일이 수년 내에 이루어지고, 심지어는 단 몇 분, 몇 초 만에 이루어지기도 한다. 인간의 등장이 약 이백만 년 전이며, 호모사피엔스 출현이 수십만 년 전이고, 현대인류가 등장하여 언어와 도구를 사용한 것이 수만 년 전이며, 그들이 문명을 이루기 시작한 것은 수천 년 전이고, 정보혁명을 이룬 것은 고작 이삼십 년 전의 일이다. 이백 년 전만 하더라도 우리는 휴대전화나 인터넷은 둘째 치고 전화나 영화의 출현조차 예측하지 못했다. 고작 이십 년 전만 해도 월드와이드 웹(www)이 무엇이며, 이로 인해 우리 삶이 얼마나 극적으로 변화할지 조금이라도 이해했던 사람은 극소수에 불과했다. 이렇게 볼 때, 앞으로 십 년 뒤의 우리 삶이 어떻게 바뀔지 아무도 모른다. 이렇듯 우리는 변화하고 있는 것인지 재창조되고 있는 것인지 모를 정도로 급격한 변화 속에서 살아가고 있다. 나는 인류가 이미 변화의 정점頂點에 다다랐다고 생각한다.

인류차원의 영적 대도약이 필요하다

누군가는 지금을 '점프타임jump time'이라고 했다. 대도약의 시대라는 것이다. 인류의 정보기술은 바야흐로 모든 지식을 누구나 공유할 수 있는 단계로 급속하게 진입하고 있다. 텔레비전과 전화, 월드 와이드 웹(www)이라는 정보기술이 서로 맞물려서 세계 두뇌가 형성되어 글로벌 마인드화 즉, 세계의식화가 되어가고 있다. 인간의 지식 성장 속도는 그야말로 극대치에 다다르고 있으며, 이를 바탕으로 과학기술은 양자 컴퓨터와 새로운 나노공학, 인공지능, 유전공학에 더욱 박차를 가하게 될 것이다. 원소 변환과 양자 진공상태의 무한 에너지 개발, 공중부양 원리에 바탕을 둔 무소음無騷音 운송체계, 빛과 소리로 치료하는 에너지 치료법 등 과거에는 상상도 못했던 것들이 속속 개발 되고 있다. 이처럼 지금의 인류는 매우 비상한 기술력을 갖추었다. 하지만 인류의 전반적인 의식수준과 영적 진화는 전혀 그에 미치지 못하고 있다. 여기에 근본적인 문제가 있으며 이것이 인류의 위기다. 물질적 진화와 영적 진화의 불균형과 부조화는 우리를 엄청난 혼란으로 몰고 갈 것이며, 생존을 위협하는 매우 심각한 상태에 이르게 할 것이 분명하다.

그런데 다행스럽게도 지금 인류에게 커다란 영적 변화가 일어나고 있다. 전 세계적으로 깨달음에 대한 정신적 갈망(渴望)이 그 어느 때보다 강렬하게 불타오르고 있다. 영적 지혜간의 결합은 세계정신을 형성하여 존재의 근원으로 향하고 있다. 인류 역사상 지금과 같이 많은 영적 지혜에 쉽게 접근할 수 있었던 시기는 일찍이 없었다. 세계 각지에서 전승(傳乘)되고 계발된 고도의 지혜가 책, 음성매체, 웹, 온라인 포럼, 인터넷 방송 등 다채로운 정보기술을 통해 세상에 전파되고 있다. 이를 통해 각성자들이 점점 많아지고 있으며 그들은 인터넷과 같은 다양한 정보매체를 통해서 지혜를 나누며 증폭시키고 있다. 게다가 고도의 정보체계를 마음으로 전하는 높은 의식의 직접전이(直接轉移)까지 가능해지고 있다. 어제 받아들일 마음의 준비만 되어 있다면 누구나 쉽게 영적 깨달음에 이를 수 있게 된 것이다. 앞으로는 붓다나 예수와 같은 소수의 각성자가 아니라 전 인류차원의 집단적인 영적 진화가 이루어지게 될 것이다. 이러한 현상은 모두 우주○계로부터 밀려오는 ○적 파도에 의한 것이다. 이 파도를 타고 현 인류의 다수(多數)가 우주적 인간으로 재탄생하게 될 것이다. 이런 기회를 맞이하기 위해서는 이기적이고 편협한 의식에서 우주의식으로의 전환이 일어나야 한다. 이것이 바로 위대한 깨달음의 시작이다. 우주의식으로의 전환은 세상만물이 서로 긴밀하게 연결되어 있는 에너지 장 즉, 의식의 그물망이 있다는 것을 깨닫는 것에서 시작하며, 궁극적으로는 그것을 자유자재로 쓸 수 있어야 한다.

무한 에너지의 개발과 영적 계발이 관건이다

과학자들은 현대의 과학 장비로 직접 관측할 수 있는 에너지는 단지 4%에 불과하며, 나머지 96%는 73%의 암흑 에너지와 23%의 암흑 물질로 이루어져 있음을 입증했다고 한다. 우리는 양자 진공 상태라고 하는 사실상의 무한 에너지원 속에 잠긴 채 살아가고 있는 것이다. 이러함에도 불구하고 과학 장비로 측정 가능한 물질세계에만 집착한다면 우리는 절대로 지금의 차원을 벗어나지 못할 것이다. 물리학자인 하인즈 파겔스Heinz Pagels는 '우주는 비밀코드이며, 우주문자로 적힌 메시지'라고 했다. 우리는 물질과 에너지, 그리고 정신과 우주적 지성인 ○적 정보를 하나씩 밝혀냄으로써 우주적 메시지를 해독해 가야 한다. 이를 위해서는 실재하는 물질과 궁극의 실체인 ○을 하나로 이어주고 돌려주는 氣를 통하는 것이 가장 지혜로운 방법이다.

氣는 무한 에너지원이다. 氣는 우주 궁극의 실체인 ○의 작용으로서 우주만물을 생성, 양육, 유지, 소멸케 하는 우주에너지이다. ○이 자기현시를 위해 스스로 氣작용을 일으키고 운행함으로써 세상世上, 三相을 이룬다. 우주만물은 氣가 모여 짜여짐으로써 명

命.名을 갖게 되고, 운영됨으로써 변화되며, 흩어짐으로써 근원으로 돌아간다. 즉 우주만물은 氣의 이합집산離合集散에 의해 살아나고(생성) 사라지며(소멸) 생멸生滅을 계속하는 것이다. 이렇듯 우주는 氣 작용에 의해 운행되지만 지금까지의 氣에 대한 연구와 개발은 극히 초보적인 수준을 벗어나지 못하고 있으며, 대부분의 사람들은 氣를 인정하는 것조차 조심스러워하고 있다.

앞으로 우리 인간은 우주에 만재滿載한 무한 에너지를 자유롭게 이용할 수 있도록 연구, 개발해야 하며, 영적 각성을 통해 우주영으로 거듭나야 한다. 우리가 우주영으로 거듭나서 무한 에너지원인 우주에너지를 자유자재로 쓸 수 있게 된다면 우리는 틀림없이 제3인류로 대도약 할 수 있을 것이다.

우주적 시각과 사고를 키워야 한다

지난 100년간의 변화는 그 전에 이루었던 모든 변화를 뛰어넘고 있다. 그런데도 인류는 아직까지 저급한 사람의 속성인 무지와 아집과 탐욕에 사로잡혀 있다. 우주시대에 살고 있는 우리는 이제 우주적인 시각을 지녀야 한다. 사람의 차원에서는 사람 위주의 생각을 하게 된다. 자연을 훼손시키고 수많은 생명체를 희생시켜서라도 사람만 존재하면 된다고 생각하는 편협한 의식이 세상을 이토록 황폐하게 만들어 버린 것이다. 탐욕적이고 이기적인 의식에서 깨어나 우주적 차원으로 시각을 확대시켜야 한다. 우주적인 시각을 갖기 위해서는 영적 대변혁이 일어나야 한다. 저급한 의식으로는 고차원의 우주지성을 받아들일 수 없다. 그래서 영적 혁명이 일어나야 하는 것이다. 저차원의 사람영으로부터 고차원의 우주영으로 영적 진화가 일어나게 되면 우주적인 시각을 가지고 우주적인 사고를 할 수 있게 된다.

세상에서의 삶이 불행한 것은 지혜롭지 못하기 때문이다. 인류에게 영적 혁명이 일어나지 않는다면 행복하고 가치 있는 삶을 기대할 수 없을 뿐만 아니라 인류의 미래 또한 보장되기 어렵다. 따라서 가장 중대하고 시급한 것이 바로 인류의 영적 진화다. 우리는 영적 진화를 위해 새로운 도리를 받아들여서 새롭게 깨어나지 않으면 안 된다.

우주적 지성을 받아들여 우주영으로 거듭나야 한다

우주영이란 우주적인 의식과 지성과 능력을 가진 고차원의 영체를 말한다. 우리가 우주영으로 거듭나는 것이야말로 현 인류가 제3의 인류로 크게 도약할 수 있는 희망이다. 그런데 우리 인류가 당면하고 있는 제반 문제는 이미 교육의 차원에서 해결할 수 있는 한계를 벗어나고 있다. 이런 상황에서 교육과 설득에만 의존하는 것은 현실성이 없다. 인류에게 예고되어 있는 재앙은 점점 확실하게 다가오고 있는데, 거기에 대처하기 위한 교육의 수준은 너무나 낮고 그 효과도 미미하기 때문이다. 이제 무언가 특별한 방법이 아니고서는 안 된다.

아인슈타인은 '문제를 야기했던 것과 동일한 의식 상태로는 어떤 문제도 해결할 수 없다.'고 했다. 인류가 안고 있는 제반 문제를 풀기 위해서는 지금과 같은 동일한 의식으로는 안 된다. 보편적인 교육의 차원을 넘어 영적 혁명을 통한 대도약을 이루어내야만 한다. 이를 위해서 이제 우주만물의 근원이며 시원始原이며 본질인 ○의 차원으로 들어가서 문제의 답을 찾아내야 한다. 그것은 ○이 세상을 도도하게 주도하고 있는 우주의 실체이기 때문이다.

영적으로 깨어난 소수의 의식이 전체를 변화시킨다

한 번에 세포 하나씩 DNA를 바꾸려면 우리 인체가 가지고 있는 100조에 이르는 세포를 다 바꾸는데 시간이 얼마나 걸릴까? 가히 상상할 수도 없을 만큼의 시간이 필요할 것이다. 하지만 DNA가 종의 설계도를 수정할 때는 한 번에 한 가닥씩 변화하지 않고, 홀로그램hologram 원칙에 따라 어느 하나의 DNA가 변형되면 온몸 전체에 그 변화가 반영된다. 홀로그램의 미묘한 힘은 한 부분에서의 작은 변화가 지렛대 역할을 하여 전체에 어마어마한 변화를 일으키는데 있다. 앞으로 많은 이들이 이와 같은 방식으로 우주적 인간으로 재탄생하게 될 것이다.

  부분에서의 작은 변화가 전체 패러다임^{paradigm}을 바꿔 놓는다. 홀로그램 원칙에 의해 어느 순간부터 인류는 먼저 깨어난 각성자들을 통해서 동시다발적^{同時多發的}으로 깨어나게 될 것이다. 라일 왓슨은 세상에 영향력을 발휘할 최소한의 수치는 총 구성원의 1%의 제곱근이면 족하다고 한다. 즉 집단의식의 변화를 야기하기 위해서는 총 구성원의 1%의 제곱근의 수가 먼저 변화를 일으키면 된다는 것이다. 나 또한 영적으로 깨어난 소수의 의식이 전체를 바꿀 수 있다고 믿는다. 그 한 예로 '백 한 번째 원숭이 이론'이 있다. 이 이론에 따르면 흙 묻은 고구마를 그냥 먹던 원숭이들이 백 한 번째 원숭이가 물에 씻어 먹게 되자 나머지 원숭이들도 일제히 따라서 물에 씻어 먹게 되었고, 전혀 물리적 접촉이 없던 다른 섬의 원숭이들까지도 고구마를 씻어 먹기 시작했다고 한다. 이 외에 아브라함이 여호와에게 소돔과 고모라가 멸망을 피할 수 있는 방법을 묻자 '의인이 많으면 구해주겠다'고 한 성경의 이야기, 그리고 영향력을 발휘할 최소한의 수치는 총 구성원의 1%의 제곱근이라는 '마하리시 효과'는 모두 소수의 깨어난 의식이 집단의식의 변화를 일으킬 수 있다는 증거를 보여주고 있다.

  나는 우주영이 70억 인구의 1%의 제곱근의 단 10%만 있어도 우리는 우리가 원하는 대로 세상을 바꿀 수 있다고 확신한다. 우주영으로 영적 진화를 이룬 이들이 일정한 수를 넘어서면 그 후부터는 이 세상에 우주영들이 매우 빠르게 대거大擧 등장하여 제3인류로의 도약을 주도하게 될 것이다.

둘.

새 세상을 여는 도리

물질세계를 연구하여 소립자를 다루듯이
우주의 근본 소素인 ○을 깨달아
자유자재로 쓸 수 있어야 한다.

chapter1
유○론

우주는 ○으로부터 비롯되었다

앞에서 우리는 심각한 지구환경에 대해 살펴보았다. 우리는 교육을 통해서 이러한 문제를 해결하려고 하지만 어쩌면 인류가 당면하고 있는 제반 문제들은 이미 교육의 차원을 떠났는지도 모른다. 교육은 재앙의 속도를 따라가지 못한다. 교육은 기어가고 재앙은 날아가기 때문에 교육의 방법만으로는 다가오고 있는 대재앙의 문제를 결코 해결할 수 없다.

우리 인류가 당면한 제반 문제들은 이제 우주적 시각과 우주적 지성의 차원에서 풀어나가지 않으면 안 된다. 따라서 지금 인류에게 가장 시급한 것이 영적 혁명이다. 영적 혁명을 이루기 위해서는 ○적 파도를 타야 한다. 지금 우주 근원으로부터 인류 역사상 유래가 없었던 엄청난 ○적 파도가 밀려오고 있다. 그것은 창조와 파괴, 파멸과 도약의 양팔을 휘두르며 무섭게 다가오고 있다. 이 파도는 지금까지의 파도와는 전혀 차원이 다르다. 우리는 영적 도약을 위해서 반드시 이 파도를 타야만 한다. 여기서 소개하는 '유○론적 각성법$^{唯○論的\ 覺醒法}$'은 ○적 파도를 타는 사상이다.

유○론적 각성법은 우주지성과의 합일을 위한 사상이다

유○론적 각성법은 우주 궁극의 실체를 ○으로 보며, 우주만물이 모두 ○으로부터 비롯되었다고 보는 우주관에 기초하는 사상으로, 모든 자에게는 우주적 본성이 내재되어 있으므로 그와 깊이 통함으로써 스스로 각성해 가는 사상이다. 그리고 유○론적 각성법을 기반으로 하는 생명장 이론은, 모든 생명체는 생명장$^{Life\ field}$을 통해서, '터'와 '틀'과 '틈'으로 이루어진 세상장^{世上場}과 조화와 균형을 이룸으로써 생명활동을 계속한다는 이론이다. 유○론적 각성법이 우주도리를 설명하는 것이라면, 생명장 이론은 그것을 실행하는 氣조종법이라고 할 수 있다.

세상을 바르게 이해하려면 우주의 근원이요 본질인 ○에서부터 시작해야 한다. 지금은 인류가 우주로 나아가는 우주시대이며, 새로운 생명창조에 도전하는 시대다. 지금 우리에게는 극미세계에서부터 극대세계까지 모든 것을 볼 수 있고 잴 수 있는 잣대가 필요하다. 그것이 바로 ○이다. ○이야말로 진정한 절대자絶對者이며, 절대척도다. 우주만물은 모두 ○으로부터 비롯되었으며, ○의 변형체이며, ○에 의해 운행된다. ○은 경계가 없으므로 모든 것을 쌀 수 있고, 어디에든 들어갈 수 있으며, 모든 것의 원형이기 때문에 모든 것을 다 조종할 수 있다.

우리가 우주의 본질을 ○이라고 하는데, 사실 ○은 어떤 것으로도 완벽하게 표현하거나 설명할 수 없다. ○을 있다고 하거나 없다고 하는 것은 모두 완전한 표현이 아니다. ○은 어떻게 설명해도 완벽하게 표현할 수 없는 '그 무엇'이다. 굳이 글로 표현하고 말로 설명하려니까 ○으로 표현하고 '영'이라고 읽는 것이다. 우리가 그것을 표현하는 순간 이미 상대세계로 드러나게 된다. 그래서 노자 도덕경에서는 궁극의 본질에 대해 논함에 있어 '도道를 도라고 할 때는 이미 참된 도가 아니며, 사물에 이름을 붙일 때는 이미 그 이름이 진정한 이름이 아니다.'라고 한 것이다. 그것은 '무엇이라고 할 수 없는 그 무엇'인 것이다. 노자가 굳이 이름을 붙이고 설명을 하자니 '도'라고 한 것처럼, 우리가 ○으로 표현하는 것은 그가 가진 의미와 운동성을 표현하기에 가장 적합하기에 그렇게 표현할 뿐이다.

붓다는 자신을 버리라고 했다. 예수는 하나님 말씀대로 살라고 했다. 노자는 무위자연無爲自然을, 공자는 인의예지신仁義禮智信을 내세웠다. 그러나 우주시대에 살고 있는 우리는 이제 우주의 근원이며 본질인 ○의 실체를 밝히고 ○의 도리를 깨달아 ○을 타고 가야 한다. 이것이 영적 진화를 이루어내는 최상의 방법이다.

우주만물의 근원이요 본질인 근본 소촤를 '○'이라고 한다

여기에서 ○은 '없는 것'이 아니라, '○으로 있는 것'이다. ○을 인도 산스크리트어로는 '수냐'라고 하는데, 이것은 '부풀어 오르다' '팽창하다'는 뜻을 가지고 있다. ○은 무언가를 부풀어 오르게 하고 생명력을 불러일으키는 모든 창조의 근원이며 본질이다. 모든 것은 부풀지 않거나 자기를 확장시키지 않고서는 존재할 수 없다. 시공간時空間까지도 가두어 버릴 정도의 극도로 농축된 에너지가 대폭발Big Bang을 일으켜 우주가 탄생했듯이 모든 것은 팽창하고 부풀어 올리는 ○에 의해 생성, 운행된다. 우주만물은 모두 ○으로부터 비롯되었고 ○에 의해 운행된다. 이것이 중국으로 넘어가서 비어있다는 의미의 공空이 되었는데, 그들 역시 공이 완벽한 무無가 아니라 텅 빈 속에 무엇인가가 들어있다고 보아 진공묘유眞空妙有라고 했다.

그렇다. 그 이름을 무어라 하든, 모든 것의 근원은 ○이며, 모든 것 속에는 ○이 들어 있고, ○이 모든 것을 주도한다. 이러한 ○의 차원에서 보면 높고 낮음도, 맑고 탁함도, 크고 작음도 없다. ○은 본질이며, 절대적으로 존재하는, 어떻게 설명해도 완벽할 수 없는 그 무엇이다. ○은 무한하고 영원한, 생멸이 없는 무시무종無始無終의 영원함 그 자체인 것이다.

거시적인 세계의 끝에는 무엇이 있으며 미시적인 세계의 끝에는 무엇이 있을까? 거기에는 우주의 본질인 ○이 존재한다. ○은 수의 끝에 있는 것이 아니며 모든 수를 다 모은다고 되는 것도 아니다. 우리는 ○을 이해하고 그와 온전히 통함으로써 거시적인 우주와 가장 미시적인 우주 전체를 통괄하는 도리를 깨닫게 된다. 그러므로 ○은 단순히 수數가 아니라 사상인 것이다.

유○론적 각성법은 실재하고 실존하는 ○을 통해 우주도리와 세상도리를 깨닫고 실천하는 사상이다

○은 의미로만 존재하는 것이 아니라 실존하는 본질로서 자유자재로 쓸 수 있는 궁극의 실체다. 이제 우리는 물질세계를 연구하여 소립자 운동을 다루듯이 우주의 기본 소素인 ○을 이해하고 그것을 일상에서 자유자재로 쓸 수 있어야 한다. 이것이 제3의 인류로 대도약할 수 있는 열쇠이다.

유○론적 각성법은 모든 사물의 본질과 사물을 인식하는 본성에 대한 궁극적인 물음에 대한 답으로서, 우주 궁극의 실체인 ○

의 자성운동을 관찰하고 연구하는 공부 방법인데, 여기에는 '지도 ○파견'을 비롯하여 '자동동작', '회로와 제도', '氣태운영', '氣운영' 등의 다양한 지도 방법이 있다.

우주 궁극의 실체인 ○의 본성은 '자성^{自性}'이며, 자성은 氣작용을 통해서 드러난다. 지도○파견은 각자의 영적 주체인 본영에게 지도○을 파견하여 영적 진화를 도모하는 초유의 영적 지도 방법이다. 자동동작은 몸으로 자성운동인 우주氣를 타고 운영하는 것이며, 회로는 우주의 본질인 ○의 자성운동을 그림 형식으로 시각화함으로써 진화, 발전하는 ○의 도리를 깨닫는 것이다. 제도는 우주의 근본 소^素인 회로를 조합하여 설계하는 것이다. 그리고 氣태운영은 영적 설계인 제도를 세상에 실현하기 위해 氣의 통로가 될 물품을 써서 氣를 조달하고 조종하는 것이며, 氣운영은 영적 설계도인 제도를 세상에 실현하기 위해 氣를 타면서 주도적으로 氣를 조종하는 것이다.

유○론적 각성법은 우주의 근본도리를 밝히는 사상으로서 스스로 체험하고 체득해서 깨닫게 한다

우주의 본질인 ○은 감각으로는 느낄 수 없으며, 그 무엇으로도 완벽하게 표현 할 수 없다. 다만 ○의 작용력인 氣를 몸으로 느끼고 그 흐름을 타고 감으로써 내재된 ○의 성품을 이해하고 숨겨진 의도와 의지를 알아차릴 수 있다. 우리는 ○의 작용력인 氣의 운동을 통해서 근원을 이해하고 깨달을 수 있다. 우주의 실체인 ○을 관념적이거나 추상적으로 이해하는 것이 아니라 자신에게서 일어나는 氣작용을 통해 스스로 각성해 가는 것이다.

우주가 탄생하고 또 끊임없는 변화를 일으키는 것은 우주적 불균형 때문이다. 불균형이 밀도의 차이를 낳고, 이 밀도차이에 의해 흐름이 생기며 서로간의 대사가 이루어진다. 모든 사물이 수량 형질을 서로 달리하는 것은 근본적으로 밀도차이密度差異 때문이며, 밀도차이가 온갖 다양한 형상을 만들어 서로 대사하게 한다. 우주 만물은 스스로 균형을 깨는 힘에 의해 살아나며 균형을 이룸으로써 사라진다. 이렇게 스스로 균형을 이루기도 하고 균형을 깨기도 하는 우주적 성품을 '우주자성'이라고 한다.

우리는 무질서하게 보이는 우주운동 너머에 있는 상위 질서를 찾아내야 한다. 우주가 무질서한 운동만을 계속한다면 우리는 도저히 그 속에 숨겨져 있는 원리를 찾아낼 수 없을 것이다. 그런데 우주자성의 운동을 계속 따르다 보면 그 속에 숨겨져 있는, 질서 있는 운동을 발견할 수 있다. 이것이 우주의 근본원리를 찾아낼 수 있는 핵심이다. 우리는 그러한 것을 우주운동인 '자동동작自動動作'과 '회로回路'를 통해서 볼 수 있다.

○의 작용력인 氣의 흐름을 몸을 통해 드러나게 하는 것이 자동

동작이며, 氣의 흐름을 평면상에 그림 형식으로 표현하는 것이 회로다. 자동동작은 조화와 균형을 이루기 위해 발생하는 氣의 이동을 몸짓으로 표현하는 것이다. 우리가 자동동작을 하는 것은 그것을 통해 자율적이고 자동적이며 자연스럽게 운행되는 우주자성을 체험하고 체득하기 위함이다. 우리는 자동동작을 통해서 氣를 활성화하고, 회로를 통해서 우주기를 받아들이고 조합할 수 있다. 이런 자동동작과 회로, 그리고 제도와 氣태운영 등은 가장 순수하고 근원적인 우주자성을 바탕으로 하기 때문에 영적 진화를 추구하는 최상의 방법이 된다.

또한, 氣는 시간과 공간을 초월해서 작용하므로 우리는 氣를 운영하여 모든 것과 통할 수 있다. 시간은 氣의 흐름이 이루어내는 '제도선製圖線'에 불과하므로 氣를 통해 시간 속으로 들어가면 과거와 미래를 자유자재할 수 있다. 과거로 돌아가서 과거의 삶이 현재에 미치고 있는 영향을 찾아내서 수정, 보완할 수 있고, 미래를 미리 예측해서 대비할 수도 있다. 또한 氣는 공간을 초월하기 때문에 어디에든 존재할 수 있어 원격조종遠隔操縱이 가능하며 氣운영 능력에 따라 거리에 관계없이 조정하거나 조종할 수 있다. 이렇듯 氣는 과거와 현재와 미래, 이쪽과 그쪽과 저쪽, ○계와 기계氣界와 물질계 모두를 통한다. 氣는 우주만물의 본질인 ○의 작용력이며, 우주만물과 통하기 때문에 우리는 氣를 통해서 사물의 본질을 파악하고 깨달을 수 있는 것이다. 이것을 깨달아야 자신의 본질을 온전히 이해하게 되며 비로소 대 자유에 이르게 된다. 궁극적으로 우리는 참나에 대해 온전히 깨닫기 위해 존재한다. 자동동작이나 회로와 같은 우주자성을 통하는 것은 궁극의 본질인 ○과 그의 작용을 이해하고 깨닫기 위한 가장 확실한 공부 방법이라고 할 수 있다.

**chapter2
생명장**

생명장이 우리의 삶을 좌우한다

모든 존재의 바탕에는 장場, field이 자리하고 있다

 장이란 개체가 가지는 물질적 경계를 넘어서 상호작용하는 에너지 마당을 의미한다. 각자는 독립된 개체로 존재하는 것으로 보이지만 실제로는 하나의 장을 형성하여 파동하며 상호 운동한다. 사물의 본질에 대한 사상은 이를 입자로 보던 관점에서 발전하여 이제는 물질과 마음을 하나로 아우르는 장場으로 보고 있으며, 이러한 장이야말로 우주의 실체라고 보는 데까지 이르렀다. 장에 대한 개념은 아리스토텔레스로부터 시작된다. 그는 지상계地上界는 지수화풍地水火風으로, 천계天界는 에테르ether라고 하는 제5원소로 이루어져 있다고 주장했다. 그 후 천문학이 발달하면서 에테르는 우주 공간을 채우는 매질媒質의 개념으로 바뀌었지만 전달매질이라는 개념이 갖는 몇 가지 문제점 때문에 널리 인정받지 못하다가 근대에 이르러 전기나 자기의 주변에 나타나는 힘의 작용 현상을 보고 주변 공간에 장이 존재한다고 생각하게 되었다. 여기에서 장은 매질의 특수한 상태가 아니라 실재實在하는 것이라는 사실이 확인되었다. 이후로 고전 물리학에서는 우주가 공간의 일정 부분만을 차지하는 입자와 어느 곳에나 두루 존재하는 장으로 구성되어 있다고 생각하게 되었다. 20C 초에 양자역학이 발전하면서 비로소 입자와 장의 개념은 하나로 통합되었다. 장의 개념은 입자에 대응하는 또 다른 구성요소라는 개념에서 확장되어 입자까지 포용하게 되었다. 장을 에너지라고 이해한다면 우주는 에너지 그 자체라고 볼 수 있고, 우주만물은 에너지가 집적되어 그 모습을 드러내는 것이라고 볼 수 있다. 즉 우주만물은 에너지의 이합집산離合集散에 의해 생성, 소멸되는 것이다.

입자의 특성은 분리이며 장의 특성은 연결이다. 장의 개념으로 볼 때, 모든 것은 외부로 드러나는 형상과 현상이 다를 뿐이다. 그렇다면 모든 상을 만들어내는 에너지의 본체는 무엇일까? 그것이 바로 우주의 실체인 ○이며 그 작용이 바로 氣이다.

입자가 개체와 선형의 개념이라면 장의 기본 개념은 파형의 개넘이다. 신경계를 통해 정보를 이동하는 것이 선형체계線形體系라면 직관直觀이나 영감靈感은 파형波形의 영역이라고 할 수 있다. 그런데 지금 인류문화가 선형의 문화에서 파형의 문화로 급격하게 바뀌고 있다. 따라서 우리는 이제 직관이나 영감을 계발하여 다음 세대에 대처해야 한다.

파형 문화의 대표적인 성향은 인과론因果論적인 선형의 개념이 아니라 전체를 하나의 장의 개념으로 이해하는 것이다. 생명장은 생명활동을 보장하는 전체의 장을 이르는 개념이다. 우리는 생명장을 통해 생명의 본질을 더욱 깊이 이해하고 생명활동을 주도적으로 운용할 수 있다.

생명장 이론은 모든 사물과 사상을 분석적이면서도 통합적인 우주관으로 꿰뚫는 '절대척도'이며, '조종자'이다. 우리는 이 생명장 원리에 의해 모든 사물과 생명체를 근원적으로 파악하고 조정하고 조종할 수 있다.

생명장 이론은 깊고 오묘한 사상이자 학문으로서 전체를 하나의 장場으로 보는 '한울'의 개념에서 시작하며, 전체를 온전히 하려는 '한울사상'을 기반基盤으로 한다.

모든 것은 자신만의 고유한 氣의 장을 형성하고 있다

육체는 물론 시각이나 청각, 사고영역, 나아가서는 영감영역에 이르기까지 각기 제한된 지평선을 가지고 있다. 이것은 각자마다 제한된 장 속에 있다는 것을 의미한다.

장이란 일정한 질서가 미치는 영역을 말한다. 물리학에서의 장은 물질 또는 물체 사이에 힘이 전달되는 공간을 말하는데, 중력이 미치는 범위를 '중력장重力場'이라 하고, 자기력이 미치는 범위를 '자기장磁氣場'이라 하며, 전기의 힘이 미치는 범위를 '전기장電氣場'이라 한다. 장이 형성되면 내외의 구분이 생기며, 장의 안쪽에는 그 장을 유지하기 위한 질서가 생겨 자신을 유지한다.

장의 개념은 존재하는 모든 것에 적용된다. 자석이 쇠붙이와 닿지 않았는데도 그것을 자신 쪽으로 끌어올 수 있는 것은 자기磁氣가 있기 때문이다. 마찬가지로 우리 인체에도 생명을 유지하는 '생기生氣'가 장을 형성하여 생명체의 유지는 물론 주위와 직, 간접적으로 영향을 주고받는다.

장이 형성된다는 것은 중심(주체)이 있다는 뜻이다

중심에서 주도하는 힘에 의해 외부와 다른 밀도의 영역이 형성되며, 이러한 장이 형성된다는 것은 외부로부터 저항에 걸려 있다는 것을 의미한다. 만약 저항이 없다면 자신의 내부로부터 발현된 힘은 무한하게 외부로 퍼져 나갈 것이다. 그러나 모든 것은 저항에 걸리게 되며 서로 간섭하면서 영향을 준다. 때로는 충돌하고 때로는 흡수하면서 화합^{和合}하기도 하고 불화^{不和}하기도 한다. 각자에게 중심이 있다는 것은 각자가 주체이고 주인이라는 것을 의미하며, 저항을 받는다는 것은 개체가 서로 공존하고 있다는 것을 뜻한다. 즉 각자는 모두 존귀한 주체로서 공존의 질서 속에서 공존한다는 것을 의미하는 것이다.

장은 항상성^{恒常性}을 유지하려는 속성을 가지고 있다

생명체는 항상성을 유지하려는 힘에 의해 일정한 모습을 유지하면서 존재할 수 있다. 그런데 이 항상성을 유지하려고 하는 장의 내적 질서가 내외적 요인으로 인해 깨지면 불균형과 부조화의 상태가 된다. 장의 조화로운 운행은 안정과 평온을 주며 진화, 발전을 도모하지만 반대로 장의 부조화는 부담과 지장을 주며, 여기서 더 진행되면 탈이 되고 병증이 된다. 생명장은 여러 가지 요인에 의해 출렁이면서 온갖 모습으로 운행되지만 궁극적으로는 다시 본래의 모습인 ○으로 돌아가려는 성질을 갖고 있다.

장은 수축하기도 하고 팽창하기도 한다

장은 자기 자신으로부터 시작해서 가정, 사회, 국가, 인류, 지구, 태양계, 은하계, 우주의 거시세계로 확대될 수도 있고, 반대로 몸으로부터 기관, 조직, 세포, 분자, 원자, 소립자 등의 미시세계로

축소될 수도 있다. 그러므로 장을 조종해서 외부세계를 다스릴 수도 있고 내부 세계를 다스릴 수도 있다. 생명장 조정은 개인의 질병이나 일상의 크고 작은 문제에서부터 세상 전체의 氣를 조종하는 세상제도에 이르기까지 운영자의 능력과 깨달음에 따라 모든 영역에 적용할 수 있다.

개체의 장과 전체의 장은 상호 불가분 관계를 가진다

이 세상에 어느 누구도 독립된 개체로 존재할 수 없다. 모든 생명체는 바탕이 되는 '터(터전)'와 그 위에서 운행되는 모든 '틀(사물)'과 틀이 운행되도록 돌려주는 '틈(공간)'으로 이루어진 '세상장(세상)'이라는 바탕 위에서 각자의 '생명장'이 서로 공명하고 대사하면서 존재한다. 모든 생명체가 살아갈 수 있는 것은 지구라는 세상장이 있기 때문에 가능한 것이다. 이렇게 세상장과 생명장은 불가분不可分의 관계가 되어서 개체가 전체에 영향을 주기도 하고 전체가 개체에게 영향을 주기도 한다.

세상은 터와 틀과 틈으로 이루어져 있다

존재하는 모든 사물을 '틀'이라 하고 틀들을 받쳐주는 바탕을 '터'라고 하며 틀과 터 사이에는 '틈'이 있어서 돌릴 수 있다. 이 세 모습을 세상이라고 한다. 틀끼리 충돌하거나 틀과 터가 부조화를 이루면 氣가 충돌하여 상傷하게 된다. 터와 틀은 상대적으로 작용하는데, 일반적으로는 토대가 되는 터전 위에 틀어지는 틀이 있어서 운영된다. 하지만 그 틀이 또 다른 틀을 수용할 때는 본래의 틀은 터가 되고 위에 있는 것은 틀이 된다. 만약 그 위에 또 다른 틀이 운영되면 역시 같은 이치로 터와 틀이 된다. 상대계에 존재하는 모든 사물은 이렇게 서로의 존재 형태에 따라 터와 틀이 고정되지 않고 각자의 모습과 작용을 엮어간다.

틈은 터와 틀이 자유롭게 운행하도록 열어주고 돌려주며 주도하는 도導, 즉 길이다. 터와 틀과 틈이 중첩되면서 상호 보조, 보완, 간섭, 통제되고 끊임없이 어울려 돌아가는 모습은 다음과 같다.

성층구조의 우주모형

생명장을 형성하는 요소는 다음과 같다

생명장은 터와 틀과 틈을 바탕으로 형성되며, 영氣태, 地氣태, 몸氣태를 통해 상호 교류한다.

氣태란 모체와 태아를 연결하는 탯줄과 같이 서로를 이어주는 氣의 통로를 말한다.

'터'는 '수량형질數量形質'에 의해 결정되는데, 집터, 일터, 잠 터, 묘지 터, 지명, 수맥 등 터전의 기운이 여기에 해당된다.

'틀'은 '순위격식順位格式'에 의해 운행되는데, 집기류, 장신구, 승용구, 장식품, 생활용품, 사무용품 등 틀의 기운이 여기에 해당된다.

'틈'은 터와 틀을 돌리면서 주도하는데, ○氣, 영기, 령, 적기, 사기, 저주, 한, 죄, 인연, 업장 등 영적 氣작용이 여기에 해당한다.

생명장에 지장을 주는 요인은 다음과 같다

생명장의 조화와 균형이 깨지면 병, 탈, 지장, 사고 등이 생긴다. 생명장의 질서와 균형을 깨고 부조화를 일으키는 요인에는 다음과 같은 것들이 있다.

첫째, 모든 부조화의 근원이 되는 ㉠('잡영'이라고 읽음)에 의한 것.
둘째, 조상으로부터 물려받은 육체적, 영적 유전정보에 의한 것.
셋째, 집터, 잠 터, 사업 터, 묘지 터 등의 터전에서 비롯되는 것.
넷째, 인연이나 대인관계 및 집기류나 장신품 등에 의한 것.
다섯째, 각자의 운세를 결정짓는 기세氣勢에 의한 것이 있다.

이 밖에도 적기敵氣, 사기邪氣, 저주咀呪, 한恨, 죄罪, 인연因緣, 업장業障 등이 생명장에 영향을 준다.

생명장은 안팎으로 드나들면서 끊임없이 변화한다

생명장에 영향을 주는 요소는 앞서 언급한 것처럼 매우 다양하며 생명장의 혼란은 질병, 탈, 사고, 투쟁 등의 부조화를 일으킨다.

생명장을 파악하려면 우주의 본질인 ○에 대한 각성과 ○의 작용력인 氣를 운영할 능력을 갖춰야 한다. 우리가 보는 것은 사물의 극히 일부분일 뿐이므로 사물의 본질을 파악하려면 일반적인 감각을 통하는 방법만으로는 안 된다.

사물을 물질적 차원에서만 이해하려고 하면 내부에 감춰진 의미와 질서와 숨겨진 명을 온전히 파악할 수 없다. 우주만물을 구성하는 주체는 ○이며, ○은 氣작용을 통해 자신을 드러낸다. 따라서 氣를 모르고서는 생장수장生長守藏하는 우주사물의 무궁한 변화를 온전하게 파악할 수 없다.

모든 존재의 바탕은 그야말로 전 우주적이다. 밖으로는 고유한 물성을 지닌 개체처럼 보이지만 그 내면으로 들어가면 모두 이어져 있으며 통합적이고 전체적이며 가역적可逆的으로 운행되고 있다.

안개 낀 바다에서는 섬들을 볼 수 없으나 안개가 사라지면 각각의 독립된 섬들을 볼 수 있다. 그러나 섬의 능선을 따라 계속 들어가 보면 모든 섬들은 결국 하나로 이어져 있음을 알 수 있다. 이와 같이 눈에 보이는 물질세계는 각각 독립된 개체로 보이지만 그들의 내면으로 들어가 보면 유형과 무형이 서로 중첩되고 혼재混在

되어 조화와 부조화를 일으키고 생성, 소멸하는 생명현상을 영위해가고 있다. 즉 우리가 보는 세계는 사물의 극히 일부분 일뿐이며, 그의 외부세계와 내부세계는 모두 깊이 잠겨 있고 숨겨져 있다. 그러므로 사물의 본질을 파악하려면 사물의 내면으로 들어갈 수 있는 특별한 시각과 힘을 가져야 한다. 물 속으로 들어가려면 물의 저항을 이길 힘이 필요하듯이, 숨어있는 사물의 내면을 읽고 파악하고 조정하려면 氣를 운영하고 조종할 힘과 지혜를 갖추어야 한다.

氣는 제5의 힘으로도 일컬어진다

자연계를 유지하는 힘에는 네 가지가 있는데, 중력gravity force, 전자기력electromagnetic force, 약력weak force, 강력strong force이 그것이다.

오늘 날의 과학 문명은 네 가지 힘 중에서 전자기력을 상당히 잘 사용하는 수준에 이르렀다. 현대 문명을 대표하는 전기, 컴퓨터, 통신 등은 전자기력이 작용하는 전자기장을 잘 이해하고 활용함으로 가능한 것이다. 그러나 나머지 세 가지 힘을 사용하는 데는 아직 초보의 수준을 벗어나지 못하고 있다. 약력과 강력에 관련하여 상온에서의 핵융합을 시도하고 있지만 인류가 처음 불을 다루듯 미숙하며, 우리는 아직도 중력에 잡혀서 지구를 벗어나지 못하고 있다. 전자기력을 잘 사용하는 것만으로는 이 우주를 온전히 이해하고 다루기 어렵다. 인류가 개척해야 할 영역은 이제 시작에 지나지 않는 것이다. 우리는 앞의 네 가지 힘으로 설명할 수 없는 초자연주의 현상을 일컬어 기적이라고 한다. 기적奇蹟이라는 말은 기적氣的 현상이라는 의미와도 통한다. 氣를 다루면서 일어나는 초자연 현상은 언젠가는 과학으로 규명되어야 할 것이다. 이러한 氣를 운영하고 조종하려면 氣의 흐름을 탈 수 있어야 하고 다스릴 수 있어야 한다. 여기서 氣의 흐름을 타는 것을 '氣운영'이라고 하고, 자신과 상대의 氣를 조화롭게 맞추는 것을 '氣조정'이라 하며, 氣의 강약强弱, 완급緩急, 심천深淺, 다소多少 등을 조절하는 것을 '氣조절'이라 하고, 자신의 의지로 외부세계를 조종하는 것을 '氣조종'이라고 한다.

 氣를 운영하고 조정하고 조종하려면 먼저 몸과 마음을 잘 정돈해야 한다. 기계도 안 쓰면 녹이 슬듯이 사람도 쓰는 동작만 계속하면 쓰지 않는 부분은 녹슬게 된다. 그러므로 자신에게서 녹슬어 있는 부분을 잘 닦아내서 氣의 흐름을 원활하게 할 수 있도록 해야 한다. 氣운영, 氣조정, 氣조절, 氣조종 등은 氣의 흐름을 다스리는 것이다. 氣의 흐름에는 강하게 흐르는 것, 약하게 흐르는 것, 순한 것, 거친 것, 급한 것, 완만한 것들이 있으며, 이들이 서로 어우러져 파동친다.

생명장 조정은 氣를 운영하여 조정하고 조종하는 것이다

생명장 조정은 먼저 氣를 터득해야 한다. 인체에 형성된 기장氣場이 원형原形과 서로 조화를 이루면 순행하여 건강하고, 부조화하면 병이 되므로 기장을 정확하게 파악해야 한다.

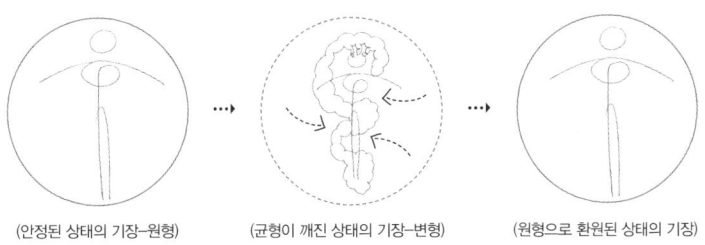

(안정된 상태의 기장-원형)   (균형이 깨진 상태의 기장-변형)   (원형으로 환원된 상태의 기장)

그림에서 보듯이 생명장의 원형은 여러 대상과 상대하면서 변형이 일어나게 된다. 원형原形의 생명장은 수많은 상대를 복합적으로 만나면서 서로 간의 간섭현상에 의해 수축, 팽창, 변형되므로 본래의 온전한 상을 유지할 수 없다. 상대에 따라 생명장은 갈등하기도 하고, 화합하기도 하고, 배척하기도 하고, 수용하기도 하면서 끊임없이 변화하는 것이다.

생명장 조정은 氣의 창조능력과 복제능력을 쓰는 것이다

본질인 ○은 순수하지만, 생명장에서는 각각의 밀도가 다른 것들이 서로 어울려 충돌하고 갈등하여 혼란과 탈을 일으킨다. 그래서 생명장 조정이 필요한 것이다.

생명장 조정은 氣를 써서 한다. 氣의 특성은 창조성創造性과 복제성複製性이다. 창조성은 우주에 만재해 있는 근원적 작용력인 氣가 스스로의 의지와 능력으로 끊임없이 새로운 것을 창조해 내는 성품이며, 복제성은 원형을 따라 그대로 재창조하는 성품이다. 생명장 조정은 氣의 이러한 특성을 써서 조정하는 것이다.

생명체는 물론 모든 사물은 서로 영향을 주고받으면서 끊임없이 변화한다. 문제는 어떤 요인이 지속적으로 영향을 주어서 육체적, 정신적, 영적으로 부조화를 일으킬 때이다. 이때는 생명장을 조정해야 하는데 가장 기본적인 방법은 변형된 생명장의 기형을 그려내어 그 위에 본래의 원형인 ○의 정보와 힘을 가하는 것이다. 그러면 불균형 상태의 생명장이 점차 본래의 모습인 ○으로 되돌아오게 된다.

생명장 조정은 기형氣形을 통해 원인을 파악하고 氣를 써서 조정한다

기형氣形은 생명장을 형상화한 것으로서 인체를 중심으로 운영되고 있는 3차원의 기장氣場을 2차원의 평면에 그림 형식으로 표현한 것이다. 생명체에 운영되고 있는 氣의 場은 볼 수도 만질 수도 없으며 시각적으로도 파악할 수 없다. 그래서 氣를 운영할 수 있는 제도자가 ○력을 써서 생명체나 물체 또는 일의 진행 상황에 대한 기장을 볼 수 있도록 형상화하여 표현하는 것이다. 다시 말해 기형은 수많은 대상과의 직간접적인 영향으로 일그러진 생명장의 상태를 그림 형식으로 표현한 것이다.

생명장 조정은 주로 기형을 통해서 부조화를 일으키는 근본 원인을 찾아내고 그것을 제거하거나 조절, 보완하여 본래의 조화로운 상태로 돌려놓는 것으로 모든 병과 탈의 근본 요인을 찾아내어 원인부터 다스려 나가는 최상의 방법이다.

병이란 안팎을 조절하는 벽이 깨져 벽의 역할을 제대로 하지 못해 일어나는 현상이다. 그러므로 건강을 유지하려면 에너지 장이 이루는 감각의 벽, 감정의 벽, 사고의 벽, 마음의 벽을 바르게 이해하고, 이들을 바르게 조절하고 조정하고 조종하는 법을 터득해야만 한다. 자신의 내부세계는 물론 외부세계에 대한 올바른 이해가 없다면 벽이 되어 보호해야 할지, 문이 되어 받아들여야 할지 판단이 서지 않는다. 이 벽을 잘 조절하지 못하면 병이 된다.

생명장 점검을 하려면 잘 정돈되어 있어야 한다. 기형점검은 먼저 대상을 정한 다음 정돈된 상태에서 氣를 운영하여 氣의 흐름을 타고 기형을 그리는 것이다.

기형점검을 하려면 먼저 제도자의 기운이 충분하게 축적되어 있어야 한다. 즉 기형은 눈으로 보이는 세계를 나타내는 것이 아니라 보이지 않는 氣작용의 상태를 나타내는 것이라서 氣를 운영하여 기형을 그리려면 氣의 축적이 충분해야만 한다. 기형은 기도(氣道: 氣의 흐름)를 따르면서 그리는 것이므로 氣를 운영할 힘이 없으면 기도를 제대로 찾아가지 못한다. 전체와 동시에 미세한 부분까지 나타내려면 영적인 힘인 ○력의 바탕이 있어야 한다.

그려진 기형을 읽을 수 있어야 한다

만물은 크든 작든, 직접적이든 간접적이든, 간섭(충돌)하기도 하고 수용(화합)하기도 하면서 서로에게 영향을 준다. 이러한 사물의 상호작용을 기형을 통해 읽게 되면 생명체는 물론 그와 만나는 모든 대상에 대해 거의 완벽하게 파악할 수 있다. 생명장을 표현하는 기형은 몸의 상태는 물론 감정과 사고, 심리상태, 그리고 그와 관계를 맺는 모든 사람과 사물의 상호작용까지도 나타낼 수 있으며, 능력에 따라서는 국가, 인류, 세계, 세상의 모든 영역을 표현하고 설명할 수 있는 절대척도라고 할 수 있다.

기형을 그리는 이유는 그것을 통하여 영향을 주는 주된 요인을 찾아내고자 하는 것이다. 기형을 그려놓고 그것을 읽을 수 없다면 그 기운을 다스릴 수도 없다. 그려낸 기형을 읽으려면 기형의 특징을 찾아내야 하는데, 氣의 시작과 끝, 기포氣泡의 크기와 방향과 위치 등을 면밀하게 살펴서 어디가 막히고 어디에서 꼬이는지, 무엇이 부담을 주고 있으며, 어디에 주로 부담을 받는지 등을 읽어낼 수 있어야 한다.

氣를 운영하여 기형을 그려내고 그려낸 기형을 읽을 수 있다면 그의 흔적을 추적하여 과거를 알 수도 있고, 미래에 대한 예측도 가능해진다. 기형은 氣가 작용하고 있는 상태를 종이 위에 그림형식으로 옮겨놓은 것이지만 제도자의 능력에 따라 기형의 조정만으로도 생명장을 조정할 수 있다. 단순히 기장을 그림으로 표현하는 것에 그치지 않고 기형 자체를 제거하거나 보완함으로써 생명장을 조정할 수 있는 것이다.

생명장 조정은 전체적인 조화와 균형을 위한 것이어야 한다

氣의 조정이나 조종이 단순한 처리가 되어서는 안 된다. 氣를 운영하고 조종하는 것은 전체적인 조화와 균형을 바탕으로 해야 하며 궁극적으로 평화와 진화를 위한 것이어야 한다. 이와 같은 원칙을 바탕으로 제거할 것인지, 조정할 것인지, 아니면 보완할 것인지를 결정해서 처리해야 한다.

생명장 조정에 있어 힘이 있다고 마구 써서 상대를 점령하거나 해롭게 해서는 절대로 안 된다. 기형 점검과 기형 독해, 그리고 그것을 처리하는 것은 氣운영자의 영적 능력과 체험, 그리고 그의 가치기준에 좌우되므로 氣운영자는 우주근원에 대한 올바른 이해와 깊은 깨달음, 사물의 본질과 그 작용에 대하여 통찰이 있어야 하며, 나아가 올바른 우주관, 세계관, 인생관, 가치관을 확립하고 있어야만 한다. 그렇지 못한 자가 함부로 氣를 운영하여 조치하면 오히려 상대를 해치게 되고 온갖 부조화와 탈을 일으키게 된다. 氣를 처리하고 제도하는 방법은 매우 전문적이고 다양하므로 여기에서는 설명을 생략한다. 그리고 생명장에 대한 보다 상세한 설명은 본인의 저서 〈○의 실체〉를 참조하기 바란다.

chapter3
성층구조의 인간

우리는 위대한 '하나'를 품고 있다

나는 무엇들인가

우리가 일상에서 쓰는 말 중에서 가장 많이 쓰는 말이 아마도 '나'일 것이다. 그런데 수없이 나란, 나란, 하면서도 정작 나에 대한 정의는 분명치 않으며, 나에 대한 인식과 이해의 깊이는 각자마다 너무도 다르다.

나는 누구인가?

나는 무엇들로 이루어져 있을까?

나는 어디에서 와서 어디로 가는 것일까?

어쩌면 우리는 이 물음에 대한 답을 찾기 위해 살아가고 있는지도 모른다. 우리는 자신이 무엇으로 이루어져 있으며, 무엇을 바탕으로 존재하며, 모든 사물들과 어떻게 통하고 있는가에 대한 깊은 통찰이 있어야 한다.

우리는 가짜 자아인 에고(ego)를 자신이라고 착각하며 살아간다. 에고는 사고, 감정, 의지 등의 여러 작용의 주관자를 말하는데, 과학자로서 뿐만 아니라 인간의 본성에 대한 깊은 통찰력을 가지고 있던 아인슈타인은 에고를 '의식이 일으키는 시각적인 환영(幻影)'이라고 했다. 이 환영이 모든 해석의 기초가 되어 진실을 왜곡하고 삶의 형태를 뒤틀어 놓는다. 생각은 이 환영의 자아가 허구의 영역에서 만들어내는 인지작용이라고 할 수 있다. 우리는 이 환영을 깨고 궁극의 자아를 찾아내야 한다. 우리 속에 깊이 내재해 있는 그것은 '하나'이며, '모든 것'이며, 내 속에 머무는 '참 나'이다.

나를 포함한 세상 모든 것은 와 같이 복합적이고 다층적 구조로 이루어져 있다. 이는 물질의 분화와 에너지의 흐름에 따른 밀도와 속도와 성질의 차이에 의한 자연스러운 현상이다. 이러한 것은 미시세계에서부터 거시세계에 이르기까지 모두 적용된다. 이러한 성층구조에서의 상호작용은 마치 음양(陰陽)의 원리와 같아서, 양 속에는 음이 들어있고, 음 속에는 다시 양이 들어있어 서로 체(體)와 용(用)이 바뀌면서 돌아간다. 지금부터 다층구조로 이루어진 세상 모습들을 살펴보기로 하자.

모든 것은 성층구조로 이루어져 있다

우리가 사는 지구는 내핵, 외핵, 맨틀, 지각, 바다, 대기의 다층구조로 이루어져 있다. 이것을 크게 분류하면 '대기권大氣圈'과 '수권水圈'과 '암권岩圈'과 '생물권生物圈'으로 분류할 수 있다. 지구 밖에는 대기권이 있어 지구를 보호하고 있으며, 지구 내부는 수권과 암권으로 나누어져 있고, 생물권은 앞의 세 권역과 상호작용하면서 존재한다.

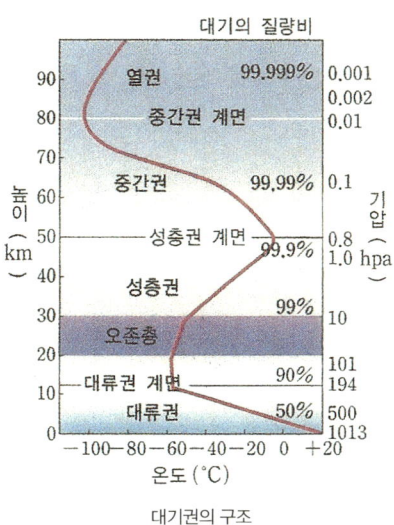

대기권의 구조

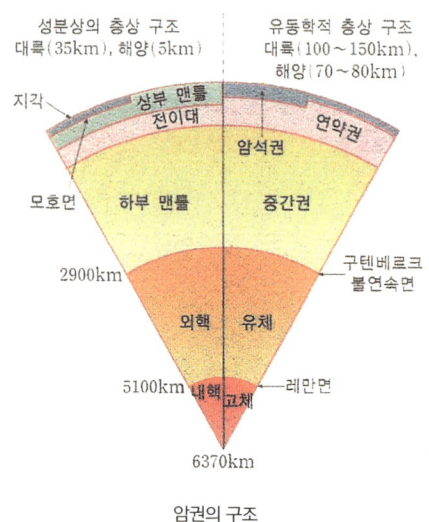

암권의 구조

    물질을 이루는 입자 또한 수많은 층으로 이루어져 있다. 하나의 물방울은 10^{-9}m 크기의 분자가 약 1조 개의 갑절이 되는 양으로 이루어져 있고, 물방울을 구성하는 분자는 10^{-10}m의 원자들로 이루어져 있으며, 원자는 다시 10^{-14}m 크기의 원자핵과 그 주위를 선회하는 전자들로 구성되어 있고, 원자핵의 중심은 10^{-15}m의 극도의 작은 입자인 양성자와 중성자로 이루어져 있으며, 더 깊이 들어가면 10^{-18}m라는 극히 미소한 크기의 쿼크라는 입자들로 구성되어 있다. 여기에서 더 들어가면 입자로서가 아니라 상호작용에 의한 진동하는 에너지 장 energy field 으로서 존재하게 되는데, 우리는 그것을 양자장陽子場이라고 부른다. 미시세계는 이렇게 보이지 않는 어떤 질서에 의해 다층구조로 형성되어 있는 것이다.

빛 역시 다층구조를 이루고 있다. 빛은 사물을 볼 수 있는 가시광선可視光線만 있는 게 아니라 파장에 따라서 감마선, ×선, 자외선, 가시광선, 적외선, 마이크로파, 전파 등의 여러 층으로 이루어져 있다. 우리는 이 파장을 고려하여 일상에서 다양하게 쓰고 있다.

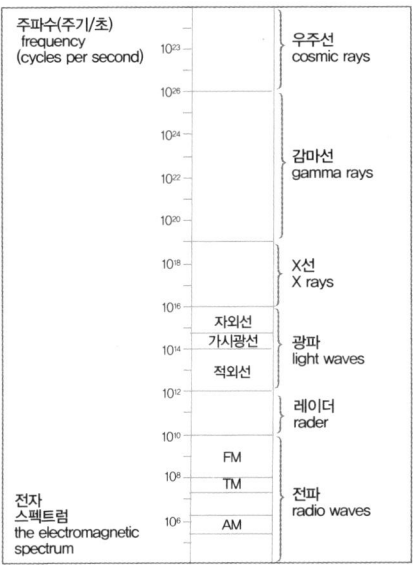

빛의 다층구조

인간의 의식 또한 성층구조로 되어 있다. 대표적인 것이 인도의 유가행파^{瑜伽行派}에 의해 정립된 성유식론^{成唯識論}이다. 성유식론에서 인간의 인식활동은 신체 감각기관을 통해서 이루어지는 시각, 청각, 후각, 미각, 촉각의 오감과 정신적 감응인 제6식, 의식에 의해서 주로 이루어진다고 본다. 그리고 그 너머에는 일반적인 의식으로서는 파악할 수 없으나 여러 가지 분석을 통해서 그것이 존재한다고 생각하지 않을 수 없는 제7식 말라식과 제8식 아뢰아식이 있으며 이들의 상호작용으로 의식 활동이 이루어진다고 본다.

또한, 요가에서는 우리 몸에 차크라^{chakra}라고 하는 일곱 개의 에너지 관리체계가 각각의 층을 이루어 존재한다고 본다. 우리 몸에서 이들 차크라는 각기 다른 종류의 에너지를 관리하여 인간의 삶을 변화시킬 수 있다고 보았다.

인간의 뇌파 역시 다층구조로 이루어져 작용하고 있다. 뇌파의 종류는 주파수에 따라서 감마파(γ), 베타파(β), 알파파(α), 세타파(θ), 델타파(δ)로 분류한다. 감마파는 주파수 30Hz 이상의 극도의 각성과 흥분 시에 나타나는 뇌파이고, 베타파는 주파수 13에서 30Hz의 뇌파로 신체적 활동이 왕성한 깨어있는 상태의 활동파이며, 알파파는 주파수 8에서 12.99Hz 사이의 심신이 안정되어 있을 때 나타나는 안정파이고, 세타파는 주파수 4에서 7.99Hz에서 나타나는 졸음파이며, 델타파는 주파수 0.2에서 3.99Hz 사이에 깊은 수면 시에 나타나는 수면파이다. 우리는 뇌파의 주파수에 따라서 흥분하거나 집중하고, 안정되거나 명상상태에 들기도 하고 깊은 수면에 빠지기도 한다. 그러므로 우리는 뇌파를 이해하고 잘 조절함으로써 원하는 상태에 이를 수 있다.

종류	진동수	정신상태	각성시
델타파(δ)	01–3 Hz	깊은 수면	육체적안정
세타파(θ)	4–7 Hz	수면	주의각성
알파파(α)	8–12 Hz	안정, 휴식	정신적안정
저베타파(βl)	13–20 Hz	작업중	각성활동
고베타파(βh)	21–30 Hz	작업중, 스트레스	정신적불안
감마파(γ)	31–50 Hz	스트레스, 흥분	스트레스
SMR파	12–15 Hz	각성, 준비	주의각성

뇌파의 종류

이와 같이 지구는 물론 빛, 사물의 입자, 인간의 의식과 뇌파도 모두 성층구조로 이루어져 있다.

인간은 매우 복합적인 존재다

자기분열로 종족보존에 충실하던 원시세포에 어느 순간 이질적 균^菌이 침입한다. 이때 원시세포는 이를 배척하기보다 공생^{共生}하는 것이 서로에게 좋다는 것을 깨닫고 공생을 시작하게 되었다. 그 흔적이 체세포 내에 있는 미토콘드리아mitochondria다. 이러한 공생이 진화의 폭발적인 기폭제가 되었다.

린 마굴리스Lynn Margulis는 그의 '공생자 이론'에서 미토콘드리아와 염록체 같은 소기관들은 원래 각각의 독립된 생물이었는데, 이들이 융합되어 세포를 구성하는 한 성분이 되었다고 주장한다. 나아가서 세포의 안팎에서 세포활동에 관여하는 파동모와 방추사 같은 구조물도 생물간 융합의 산물이라고 한다. 즉 모든 생명체는 수많은 개체들의 융합으로 이루어져 있으며 공생을 통해 진화, 발전해 간다는 것이다. 이렇게 볼 때, 인간은 수십 조 개에 달하는 세포와 수많은 세균의 공생으로 이루어진 복합체라고 할 수 있을 것이다.

인간을 일러 흔히 '소우주'라고 한다. 우주의 축소된 모습이므로 소우주小宇宙이며, 우주의 모든 소素를 다 가지고 있으니 소우주素宇宙라고 할 수 있다. 하나의 세포에는 그 사람의 모든 정보가 다 들어 있으며 우주창생의 모든 정보가 농축, 저장되어 있다. 인간은 우주의 모든 정보가 질서 있게 조립되어 있는 복합체인 것이다.

인간은 다양한 면을 가진 존재다

우리는 '궁극의 나'를 어디에서 찾아야 할까?

인간은 매우 다양한 면을 가진 복잡한 존재다. 과거의 나와 현재의 나와 미래의 내가 공존하고 있다. 끊임없이 살아나는 내가 있는가 하면 순간순간 사라지는 내가 함께 있다. 긍정적인 내가 있는가 하면 부정적인 내가 있고, 천사와 같은 내가 있는가 하면 악마와 같은 나도 있다. 아끼고 사랑하는 내가 있는가 하면 질투하고 미워하는 나도 있으며, 부드러운 나도 있고 거친 나도 있으며, 맑은 나도 있고 탁한 나도 있다. 이렇듯 나는 수많은 면을 가지고 대상에 따라 모습을 바꾸는 참으로 다양한 면을 지닌 존재이다.

그렇다면 과연 무엇을 나라고 해야 할까?

나는 모든 사물을 인식하고 분별하는 생각에서부터 시작해야 한다고 본다. 근대철학의 아버지라 불리는 프랑스의 철학자 데카르트의 형이상학적 사색방법은 회의懷疑에서부터 출발했다. 그는 모든 사물에 대해 의심하면서 본질이 아니라고 생각되는 것들을 하나씩 버려 나갔으나 모든 것을 다 부정해도 끝까지 부정하고 있는 자기 자신을 부정할 수는 없었다. 그래서 그는 다음과 같은 결론을 내렸다.

'나는 모든 것을 의심하고 있다. 그러나 지금 의심하고 있는 내가 있다는 사실은 분명하다. 나는 생각한다. 고로 나는 존재한다. I think, therefore I am. (cogito ergo sum.)' 그는 이것을 진리탐구의 출발로 삼았던 것이다.

데카르트는 '존재를 인식하기 위한 바탕으로서의 생각'을 전제로 하고 있다. 그는 모든 대상에 대해 의심하는 '방법적 회의'를 통해서 존재하는 내가 있어야만 생각하는 것이 가능하다는 결론을 도출해냈고, 그것을 이렇게 표현한 것이다. 그렇다. 우리는 실존하는 존재 그 자체를 자각해야 하며, 존재를 자각하기 위해서는 존재의 바탕을 온전히 이해해야만 하는 것이다.

인간은 중층적인 존재다

우리는 일반적으로 눈에 보이는 육체적인 부분만을 나라고 생각하는데, 실제로는 그 밖에도 그 안에도 내가 있다. 다만 어떤 부분은 밖으로 드러나 있고 어느 부분은 나무뿌리와 같이 내부에 감추어져 있을 뿐이다. 우리는 이들 모두가 나를 이루는 요소들이라는 것을 알아야 한다. 나를 바르게 인식하지 않으면 나의 진정한 의미가 무엇이며, 내가 무엇을 해야 할 것인지를 알 수 없다. 우리는 끊임없이 나의 실체에 대해 주장하면서도 실제로는 나를 모르고 살아간다. '나'는 유한하게 제한되어 있지만 밖으로는 모든 우주사물과 통하고 있으며, 안으로는 우주근원과 만나고 있는 무한하고 영원한 존재이다.

'나'는 다음과 같은 성층구조成層構造를 이루어 모든 대상과 교류하며 살아간다. 성층구조의 인간론은 모든 우주사물과 통하는 '하나'

를 찾아내기 위한 본질적인 접근이다.

　모든 생명체는 외부세계와의 교류를 통해 살아간다. 때로는 자극으로 때로는 균형을 깨기도 하고, 때로는 실제로 물질교류를 하기도 한다. 우리가 외부정보를 받아들이는 것은 주로 오감을 통하는데, 그 중에서 시각, 청각, 미각, 후각은 다음의 세 가지 형태로 전달된다. 눈으로 보는 것은 광파의 진동에 의하며, 소리를 듣는 것은 음파의 역학적 압력을 받아들이는 것이고, 미각과 후각은 물질분자가 일으키는 화학적 자극에 의한다. 촉각 또한 사물의 고유한 에너지를 신체 표면에서 받아들여 전자기파의 변환을 일으킴으로써 느끼는 것이다. 우리는 이러한 신호가 감각기관들에 의해 전기에너지를 가진 충격들로 변환되어 중추신경계에 메시지로 전달됨으로써 그것을 인식하게 된다.

　이러한 감각은 감정을 촉발하고, 감정은 사고思考에서 통제되며, 사고 작용은 마음으로부터 비롯된다.

　마음은 영혼이 가진 하나의 기능이다. 마음을 통해서 생각하며 상상하고 아이디어를 형성하며, 이러한 생각의 과정을 거쳐서 감정과 욕망과 감각이 형성된다. 흔히 사람들은 마음이 우주본성과 하나인 것으로 생각하지만 마음은 우주본성이 아니라 그 사람의 개체성품이다. 개체성품이기 때문에 사람마다 마음이 다른 것이다. 어떤 사람의 마음은 바다같이 넓은가 하면 어떤 사람의 마음

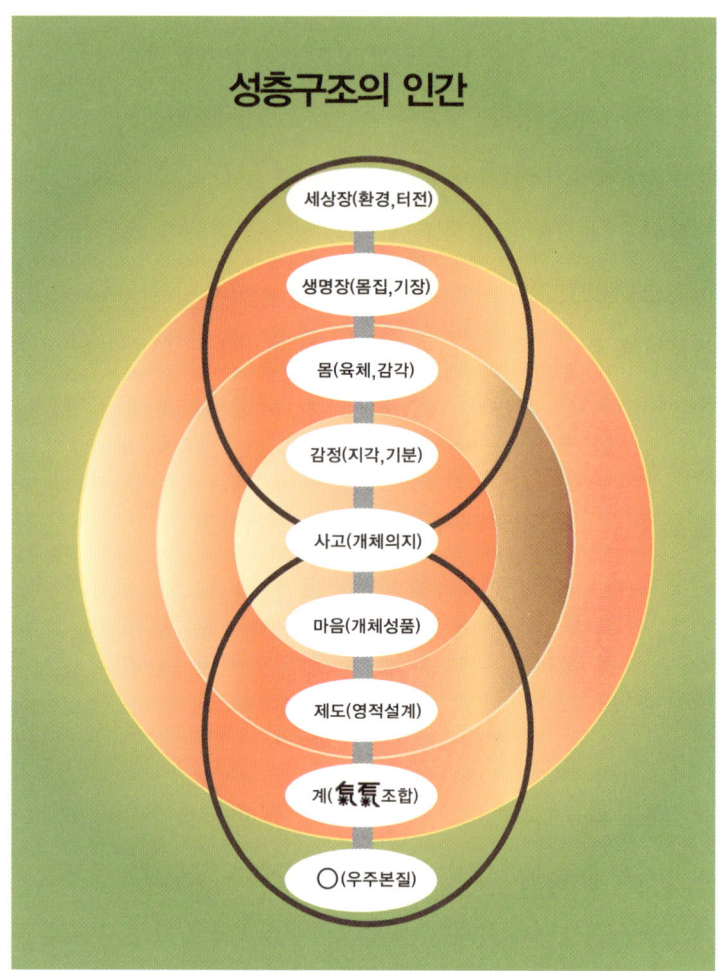

은 바늘 하나 꽂을 데도 없다. 이렇게 사람마다 마음이 다른 것은 마음의 저변에 또 무언가가 있다는 것을 의미한다.

그렇다면 개체성품인 마음을 형성하는 것은 무엇일까? 마음의 바탕에는 영적 바탕이며 주체인 '본영'과 '모좌'라고 하는 영적 설계가 있다. 사람마다 마음이 서로 다른 것은 영적 바탕인 본영과 모좌의 프로그램이 다르기 때문이다. 영적으로 설계가 다르게 되어 있으니 마음이 다르게 작용하는 것이다. 때문에 마음을 바꾸려면 영적 설계를 바꾸어야 한다. 그러면 영적 설계의 바탕은 무엇일까? 그것은 바로 공존의 질서인 '계'이다. 계는 우주 氣작용에 의해 짜여진다. 우주자성인 스스로 운행하는 힘과 그것에 상대하여 작용하는 힘이 서로 어울려서 영적 프로그램인 설계도를 짜는 것이다. 그리고 우주 작용력인 氣의 바탕에는 우주근원의 본질인 ○이 있다. 이렇듯 우리 내면세계는 가장 궁극의 본질에까지 깊게 뿌리내리고 있는 것이다.

그러면 우리의 외부세계는 어떻게 되어 있을까? 먼저, 존재하기 위해서는 몸을 가져야 하고, 몸은 몸氣를 통해서 외부세계와 교류, 대사하는데 우리는 이것을 생명장生命場이라고 한다. 우리는 이 생명장을 통해 물질계인 세상(세상장)과 교류함으로써 살아간다. 이렇게 볼 때 '나'는 조밀하게 중첩적으로 '내재되어 있는 나'와 조리 있게 '드러나 있는 나'의 조합으로 이루어져 있다. 이 전체가 나인 것이다. 그런데 사람들은 눈에 보이는, 드러나 있는 나만을 자신이라고 착각한다. 그것은 자신의 뿌리를 보지 못하고 다만 드러나 있는 면을 보고 있을 뿐이다. 그래서 불교에서는 무아無我를 말한다. 개체적인 나를 고집하는 한 절대로 전체를 볼 수 없기 때문이다. 그래서 전체를 가로막고 있는 제한적이고 개체적이고 이기적인 나를 내려놓으라고 하는 것이다. 우리 인간은 ○적 요소와 물질요소의 조화로운 조합으로 이루어진 존재이다. 이렇게 조합된 것이 '나'이며 '하나'인데, 서로를 분별하는 시각 때문에 별개의 존재로 보게 된다. 근원과 통하면 그대로 하나인데 제한된 개체의 식이 가로막으면 상대가 되는 것이다. 무형의 영적인 나와 유형의 물질적인 나, 그리고 그 사이에 생각, 감정, 마음, 이런 작용 전체가 어울려서 존재한다는 것을 깨달아야 온전한 나를 이해할 수 있다. '나' 속에서 '하나'를 찾게 되면 모든 것과 통한다. 물질적으로도 통하고 영적으로도 통하고 氣적으로도 통한다. 세상으로 ○계의 의지를 드러낼 수도 있고, 물질세계의 정보를 ○계에서 제도할 수도 있다. 이 모든 것을 자유자재 할 수 있는 고귀한 존재가 바로 '나'이다. 그래서 진리추구는 '나'에서 시작해서 '하나(큰 나, 참나)'를 찾는 것이라고 할 수 있다. 지금부터 그 하나하나를 상세하게 살펴보기로 하자.

✥ 모든 존재의 바탕, 세상장世上場

　세상장은 사물들과 생명체들이 어우러져 있는 존재의 터전이며 토대다. 세상장은 우주의 근원이며 본질인 ○의 구현체로서 스스로 그렇게 되어가는 자연自然 그 자체라고 할 수 있다. 세상장은 모든 생명체가 살아가는 바탕이다. 세상장은 모든 생명체를 받아주고 보호하고 보장해 준다. 모든 생명체는 세상장의 토대 위에서 생명장을 운영함으로써 존재하고, 생명체는 세상장과 서로 교류함으로써 살아간다. 따라서 세상장에 문제가 생기면 모든 생명체에 영향을 준다. 땅의 진동, 공기의 흐름, 우주로부터 오는 소립자들의 운동들은 모두 아주 낮은 에너지로 작용하면서 매우 미세한 신호를 내보내는데, 이것이 모든 생명체의 생명활동에 지대한 영향을 준다. 모든 생명체는 외부세계와의 끊임없는 교류를 통해서 정보를 받아들이고 그것을 기존의 자기가 가지고 있는 정보와 조합하여 재구성함으로써 진화하고 발전한다.

　이렇게 볼 때, 이 세상은 모든 존재의 바탕일 뿐만 아니라 영적 진화의 바탕이라고 할 수 있다. 이것을 알아야 진실로 세상을 아끼고 사랑할 수 있다. 이것을 모르고 세상을 무시하는 자는 절대로 바른 깨달음에 이를 수 없다. 우리가 자연을 돌보고 세상을 보살피는 것은 생존을 위한 것이며, 영적 진화를 위해 필연적인 것이다. 진리를 추구하는 자가 세상을 보살피는 것은 너무도 당연한 것이다.

❖ 생명활동을 보장하는 생명장

생명장은 생명활동을 보장하는 에너지 필드energy field를 말한다. 모든 생명체는 생명체를 보호하고 생명활동을 보장하는 에너지 장을 가지고 있는데, 우리는 그것을 '생명장'이라고 한다. 상대에게 가까이 다가가지 않았는데도 서로 느끼고 통하는 것은 거기에 에너지 장이 있다는 것을 의미한다. 이 장이 수축, 팽창하고, 열고 닫으며 생명을 존재하게 하는 것이다.

생명장은 氣작용에 의해 운행된다. 氣는 우주 만물을 생성, 양육, 유지, 소멸하게 하는 근원의 작용력이다. 이 氣가 어떤 대상을 만나느냐에 따라서 작용하는 바가 달라진다. 몸에 작용하면 '몸氣'가 되고, 영혼에 작용하면 '영氣'가 되고, 하늘에 작용하면 '천기天氣'가 되고, 땅에 작용하면 '지기地氣'가 되며, 서로의 관계에 작용하면 연기緣氣가 되고 승하고 쇠하는데 작용하면 운기運氣가 된다. 그리고 모든 사물은 각자마다 고유한 물질기物質氣를 가진다. 또한 氣는 어떤 대상을 만나느냐에 따라서 성질이 달라진다. 氣가 물질 내부에 흡수되면 성품을 결정하게 되는데, 사람에 들어가면 인성人性이 되고, 동물에 작용하면 수성獸性이 되어 짐승의 성품을 띠게 된다. 이런 기운들이 하나로 어울려서 생명장을 이루고, 생명체는 이 생명장을 운영하고 조정하고 조종해서 생명활동을 계속하는 것이다.

우리는 눈에 보이는 몸은 이해하지만 보이지 않는 생명장은 잘 이해하지 못한다. 분위기, 살기 이런 것까지는 이해하면서도 생명장에 대해서는 쉽게 받아들이지 못한다. 생명장의 이해를 위해 몇 가지 예를 들어보기로 하자. 쥐로부터 근육 하나를 떼어내서 잘게 자른 다음에 다시 제자리에 채워 넣으면 본래의 근육 형태로 완벽하게 재생한다는 연구가 있으며, 지름이 수 피트에 달하는 해면동물을 잘게 잘라서 천에 넣어 짜서 죽 같이 만들어도 그것은 다시 조직되어 본래의 자신의 모습을 회복한다고 한다. 또한 사고로 팔다리를 잃은 사람이 마치 지금도 팔다리가 그대로 있는 것처럼 그곳에 통증을 느끼는 것 역시 생명장이라고 하는 재생을 위한 완벽한 모형模型이 있다는 것을 의미하는 것이다.

생명장을 이해해야 비로소 나를 온전히 이해할 수 있다. 생명장은 '몸집' 또는 '기장氣場'이라고도 하는데, '몸기氣'와 '지기地氣'와 '영기靈氣'의 조합으로 형성된다. 모든 생명체는 자신의 생명장을 통해 세상장과 교류하면서 살아간다. 생명체에게 생명장이 없다면 생명활동을 할 수 없다. 이것은 대기가 지구를 감싸고 있어 모든 지구 생명체가 살아갈 수 있는 것과 같다. 대기권이 생명체를 보호하고 있는 것처럼, 모든 개체들은 생명장이 있기 때문에 존재 할 수 있는 것이다.

생명체가 외부로부터 모든 정보를 한꺼번에 다 받아들이면 살아갈 수 없다. 인간의 신경계에는 매초마다 천만 가지도 넘는 충격impulse이 쏟아 부어지기 때문에 우리는 충격을 선택적으로 받아들이지 않으면 안 된다. 만약 그 충격을 모두 받아들인다면 우리는 곧 그 엄청난 수의 충격을 처리하지 못하고 혼란에 빠져 죽게 된다. 그래서 생존에 필요한 정보를 선택적으로 받아들인다.

이처럼 우리는 생명장에서 필요한 정보를 적절하게 조절하고 통제함으로써 살아갈 수 있는 것이다. 생명장은 생명활동을 보장할 뿐만 아니라 氣를 운영하고 조종하는 바탕이다. 몸은 유한하게 제한되어 있지만 몸을 통해 운영되는 생명장은 시공時空을 초월하여 작용하므로 생명장 점검을 통해 과거를 알아낼 수도 있고, 미래를 예측할 수도 있다. 그리고 그 기운을 조종함으로써 과거의 기운을 정돈하고 미래에 일어날 것을 미리 대처할 수도 있다. 이처럼 생명장이 시공을 초월하여 작용하기 때문에 우리는 생명장 조정을 통해서 자신의 영역을 확대할 수 있다.

❖ 정보의 구현체, 몸

　우리는 몸의 오감을 통해 외부세계의 정보를 받아들이는데, 외부정보의 극히 일부분만을 받아들인다. 우주에 가득 차 있는 외부정보를 모두 받아들이는 것은 불가능하며, 단지 생존에 필요한 부분만을 선택적으로 받아들인다. 보는 것도 가시광선 내에서 볼 수 있고 듣는 것도 가청범위 내에서만 가능하다. 냄새도 맛도 감각으로 느끼는 것도 극히 일부분만을 받아들인다. 이 제한성을 넘어서려면 특별한 기구를 통하지 않으면 안 된다.

　세상만물은 모두 갖가지 형태의 몸을 가지고 있다. 몸은 단순히 신체만을 의미하는 것이 아니라 '육체'와 '유체'와 '영체'의 조합체이다. 몸은 모든 정보의 조합체이고 구현체이다. 지금 내 몸은 나의 모든 과거를 모두 담고 있다. 우리가 전생前生이라고 하는 것까지도 지금의 모습 속에 내재되어 있다. 그렇기 때문에 지금의 모습을 보고 과거를 읽어낼 수 있고 미래를 볼 수도 있는 것이다. 몸은 신체적으로 느끼는 감각感覺과, 정신적으로 느끼는 지각知覺과, 영적으로 느끼는 영각靈覺의 수용체이며 발현체이다. 몸은 이러한 여러 형태의 감각을 통해서 외부세계의 정보를 선택하여 받아들이고 내부정보와 조합하여 재구성하고 이를 다시 외부세계로 표출해 낸다.

몸은 영(영혼)이 타고 주도할 '탈 것'이다. 영이 몸을 주도하지만 영이 몸을 갖지 못하면 영적 진화를 이룰 수 없다. 영은 몸을 통해서, ○계는 세상을 통해서 각각 정보를 교류, 농축, 저장하고 진화, 발전해 간다. 이렇게 볼 때 우리가 몸을 가지고 있다는 것은 무엇보다도 큰 은혜이다. 몸은 우주의 모든 정보를 담고 있는, 영적 진화를 위한 최상의 도구인 것이다.

✥ 감각을 느끼는 감정 感情

감정은 외부로부터 몸을 통해 느끼는 감각과 내부로부터의 생각, 사고思考를 통해 느끼는 기분상태를 말한다. 감정은 몸의 감각 기관을 통해 받아들인 지각知覺에 의해 유발되기도 하고 내부에서 일어난 생각에 의해 일어나기도 한다. 다시 말하면 감정이 일어나는 것은 외부로부터 어떤 동기가 부여됐을 때 거기에 반응해서 드러나는 현상이기도 하고, 자기 내부의 상태가 자연스럽게 발현되는 현상이기도 하다.

감정은 내외의 정보가 만나서 일으키는 파동의 장으로서 끊임없이 출렁인다. 때문에 감정은 대상과 상황에 따라서 끊임없이 흔들린다. 대부분의 사람들은 감정을 다스리지 못하고 끌려 다닌다.

그렇기 때문에 감정을 바른 이성으로 통제하지 못하면 감정에 휘말리게 된다. 그러나 감정은 우리에게 다시없는 보물이다. 우리에게는 감정이 있어 살아나고 활성화되고 확장된다. 감정은 느끼게 하고 감동을 일으키며 행동하게 한다. 감정이 있기에 울고 웃으며 사랑할 수 있다. 감정이 메마른 사람은 생명이 없는 그림자와 같다. 감정이 우리를 살아있게 하며 풍요롭게 하고 아름답게 하며 더욱 깊어지게 한다. 그러면서도 인간은 한평생 감정의 기복起伏 속에서 출렁이며 살아간다. 그래서 감정을 다스리는 것이 무엇보다도 중요하다. 감정을 잘 다스리려면 먼저 인간의 세 성품인 감성感性과 이성理性과 영성靈性에 대해 알아야 한다. 감정을 일으키는 것은 감성이고 이치를 재는 것은 이성이다. 사람에 따라서 대단히 감성적인 사람도 있고 유달리 이성적인 사람도 있다. 그런가 하면 특별히 영성이 발달된 사람도 있다. 인간의 성품은 감성, 이성, 영성의 세 성품으로 이루어져 있는데, 이들이 적절하게 조화를 이루어야 균형 있는 삶을 살 수 있다. 이성과 감성은 수레의 두 바퀴이고, 영성은 수레를 돌리는 원동력이자 조종자이다. 수레의 두 바퀴 중 어느 한 쪽이 크거나 작으면 제자리에서 맴돌게 된다. 감성과 이성이 균형과 조화를 이루고, 맑고 순수하고 고귀한 영혼이 깨어나서 삶을 주도하게 하는 것이 가장 이상적인 삶이다.

그런데 사람마다 세 성의 조합비율이 서로 다르다. 서로 다름으로 인해 각자의 개성으로 나타나는 것이다. 세 성품 중에서 수행자에게 가장 중요한 것이 영성이다. 아무리 감성, 이성이 발달되어 있어도 바탕이 되는 영성이 탁하거나 모자라면 공부를 해도 큰 성과를 내지 못하기 때문이다. 이러한 성품은 이미 태어날 때부터 형성되어 나오기 때문에 바꾸기가 대단히 어렵다. 우리가 감정을 어떻게 이해하고 어떻게 다루어야 하는가는 대단히 중요하다. 감정은 삶을 풍요롭게도 하지만 잘못 다루면 크나큰 좌절에 이르게 도 하기 때문이다.

❖ 개체의지, 사고思考

감정의 내부를 가만히 들여다보면 감정을 통제하는 것이 있다. 그것이 사고(생각)이다. 만약 감정을 조절하는 이 사고체계가 무질서하거나 왜곡되어 있으면 감정에 휘말려서 심각한 상황에 이르게 된다. 사고는 내외를 주도하고 조정하는 개체의지다. 이 개체의지가 있기 때문에 개인의 가치관이 형성된다. 이 생각이 자기를 조종하고 주도하는 것이다.

그런데, 신비롭게도 우리의 몸은 자신의 생각대로 작용되는 것이 아니라 우주적 자성自性에 의해서 자동적이고 자율적으로 운행된다. 숨을 쉬고 소화가 되고 혈액이 순환되는 모든 생명활동은 우리가 의도적으로 명령하지 않아도 스스로 알아서 그렇게 한다. 99.999…%가 우주자성에 의해 생명활동을 보장 받고 있는 것이다. 우리 몸이 이렇게 자율적이고 자동적으로 운행되는 것은 스스로 운동하고 스스로 존재하는 우주적 자성을 바탕으로 하기 때문이다. 스스로 존재하고 스스로 운행하는 것이 우주적 본성이고 자성이며 신성神性이다. 우리는 그것을 바탕으로 존재하기 때문에 굳이 생각하거나 의식하지 않아도 저절로 그렇게 살아갈 수 있는 것이다.

그런데 내가 어떤 생각을 하느냐에 따라서 몸이 자동적으로 반응하게 된다. 이는 마치 정밀한 기계가 조종자의 뜻에 따라 움직이는 것과도 같다. 생각이야말로 중심에서 전체를 돌리는 맥脈이라고 할 수 있다.

인간에게는 자유의지라고 하는 개체의지가 유달리 발달되어 있다. 다른 생명체들은 자연의 흐름을 그대로 따르는데 비해, 인간은 개체의지가 발달되어 있어서 자기 생각대로 행동한다. 이러한 의식이 지금과 같은 고도의 문명과 문화를 이루었지만 동시에 전체가 파멸될 수도 있는 상황을 만들기도 했다. 각자의 개체의지가 전체 흐름을 바꿔놓고 있는 것이다.

생각은 모든 것을 인식하고 이해하며 내면에서 일어나는 마음을 통제한다. 그래서 생각의 층에서 좌표가 설정되고 행동 방향이 결정되는 것이다. 생각하는 순간에 좌표가 결정되고 그렇게 행동하게 된다. 따라서 우리는 생각의 층에서 올바른 이성으로 감정을 잘 통제하고 내면의 마음을 잘 일깨워내야만 한다. 바른 이성으로 사리 분별을 바르게 해서 행위를 결정해야 한다. 생각이 모자라고 분별이 없으면 감정을 통제할 수도 없고 내면세계에 내재된 것을 이끌어 낼 수도 없다. 그래서 사고가 자신의 가치를 결정하는 것이다. 개체의지인 사고는 삶의 가치를 결정하며 내외를 조종하는 존재의 핵심이다.

❖ 개체성품, 마음

사고의 층에서 더 깊이 들어가면 마음의 층이 있다. 마음은 생각보다 더 깊은 내면에 잠겨있어서 생각으로 알아차리거나 조종하기 어렵다. 마음이 신체의 근육들을 통제한다는 것을 모르는 사람은 없을 것이다. 마음은 유형의 물체들을 움직이는 정신 에너지를 창출하면서 실재하지 않는 것과 실재하는 것 사이의 간격을 조절한다.

또한 마음은 형상이 없지만 의식을 형성하고 조종한다. 마음과 생각은 달라서 생각으로 마음을 조종하기 어렵다. 마음은 구속되지 않으려는 속성이 있다. 그래서 통제하기 어렵다. 불교에서는 본성을 찾아 수행하는 단계를 소를 찾는 것에 비유해서 묘사한 심우도尋牛圖를 통해서 마음을 다스리는 법을 가르친다. 그 내용을 잠시 소개하면 이렇다. 어느 날 기르던 소가 집을 나갔다. 그래서 주인은 소를 찾으려고 집을 나선다. 소가 어디로 갔는지 몰라 헤매다가 소 발자국을 발견하고 쫓아간다. 이윽고 소를 발견하여 잡아 끌고 오려는데 소가 말을 듣지 않는다. 주인은 채찍과 고삐를 써서 소를 길들인 후 집으로 데리고 돌아온다. 이제는 소가 달아날 염려가 없으므로 소를 부리던 채찍을 버리고 모두 잊는다. 마침내 사람도 소도 모두 공空임을 깨닫는다. 마음의 실체인 본성을 발견하고 통제하게 되기까지의 전 과정을 이렇게 상징적으로 설명하고 있다. 우리는 절대로 마음대로 해서는 안 된다. 마음은 다룰 수 있어야 하고 통제할 수 있어야 한다. 그 통제한 마음으로 모든 것을 도리에 맞게 잘 써야 하는 것이다.

　마음의 또 다른 속성은 휘고 꼬이고 비틀리며, 돌아 들어가고 돌아 나오면서 몸을 조종한다는 것이다. 그렇게 때문에 모든 몸이 마음의 지배를 당한다. 이러한 마음의 속성 때문에 우리는 그 속을 알 수 없고 조종할 수 없다. 그래서 우주의 작용력인 氣를 타고 들어가야 하는 것이다.

마음은 모든 것을 다 녹이는 불덩어리와 같다. 지구의 내부가 용암으로 끓고 있는 것처럼 우리의 내면인 마음은 마치 불덩어리와 같아서 생각으로는 조종할 수 없다. 사고가 마음에 이르면 다 녹아버리기 때문이다. 마음은 제한된 사고에 의해 조종되는 것이 아니라 우주본성에 따라 움직인다. 생각대로 되지 않는 것은 생각으로 마음을 조종할 수 없기 때문이다. 감동이 일어나는 것은 마음이 움직인 것이다. 생각으로는 다 알아듣는데 감동이 일어나지 않는 것은 마음에 닿지 않았기 때문이다. 설득력을 가진 사람은 말 한마디에도 큰 감동을 준다. 대체로 그런 사람은 영능력자이다. 예수님이 산상수훈을 할 때에 많은 사람들이 감동했고, 부처님이 설법을 하면 수많은 사람들이 감동을 받았다. 그것은 설명을 듣고 이해하여 감동하는 것이 아니라 영적인 큰 힘이 대중의 마음을 움직였기 때문인 것이다.

또한 마음은 불의 정精이다. 마음은 스스로 불타는 성품을 가지고 있어 스스로 불이 되어 우주사물과 통하려 한다. 마음이 불타오르지 않으면 열정이 없다. 열정이 없으면 죽은 것이다. 마음이 메마르고 죽어 있으면 아무것도 못한다. 열정이 일어나야 무엇이든 할 수 있다. 순수한 열정이 자기 속에서 일어나야 한다. 그게 사명감이든 진리를 추구하는 마음이든 일어나야 무엇이든 할 수 있는 것이다. 그러나 불타는 마음을 잘못 다루면 모든 것을 다 태워

버고 만다. 때문에 우리는 마음을 우주적 지성으로 통제해야 하며, 근본 도리인 계를 바탕으로 조종해야 한다. 마음의 불을 통제하는 것은 생각만으로 되지 않는다. 그렇기 때문에 영적 설계인 제도를 통해서 바탕을 바르게 해야 한다. 마음은 '영적 바탕의 드러남'이라고 할 수 있다. 사람마다 영적 프로그램인 설계가 서로 다르기 때문에 그것을 바탕으로 하여 드러나는 마음이 다를 수밖에 없는 것이다. 각자마다 영적 설계가 달라서 어떤 사람은 조밀하게 짜여 있고, 어떤 사람은 성글게 짜여 있고, 어떤 사람은 원만한 반면에 어떤 사람은 심하게 왜곡되어 있다. 이것을 모르고는 마음을 제대로 통제하거나 조종할 수 없다.

❖ 영적 설계, 제도製圖, 制度

마음의 바탕에는 각자마다 고유한 '제도'가 있다. 제도는 영적 설계로서 개체성품을 결정하는 영적 바탕이다. 본성은 영적 설계에 의해 형성되므로 본성을 이해하려면 영적 바탕부터 제대로 파악해야 한다. 우리의 영적 바탕은 '본영'과 '모좌'이며, 이것을 바탕으로 개체성품인 마음이 형성된다. 본영은 우주본질인 ○들의 고유한 조합으로 이루어지는 영혼의 주체이며, 모좌는 본영을 관리하고, 통제하며, 운영하는 영적 바탕이다. 이 본영과 모좌의 설계도가 '본영제도'와 '모좌제도'이다. 이 제도가 사람마다 각자 다르게 프로그램 되어 있는 것이다. 각자마다 서로 다른 설계를 가지고 있기 때문에 각기 다른 개성을 가지게 되며, 그 개성 때문에 사람마다 서로 다른 고유한 성질과 성격을 갖게 되는 것이다. 세상에는 모난 마음을 가진 사람도 있고 원만한 마음을 가진 사람도 있다. 마음을 형성하는 영적 구성이 고급의 정보들로 잘 설계되어 있으면 높은 영격을 갖게 되고, 저급한 정보들로 짜여 있으면 저급한 영격이 된다. 서로 다른 영적 구성이 영질靈質과 영격靈格을 형성한다. 이것을 모르면 상대는 물론 자기 자신도 이해할 수 없다. 그러면 아무리 '바르게 살아야지, 마음을 바로 잡아야지, 이렇게 해야지, 저렇게 해야지' 해도 안 된다. 근본 바탕을 바꾸지 않고서는 안 되는 것이다. 그래서 우리는 제도의 세계를 바르게 이해해야 한다. 마음을 통제하는 것이 생각으로 되지 않기 때문에 제도를 수정, 보완하여 영적 바탕을 바르게 해야 하는 것이다. 이미 설계되어 있는 선천적인 자기 설계를 도리에 맞게 재구성하지 않고서는 영적 진화를 이루기 어렵다. 그래서 선천적인 설계를 변조하기 위해서 별도로 제도한 설계도와 통하게 한다. 이러한 제도는 생각으로 되지 않으며 우주근원의 작용력인 우주氣를 타고 우주理에 따라야 한다. 자신의 영적 설계를 모르고 무리하게 하면 오히려 영혼이 추락하고 삶이 무가치하게 된다.

❖ 氣와 氣의 조합, 계

제도를 이루는 바탕에는 뭐가 있을까? 제도의 바탕에는 공존의 질서인 '계'가 있다. 앞에 얘기한 각자의 설계도는 계를 바탕으로 해서 이루어진다. 모든 것은 계에 따라 생성되고 갈 길이 정해진다. 동물이면 동물계에, 인간이면 인간계의 바탕 위에서 고유한 성품과 형상이 결정된다.

계는 氣와 氣의 조합으로 이루어지는 근본 질서로서 모든 존재의 바탕이다. 여기에서 氣는 스스로 운행되는 우주자성의 기운을 뜻하므로 '스스로氣'라고 하며, 氣는 그에 상대하여 저절로 운행되는 기운을 의미하므로 '저절로氣'라고 한다. 이 두 기운의 고유한 조합에 의해 우주도리가 짜여지며 그에 기반基盤하여 우주사물이 형성되고 운행된다. 氣와 氣의 조합으로 형성되는 계system가 만물의 변화를 주도하고 생멸을 관장한다. 이 보이지 않는 질서에 의해 각자가 속할 계界, 系가 정해지고 운행된다. 氣의 조합에 의해서 계가 형성되고, 계는 만물의 변화를 주도하고 생멸을 관장하는 것이다.

또한 계는 경계와 관계와 단계를 통해 설명할 수 있다. 모든 것은 경계를 가지고 있으며 그들은 서로 관계하며 진화해 간다. 상대계는 수많은 개체들이 이루어져 존재한다. 개체들은 각자마다 자신의 경계가 있다. 사물은 물론 우리의 몸도 경계가 보장되어야 존재할 수 있다. 모든 것은 경계가 보장되어야 하고 잘 관리되어야 한다. 그 다음은 관계이다. 이 세상에 완벽하게 독립된 개체로 존재할 수 있는 것은 아무것도 없다. 수많은 대상들과 서로 어울려 존재해야 하기 때문에 서로간의 관계가 중요하다. 관계 조절을 잘못하면 탈이 난다. 맺어야 할 것을 맺지 못하고, 맺지 말아야 할 것을 마구 맺으면 병이 되고 탈이 된다. 다음에는 서로의 관계를 잘 유지하면서 단계를 높여 진화, 발전을 이뤄야 한다. 그래서 상대계에서는 경계가 잘 보장되어야 되고, 그들 간에는 서로 좋은 관계를 이루어야 되고, 그러한 관계를 통해서 단계를 높여 가야 한다. 이것이 공존의 질서인 계의 핵심이다.

또한, 계는 다음과 같은 특성을 가진다. 첫째, 계는 모든 변하는 것의 본질이다. 변하는 것의 본질이라는 것은 변하게 하는 바탕, 즉 불변의 세계라는 것이다. 그것은 모든 정보를 다 가지고 있으나 아직 아무것도 드러내지 않는 근원의 상태를 뜻한다. 둘째, 계는 절대자와 상대자의 조종자로서 모든 것을 주도한다. 계는 氣와

氣의 조합과 운영으로써 氣계의 정보를 氣계에서 실행하고, 氣계의 정보를 氣계에 저장하는 등 두 기운을 주도하여 하나로 돌려준다. 셋째, 계는 모두가 공존할 수 있는 법칙이다. 상대세계에서는 공존할 수 있는 법칙이 있어야 한다. 지구는 태양과 적당한 거리에서 공전과 자전을 함으로써 생명체가 살 수 있다. 이 균형이 깨지면 지구 생명체는 혼란에 빠지게 된다. 이처럼 모든 것은 계에 의해 운행의 법칙이 정해지고 경계가 지어지고 서로 관계하여 진화의 단계를 높여가는 것이다. 계는 모든 질서의 바탕이므로 계가 무너지면 존재할 수 없고 조종할 수 없다.

그리고 계의 또 다른 의미는 계속하는 것이다. 계속한다는 것은 특정한 계系에 속한다는 것이며, 끊임없이 지속한다는 것이다. 계에 속하지 않으면 존재할 수 없고, 지속적으로 하지 않으면 유지할 수 없다.

계는 마음보다 더 깊은 내면에 있으므로 감정과 생각으로는 계를 조종할 수 없다. 그러므로 수시로 변하는 마음이나 생각, 감정으로 판단하지 말고 모든 존재의 바탕이며 운행의 질서이며 도리인 계를 깨달아야 한다. 지혜로운 자는 계로써 마음을 통제하고 다스려 세상을 타고 가며 조종한다.

❖ 우주본질, ○

○은 모든 것의 근원이고 본질이며, 세상만물 그 자체이고, 모든 것을 주도하는 주체이다. 이러한 ○의 성품을 다음과 같이 정의할 수 있다.

○은 우주 궁극의 근원이며 본질이며 만물의 본성이다.
○은 시작과 끝이 없으며 스스로 돌며 절대로 존재한다.
○은 모든 가능성을 가지고 있으며 무한하고 영원하다.
○은 '하나'이며 '모든 것'이며 '전지全知'하며 '전능全能'하다.
○은 우주의 모든 정보를 농축, 저장하고 있는 '우주 알'이다.
○은 성性도 상像도 갖지 않으며 겉도 속도 아니다.
○은 중심에 있으나 모든 것을 싸고 있으며 모든 것을 돌린다.
모든 몸은 ○으로부터 비롯되며 명이 다하면 ○으로 돌아간다.

'나'는 안과 밖의 두 모습을 가지고 있다

우주만물은 밖으로 드러나 보이는 외부세계와 안으로 숨겨져 있는 내부세계의 두 모습을 동시에 가지고 있다. 겉으로 드러나 있는 세계는 조리 있게 펼쳐져 우주만물을 형성하고 있으며, 숨겨진 내면의 세계는 조밀하게 짜여 있으며 우주근원과 통하고 있다.

앞의 그림 −성층 구조의 인간 −에서 보듯이 이 두 세계는 생각의 층을 경계로 아래쪽은 내부세계가 되고 위쪽은 외부세계가 된다. 내부세계는 무형의 세계이며, 영적 세계이고, 정보가 저장되는 세계로 우주만물의 바탕이며 불변하는 본질을 향하므로 뿌리와 같다. 외부세계는 형상을 가진 세계이고 물질화된 세계이며 정보가 발현되는 세계이다. 외부세계는 변화하여 구현되는 세계이므로 꽃과 같고 열매와 같다. 우주만물은 두 모습을 가지는데, 하나는 모든 정보가 농축된 알의 모습이며, 다른 하나는 정보가 실현되어 생명체로 실재하는 모습이다. 이들 두 계는 서로 다른 모습이지만 생각의 층을 중심으로 돌아 들어가고 돌아 나오면서 내재하고 드러낸다.

생각(사고, 의지)의 층을 경계로 안팎으로 교류하며 작용하는 모습은 끊임 없이 돌아가는 무한고리, 8와 같다. 안으로 향하면 모든 사물을 인식하고 이해하는 '생각'이 있으며, 그 생각의 바탕에는 개체성품이라 할 수 있는 '마음'이 있고, 마음의 바탕에는 마음을 짜는 '제도'가 있다. 제도의 바탕은 氣로 짜여지는 공존의 질서인 '계'이며, 계는 우주만물의 근원이며 궁극의 우주본질인 '○'으로부터 비롯된다. 이러한 것이 바탕이 되어 밖으로 향하면 생각은 '감정'을 유발하고, 감정은 생리적으로 '몸(육체)'에 반응하며, 몸은 에너지장인 '생명장'을 확대, 축소하면서 운행되고, 생명장은 '세상(세상장)'을 바탕으로 존재한다. 이것이 생각을 중심으로 안팎으로 운행되는 '나'의 모습이다. 이렇게 볼 때, 생각은 전체를 돌리는 맥으로서 매우 중요한 '맥점脈點'이 된다. 생각은 안팎을 나누는 경계로서 모든 것을 의식하고 사색하고 사유하며 사리분별을 통해 자신의 행위를 결정하고 조종하고 주도하는 개체의지다. 우리가 무엇을 생각하고 있으며 그 생각이 어디를 향하고 있는가가 삶의 가치를 좌우한다. 의식과 생각이 내면세계를 불러내고, 외부세계를 인지하고 통제하면 관리함으로써 살아간다. 생각이 문이 되어 내부세계와 외부세계를 교류하여 내부를 밖으로 표출해 내고 외부를 안으로 끌어 들인다. 그래서 앞의 성층구조의 인간을 나타내는 그림에서 생각을 중심으로 안팎이 교류되는 모습을 8으로 표현한 것이다. 정신세계, 영적 세계는 물질세계, 현상계와 서로 교류하면서 하나로 돌아간다. 우리는 모두 이와 같은 원리를 바탕으로 존재한다. 모든 것을 이렇게 이어서 보면 모두가 하나의 장^{field}에 있다는 것을 알 수 있다. 외부세계와 내부세계는 서로 다른 방향을 향하고 있으나 궁극적으로는 하나로 이어져 있으며, 하나의 원리에 의해 운행되고 있는 것이다.

인간의 성층구조에서 가장 중요한 맥脈은 생각과 제도이다

우리가 일반적으로 나라고 인식하는 것은 몸과 감정과 사고와 마음이다. 감정과 사고와 마음은 세 개의 층으로 되어 있는데, 가장 밖에 있는 감정은 외부상황에 따라 반응하고, 가장 안에 있는 마음은 우주자성에 따르며, 중간에 있는 사고는 안팎을 조절한다. 사고가 깊어지면 마음에 영향을 주기도 하지만 근본적인 속성에는 그다지 큰 영향을 주지 못한다.

감정과 마음을 조절하는 생각이 사물을 인식하고 이해하는 '드러난 나'라고 한다면, 제도는 영적 설계도로 '드러나게 하는 나'라고 할 수 있다.

생각이 의지로써 몸과 마음을 주도한다면 제도는 의지의 바탕인 영적 세계를 설계하고 다스린다. 따라서 이 둘이 나를 이루는 근간根幹이다. 생각은 삶의 방향과 가치를 결정하며 제도는 그러한 결정의 바탕이 된다. 제도에 의해서 상像과 성性이 정해지고 격格과 질質이 정해진다. 제도는 스스로 구상하고 스스로 구성하고 정보를 짜는 것이다.

많은 이들이 의식혁명을 부르짖고 있으나 나는 영적 혁명을 제창한다. 의식이 자신을 주도하는 중요한 맥이 되지만 그것으로는 한계가 있다. 영적 설계를 바꾸지 않는 한 고도의 영적 진화는 기대하기 어렵다. 이제 영적 제도를 통해서 근본 바탕부터 바꾸는 영적 혁명이 일어나야 한다. 제도를 통해서 자신의 영적 프로그램을 바꿈으로써 성품이 바뀌고, 고차원적인 사고와 지혜를 갖게 되어 자기를 통제할 수 있게 되는 것이다. 생각이 보다 높은 우주 지성으로 깨어나서 창조적인 삶을 살 수 있다면 이것이야말로 영적 혁명이라고 할 수 있을 것이다. 제도는 우주 궁극의 본질인 ○을 받아들이고, 그의 작용력인 氣를 스스로 타면서, 우주의 근본 질서인 계에 따라 잘 조정하고 조종하여 자신의 영적 설계를 스스로 할 수 있게 한다. 이것이야말로 우리가 제3의 인류로 대도약할 수 있는 영적 혁명의 길이다.

'○계'와 '세상'은 서로 다른 모습을 하고 있으나 본질은 하나이며 처음과 끝이 이어져 온전한 '하나'가 된다

여의如意는 ○계와 세상을 자유자재하는 것이다. 진리를 추구하는 것은 궁극적으로 '말'과 '씀'이 같아지고, '뜻'과 '함'이 일치되는 여의화如意化에 그 목적이 있다. 앞에서 보듯이 우주는 자신을 구현하고 창조해 가는 계와 모든 정보를 농축하고 심화하여 근원으로 돌리는 계의 두 좌座를 가지고 있다.

우리가 최상의 목표로 하는 여의화는 ○계에 자신의 좌를 구성하는 '좌제도 지도'와 우리가 존재하는 이 세상을 온전하게 하려는 '세상제도'를 자유자재로 하는 것이다. 좌제도 지도는 이 세상에서의 모든 정보를 농축하고 심화하여 근원인 ○계에 자신의 좌를 구성하는 것이며, 세상제도는 내재된 정보를 구현해 내기 위해

이 세상을 잘 보살피고 다스리는 것이다. 좌제도 지도는 무한하고 영원한 영생$^{永生, ○生}$을 보장하는 것이며, 세상제도는 ○계의 의도에 따라 존재의 바탕을 바르게 하고, ○계좌를 통해 '세상제도'를 주도하는 것이다. ○계와 세상이 두 좌이나 하나로 운행되듯이 좌제도와 세상제도는 불가분^{不可分}의 관계를 가지므로 ○계좌를 이루려면 세상제도를 통해야 하고 세상제도를 하려면 ○계좌를 이루어야 한다. 이들은 둘이면서 하나이니 이것이 좌제도와 세상제도를 병행해야 하는 진정한 이유이다. 이 둘이 서로 균형과 조화를 이루어 상호 보조하고, 보완해 나감으로써 우리는 비로소 온전한 하나가 될 수 있다.

우리는 육체(몸)와 유체(정신)와 영체(영혼)의 세 체^{體}가 어울려 모습(형상)을 갖게 되며, 감성(감정)과 이성(사고)과 영성(마음)의 세 성^{性}이 어울려 성품이 결정된다

개체의식인 에고^{ego}를 '나'라고 고집하는 사람은 절대로 온전한 '하나'를 볼 수 없다. 하나가 된다는 것은 지금까지 설명한 이 전체가 하나가 되는 것이다. 물질로 이루어진 현상계와 운행을 주도하는 기계^{氣界}와 우주만물의 근원인 ○계가 하나로 인식되어야 비로소 온전한 하나가 된다. 우리는 이 모든 것을 공유^{共有}하고 있으며 그것으로 살아간다. 이미 모두가 다 그것으로 그렇게 되어 있는

데, 에고적인 자아가 스스로 자신을 유한하게 제한하는 것이다.

우리는 참나를 제한하고 있는 에고의 문을 열고 나누어진 경계를 허물어서 전체와 통할 수 있어야 한다. 이것은 생각이나 지식의 문제가 아니다. 모든 경계를 넘어 ○계와 세상을 하나로 자유자재할 수 있어야 한다. 이때 진정한 '하나'가 되는 것이다. ○계와 기계氣界와 세상을, 과거와 현재와 미래를 꿰뚫어 하나로 통할 수 있어야 한다. 모든 것과 하나로 통할 수 있을 때 그것이 진정한 '참나'인 것이다.

셋.

영적 대도약을 위한 우주영제도

우주영제도는 개체의 본영을
우주 영격으로 높이는 영적 제도이다.

chapter1
우주영제도의 근본원리

인간의 영격(靈格)과 영적 진화

생명은 결코 우연의 산물이 아니다

인간을 포함한 모든 생명체는 영적 진화를 목적으로 존재한다. 만약에 진화를 목적으로 하지 않았다면 우리는 지금과 같은 모습을 하고 있을 수 없었을 것이다. 광합성을 하는 단세포 생물인 남조류(藍藻類)의 일종에서 시작된 지구 생명체는 40억 년이라는 장구한 시간을 통해 진화를 거듭해 오늘에 이르렀다. 단세포에서 시작한 생물은 끊임없는 분화를 통해 다양성을 확보해 왔으며, 상호 교류를 통해 고도의 정보를 교환하고 그 정보를 조직화하면서 진화해 왔다. 여기에는 결코 우연으로 설명할 수 없는 너무나도 오묘하고 신비한 우주적 질서가 숨어 있다. 우리 인간이 지금의 모습을 가지게 된 것은 절대로 우연의 산물이 아니다. 수많은 가능성 중에서 우연히 지구가 탄생하고 생명체가 탄생하여 인간으로 진화할 가능성은 거의 무한대 분의 일도 되지 않는다. 순수한 우연에 의해 단지 단백질이 생성될 가능성은 약 10^{40000}분의 일 정도이며, 이런 단백질의 조합으로 이루어진 생물이 우연히 발생하고, 발생한 생물이 지속적으로 존재할 가능성은 거의 무한소無限小에 가깝다. 우연히 그렇게 될 확률에 대해 재미있는 비유가 있다. 영국의 유전학자 워딩턴Waddington이라는 사람은 '한 무더기의 벽돌을 던져 수북이 쌓아 놓은 후에 사람이 거주할 수 있는 집이 저절로 만들어지기를 바라는 것과 같다.'고 했으며, 영국의 천문학자 호일Fred Hoyle은 쓰레기장을 휩쓰는 회오리바람에 의해 저절로 보잉 747제트기가 만들어지는 것이 생명의 자발적 생성보다 오히려 가능성이 더 크다고 했다.

우주에는 우주적 시스템을 운영하는 원형原型이 있다

우주는 시스템의 조직화와 붕괴를 통해 수많은 정보를 개선, 개량, 농축시키면서 진화를 거듭한다. 수많은 생물들은 자신의 보존과 진화를 위해 애쓰지만 영원히 존재하지 못하고 때가 되면 우주적 시스템에 의해 멸종된다. 우주는 이 우주적 시스템, 즉 우주적 원형 또는 모형模型에 의해서 모든 것이 생성, 유지, 소멸하게 된다. 이것을 모르고는 우주질서와 생명의 본질을 이해할 수 없다.

우리 눈에 보이는 현상세계는 눈에 보이지 않는 보다 높은 층위에서 일어나는 일들의 '드러남'이다. 이 보다 높은 층위가 감추어진 세계이자 원형原形의 세계이다. 따라서 우리가 이루어내는 모든 것은 사실상 보이지 않는 원형의 세계에서 설계되고 결정되고 주도되는 것이다. 이 원형이야말로 우주의 모든 것을 수용하고 있는 '그릇'이자, 우주만물을 이어주는 '다리'이며, 우주의 설계를 비추는 '거울'이라고 할 수 있다.

물질의 자연스러운 상태는 혼돈이며, 모든 물질은 무작위적이며 무질서하게 되려는 경향을 가진다. 그런데 생물의 기본 구성체인 세포들은 스스로 고도의 질서를 조직한다. 생물은 무질서로부터 질서를 창출함으로써 발생하고, 우주로부터 정보를 수집, 수용, 조직함으로써 질서를 유지한다. 모든 생명체는 주위환경은 물론 주위환경에서 살아가는 다른 생명체들과도 끊임없이 상호 교류한다. 이런 상호작용의 정교한 그물망이 모든 생물을 연결하여 하나의 거대한 조직망을 형성한다. 따라서 한 부분은 여타의 모든 부분들과 연결되어 있으며, 각각은 전체의 일부가 되는 것이다.

우주를 하나의 전체로 결합시키는 신비한 상호작용이 모든 입자들 사이에 존재하듯이 자신에게서 일어난 의지는 지구 전체적으로 영향을 미치게 되며, 지구 위에서 일어나는 모든 일들은 거대한 우주와 연결된다.

하나의 물질입자는 정보의 대양으로부터 생겨난 파동을 통해 실재세계로 퍼져 나간다. 이는 마치 거대한 물결이 대양의 전체적인 움직임에 의해 생성되는 것과도 같다. 계속되는 물결인 양자장이 물체를 탄생시키고 이 물체는 물질입자의 모든 속성을 지니게 되는 것이다. 이러한 에너지 망은 모든 것을 연결하는 양자 망網으로서 모든 것의 청사진이 담겨 있는 무한히 미시적이고 정교하며 강력한 설계도이다. 이 에너지 망이 우리 인간을 보다 거대한 세계의 보다 높은 차원의 힘과 이어준다. 이러한 에너지 장이야말로 모든 우주사물을 연결하는 우주적 본질이라고 할 수 있다. 이러한 망을 우리는 생명장生命場이라고 한다. 우주는 이 생명장을 통해 ○계와 현상계를 연결하여 고도의 우주질서를 창조하고 실행한다.

독일의 물리학자 막스 플랑크Max Planck는 에너지 장이 존재한다는 것은 물리적 세계가 지성을 지닌 존재에 의해 만들어졌다는 것을 의미하는 것이라고 주장하면서 물질세계의 뒤에는 고도의 의식과 지성을 지닌 존재가 있는데, 그 존재가 바로 모든 물질의 원형이라고 했다. 또한 미국의 물리학자 데이비드 봄David Bohm은 그의 저서 〈전체성과 감추어진 질서〉에서 우주에서 일어나는 일들을 일어나게 만드는 것은 더 높고 더 깊은 층위의 우주라고 하면서 물리적 세계는 보다 신비로운 상위의 층위들에 의해 결정된다고 했다.

또한 미국의 이론 물리학자인 존 휠러John Wheeler는 우주는 감추어진 세계에서 드러난 세계로, 보이지 않는 세계에서 보이는 세계로 끊임없이 변화하는 과정에서 역동적인 창조의 흐름을 빚어낸다고 했다. 이들의 공통적인 견해는 보이는 세계의 너머에는 보다 심오深奧한 고차원의 질서가 있어 그것이 우주만물을 형성하고 운행에 관여한다는 것이다.

나는 이러한 주장에 전적으로 동의한다. 모든 몸(생명체)은 원형이자 모형인 모좌에 의해 만들어지며, 몸을 만들어낼 때 사용된 모좌의 프로그램은 그 몸이 살아가는 동안 계속 접촉하고 있는 우주의 힘들 속에 내재되어 끊임없이 영향을 준다고 본다. 이러한 우주의 근본 바탕인 설계도를 변화시킬 수 있다면 우리가 이 세상에서 해결하지 못할 문제가 없을 것이다. 우리의 의식 저 너머에는 보다 심오深奧한 고차원의 우주적 질서(프로그램)가 있어서 진화와 진보를 위한 설계도를 짜 나가고 있다. 그것을 인격적 존재로 보든 우주적 본성으로 보든 그것은 관점의 차이일 뿐이며, 문제는 우리 의식이 거기에 이르지 못한다는 것이다. 우주에는 이 장엄한 세계를 구현하는 우주적 질서가 있는데, 그것이 바로 제도의 세계이다. 우리는 이 모든 것을 설계하고 조종하는 제도의 세계를 찾아내야만 한다. 왜냐하면 그것이야말로 영적 진화를 이루는 최상의 길이기 때문이다.

우리를 생성, 유지하는 질서는 의식이 닿지 않는 깊은 내면에서 이루어진다

훌륭한 법문을 들으면 감동도 받고 바르게 살 결심도 한다. 그러나 법문을 듣고 자신이 변했다고 느끼는 것은 고무줄과 같다. 고무줄을 당겼다 놓으면 금방 제자리로 돌아가듯이 법문을 들을 때는 감동을 받지만 현실로 돌아가면 금방 제자리로 돌아가 버리고 만다. 따라서 법문이나 교육만으로 영격을 높이는 것은 거의 불가능하다. 이제 유전자를 조립하듯 영적인 재조립이 필요하다. 두 가닥의 사슬로 이루어진 DNA는 시토신cytosine, 구아닌guanine, 티민thymine, 아데닌adenine의 네 가지 염기배열의 조립으로 그 개체의 특성을 결정한다. 흑인과 백인의 차이는 엄청난 듯 보이지만 멜라닌melanin 색소의 차이로서 유전자로 보면 극히 작은 차이에 지나지 않는다. 이 작은 차이가 피부색의 차이뿐만 아니라 흑인에게는 오욕의 역사를 백인에게는 지배의 역사를 살게 했던 것이다.

영적 진화도 마찬가지다. DNA 차원의 영적 정보의 재조립이 아니고서는 새로운 차원의 영적 진화를 기대하기 어렵다. 법문을 듣고, 명상을 하면 기분이 좋아진다. 무언가 깨달은 것 같기도 하다.

그러나 이것은 덧칠하는 것에 지나지 않는다. 마치 흑인이 하얗게 화장해서 자신의 검은 얼굴을 감추는 것과 같은 것이다.

우주영제도는 영적 진화를 위해서 유전자의 재조합과 같이 영적인 정보를 재조합하는 것이다. 다만 이러한 영적 제도가 워낙 근원적인 곳에서 이루어지기 때문에 우리 의식에 쉽게 와 닿지 않고 잘 이해되지도 않는다.

우주는 스스로 존재하고 스스로 운행하는 우주자성을 가지고 있다. 우주적 자성이 우리의 의식 저 너머에서 우주적 질서와 힘으로 모든 것을 존재하게 하는 것이다. 우리가 살고 있는 이 지구는 초속 30km의 속도로 태양주위를 돌고 있지만 그것을 느끼고 있는 사람은 아무도 없다. 그 뿐인가. 우주자성은 아무런 의식이 없는 원자 집단을 모아서 분자를 만들고, 그것으로 다시 세포를 만들어 생명체를 생성시킨다. 또한 생명유지를 위한 근원적인 동력 動力도 의식으로 일일이 조종하고 있지 않다. 폐에게 호흡하도록 명령하거나, 헤모글로빈hemoglobin에게 산소를 운반하도록 명령하지 않는다. 의식적으로 심장을 뛰게 하거나 장이 연동운동을 하게 하여 소화를 돕게 하거나, 간에게 해독하고 영양분을 저장하라고 일일이 명령하지도 않는다. 이러한 질서를 어찌 우리의 제한된 의식이 따를 수가 있겠는가. 우리는 이러한 생명현상들을 과학자들이 밝혀낸 지식을 통해 알고 있으나 현실에서는 전혀 의식하지 못하고 살아간다. 이러한 생명활동은 우리의 의지나 의식이 닿지 않는 근원에서 이루어지기 때문에 인식할 수 없다. 이것을 인식하려고 하면 강한 저항을 받는다. 이들은 우리의 의식과 관계없이 저 깊은 내면에서 일어나고 있는 것이다. 이 모든 것의 본질이 바로 ○이다. ○은 영혼을 말하는 것이 아니라 우주의 근본 소素를 의미한다. 영은 ○들의 조합으로 형성되는데, 조합 방식에 따라서 영격靈格과 영질靈質을 달리하며, 영적 조합에 따라 '명'이 짜지고 '몸'이 생성된다. 몸의 기본 단위는 세포이며 영의 기본 단위는 ○인 것이다.

소인小人과 대인大人으로 보는 인격人格

세상에는 수많은 사람들이 어울려서 살아간다. 생물학적으로 본다면 모두가 같은 인간임에 틀림없으나 내면의 본질은 그야말로 천차만별千差萬別이다. 드러난 몸은 같은 인간이라도 속에 든 영혼은 각자의 영질과 영격에 따라 모두 다른 것이다. 크게 보면 세상에는 구속으로 짜여 있는 사람영혼과 자유롭게 풀어내려는 인간영혼이 있다. 한울 큰스승께서는 인간의 성품을 '소인小人과 대인大人'에 비유하셨다.

소인은 물을 보면 물장구 치고,
대인은 물을 보면 그 깊이를 재려 한다.

소인은 약속과 맹세를 수없이 하나 지키는 데는 소홀히 하고,
대인은 약속과 맹세를 함부로 하지 않으며 이미 한 약속은 철저히 지킨다.

소인은 상대의 허술한 곳을 보면 즉시 이용하려 하고,
대인은 상대의 허술한 곳을 보면 고쳐주려 한다.

소인은 상대를 쓰러뜨리는 법을 잘 알고,
대인은 상대를 일으켜 세우는 법을 잘 안다.

소인은 고마움을 금방 잊어버리고,
대인은 고마움을 평생 간직한다.

소인은 환경이 좋아지면 오만해지고 나빠지면 비굴해지며,
대인은 환경이 좋아져도 겸손하고 나빠져도 비굴해지지 않는다.

소인은 남의 흠을 잘 파헤치고 자신에 대해서는 잘 변명하고,
대인은 자신을 깊이 반성하며 자신에 대하여 변명하지 않는다.

소인은 작은 일에는 철저하고 큰 일은 회피하고,
대인은 작은 일에는 침착하고 큰 일에는 분연히 일어선다.

소인은 감성에 따라 움직이고,

대인은 이성에 따라 움직인다.

소인은 남의 눈만 피하면 흐트러지고,

대인은 남과 평범히 어울리고 혼자 있을 때는 자신을 흩트리지 않는다.

소인은 상하지 않으면 악을 계속하고, 이익이 생기지 않으면 선을 포기하며,

대인은 이익이 없더라도 선이면 행하고, 상하지 않더라도 악이면 포기한다.

소인은 보복하려 하고,

대인은 용서하려 한다.

소인은 비판하며 흠을 잡고,

대인은 이해하고 사랑한다.

소인은 독차지하려 하고,

대인은 고루 나누려 한다.

여기서 말하는 소인과 대인은 사회적 신분을 말하는 것이 아니라 인품人品을 말하는 것이다. 소인은 마음이 얕고 옹졸하고 배신

하고 자신의 이익에만 급급해 하는 사람을 이르는 것이고, 대인은 마음이 깊고 크고 관대하며 의를 따르고 서로 사랑하며 바른 도리를 행하려는 사람을 일컫는다. 이를 통해서 우리가 무엇을 높은 가치로 삼아야 하며, 어떤 마음으로 살아가야 하는지를 단적으로 설명하고 있다.

소인의 성품을 가진 사람은 몸과 물질에 탐욕하고, 구속하려 하고, 거짓을 잘 꾸미며, ㉮(잡영)의 유혹에 잘 넘어가고, 무지하고 전시하고 경멸하며, 죄의 두려움이 없으며, 은혜를 잊고 배반한다. 이에 비해 대인의 성품을 가진 인간은 풀려고 하고, 자유롭게 되려 하고 이해하려 하고 감싸주려 하고 죄의 두려움을 알며, 깨닫고자 노력하고, 탐욕을 멀리하고 정결히 지키려 한다.

우리가 살아가면서 대인만을 상대하는 것이 아니다. 오히려 소인을 더 많이 만나게 되므로 소인의 속성을 잘 파악하지 않으면 안 된다.

네 분류로 본 인간의 영격靈格

세상에는 너무나도 다른 차원의 인간들이 마치 동등한 것처럼 살아가고 있으나 잘 보면 사람마다 인격이 다르듯 타고난 영격에도 차이가 있다. 이러한 영적 바탕을 기준으로 인간의 영격을 보면 '동물영', '사람영', '인간영', '우주영'의 네 부류로 나눌 수 있다.

더 세분해 보면 같은 인간영이라도 사람영에 가까운 인간영도 있고, 우주영에 가까운 인간영도 있다.

동물영은 주로 동물적 본성에 따르는 영체로서 생존과 번식을 위해 자신의 모든 명을 쓴다. 동물영의 소유자들은 21C 문명사회를 살면서도 마치 원시인들처럼 동물적 본성에만 따른다. 그들은 사람의 몸을 지니고 사람의 삶을 살고 있지만 영성은 동물의 것과 크게 다를 바 없어서 먹고 자고 배설하고 번식하는 외에는 삶의 의미를 갖지 않는다. 그런 삶을 사는 이들이 바로 동물영격의 소유자이다.

사람영은 극히 이기적이고 물질만을 탐하며 자기 몸에만 집착하는 영체다. 사람영의 속성은 자신의 이익만을 좇을 뿐 서로의 관계를 무시하며, 도리를 따르려 하지 않고 힘에 복종하며, 사랑의 관계를 맺지 않고 이해의 관계를 맺으며, 양심의 지시에 따르지 않고 욕망의 지시에 따르며, 감동의 순간이 지속되지 않고 돌아서면 망각해 버리고, 질서를 유지하려 하지 않고 마구 흩트리려 하며, 전체를 보려 하지 않고 부분만을 보며, 영혼과 정신의 작용에 대해서는 무관심하며, 용서하려 하지 않고 무자비하게 벌하려 하며, 세력을 탐하고 비난하며 이간질하고 배반하며 투쟁하고 미워하고 고마움을 잊으며, 자신의 문제에만 급급하고 근원의 문제에 대해서는 무관심하며, 스스로 구하지 않고 바라기만 한다.

사실 동물영과 사람영은 크게 차이가 없다. 그런데 사람영은 동물영보다 지능이 높기 때문에 오히려 더 큰 죄를 저지르기도 한다. 더 악한 생각을 하고 더 못된 짓을 한다. 때문에 영적으로 더 크게 추락할 수 도 있는 것이다.

인간영은 사람영과 영격의 차원이 크게 다르다. 인간영은 상대를 배려하고 보살피며 서로의 관계를 소중히 하고 도리를 따르며 영적 각성을 위해 끊임없이 노력하는 영체이다. 인간영은 서로의 관계를 중요하게 생각한다. 부모 자식 간의 관계, 부부 관계, 스승과 제자의 관계, 한 가족으로서의 관계, 사회 구성원으로서의 관계, 더 나아가서 다른 생명체들과의 관계까지도 모두 소중하게 생각한다. 서로의 관계를 소중하게 생각하고 서로에게 도리를 다하려는 이들이 인간영격의 소유자이다.

우주영은 우주근원과 하나가 된 고차원의 우주지성과 힘을 가진 영체이다. 우주영의 소유자는 인간의 사고를 뛰어넘는 우주적인 시각과 지혜와 힘을 가지고 우주도리를 바탕으로 세상을 제도한다. 이런 기준으로 자신을 깊이 들여다보면 자신이 어떤 영혼의 소유자인지 스스로 알 수 있을 것이다.

영격의 차이는 정보의 질과 양에 비례한다. 고급영일수록 정보의 질이 높고 수용력이 크다.

이 세상에 인간의 인격과 인간의 영격을 가진 인간영은 의외로 많지 않다. 사람영과 인간영과 우주영은 그 구성이 8:2:0으로 되어 있다. 즉 세상 사람의 80% 정도가 사람영이고, 나머지 20% 정도가 인간영이며, 우주영은 거의 없다. 세상에는 인간영의 소유자도 그다지 많지 않은 것이다. 세상이 이렇게 황폐화되어 가고 있는 것은 이런 영들이 세상을 주도하고 있기 때문이다. 이제 우리 인류는 전체적으로 영적 진화를 이루어내야 한다. 계속해서 저급한 영들이 세상을 주도하게 하면 우리의 미래는 보장되기 어려울 것이다.

지금은 지구적인 차원을 넘어 우주적인 차원에서 우리 자신과 세상을 바라보아야 하는 때이다. 이런 높은 의식으로 깨어나 세상을 주도해야 지구를 살리고 인류가 구해질 수 있다. 이제 우리 모두에게 영적 각성이 일어나야 한다. 자기밖에 모르고 자신이 존재하기 위해서 모든 것을 파멸시켜도 좋다는 저급한 의식으로부터 우주영으로 거듭나 우주적인 시각과 우주적인 지성으로 세상을 보고 우주적인 도리와 가치로 세상을 제도해 나가야 한다.

우리가 존재하는 궁극적인 이유는 영적 진화에 있다

지구는 마치 의도적인 것처럼 40억 년이라는 장구한 시간을 통해 경이로운 진화를 계속해 왔다. 그리고 마침내 등장한 인간은 진화의 최정상에서 진화를 주도하기에 이르렀다. 우주는 진화를 목적으로 존재하는데, 궁극적으로 영적 진화를 목적으로 한다. 따라서 영적 진화에 동참하는 것이 우주진화에 동참하는 것이며, 우주진화에 동참하는 자가 우주시대를 주도할 수 있다.

단군신화의 중심사상은 영적 진화라고 할 수 있다. 단군신화의 주된 내용은 곰이 인간이 되는 것이다. 하늘나라를 주관하는 환인의 서자(庶子)인 환웅이 세상에 내려와서 나라를 세우고 다스리고 있는데, 하루는 곰과 호랑이가 찾아와서 "우리도 인간이 되고 싶습니다. 어떻게 하면 우리도 당신과 같은 인간이 될 수 있습니까?" 하고 그 방법을 가르쳐 달라고 한다. 이에 환웅임금은 그들에게 "인간이 되고 싶으면 빛이 들지 않는 동굴 속에 들어가서 마늘과 쑥을 먹으면서 100일 동안 정성을 다해 기도하라."고 일러준다. 사실 이것은 말도 안 되는 얘기다. 어떻게 들판을 누비며 육식을 하고 잡식을 하는 곰과 호랑이에게 마늘과 쑥을 먹고, 게다가 동굴 속에 들어가서 100일 동안이나 기도를 하며 견디라는 것인가? 그런데도 환웅임금은 그런 말도 안 되는 조건을 주었고 곰과 호랑이는 그것을 믿고 따랐다. 동굴은 자궁(子宮)을 의미한다. 그들은 인간으로의 새로운 탄생을 위해 영적 자궁이라 할 수 있는 동굴 속에 들어가서 기도를 시작했다. 그러던 중, 자신을 이겨내지 못한 호랑이는 도중에 포기했고, 조건을 성실하게 지킨 곰은 마침내 인간으로 화했다. 여기서 곰이 인간이 되었다는 것은 본시 사람의 모습을 가졌으나 아직 동물적인 성품을 지니고 있던 동물영이 마침내 인간영으로 극적인 진화를 이루어냈다는 것을 의미한다. 단군신화가 사실이냐 아니냐를 따지는 것은 진실을 못 보는 것이다. 단군신화는 영적 진화를 이렇게 단적으로 설명하고 있는 것이다.

영적 진화는 사람영에서 인간영으로, 인간영에서 우주영으로 영격을 높여 가는 것이다. 이제 우리는 인격의 완성에서 영격의 완성으로 차원을 높여 가야 한다. 단군신화에서 동물성을 가졌던 동물영들이 인간영으로 진화한 것처럼 우주시대에 사는 우리는 이제 인간영의 차원을 넘어 우주영으로 영적 차원을 높여야 한다. 여기서 제시하는 우주영제도는 영적 바탕을 수정, 보완하여 우주영이 되도록 제도하는 것이다. 스스로의 영적 각성을 통해 우주영으로 진화해 가는 것이 최상이지만 각자마다 영적 바탕에 차이가 있어서 무조건 열심히 한다고 되는 것은 아니다. 영적으로 크게 왜곡, 변질되어 있거나 모자라고 저급하고 탁하면 아무리 애를 써도 고급영체로 진화하기 어렵다. 이때는 어쩔 수 없이 영적 바탕을 변조하지 않으면 안 된다.

우주영제도는 제도자가 영적 진화를 위한 제반 조건을 제시하고, 자신은 스스로 조화로운 조종을 통해 영적 진화를 이루어가는 인류 초유의 영적 제도법이다. 이러한 우주영제도는 영적 바탕을 온전하게 함으로써 진정한 자아를 깨달아 삶을 더욱 의미 있고 가치 있게 하려는데 그 목적이 있다.

우리의 삶은 궁극적으로 영적 진화를 위한 삶이어야 한다

영적 진화는 영역을 넓히는 것이며 차원을 높이는 것이다. 영역을 넓힌다는 것은 자신의 영혼이 주도할 수 있는 영역을 확대하는 것이며 차원을 높이는 것은 영격靈格을 높이는 것이다.

영적 차원을 높이려면 좁은 통로를 통과해야 한다. 좁은 통로를 통과하려면 본질이 아닌 쓸 데 없는 것들을 버려야 하고, 모든 정보를 고도로 농축시켜야 한다. 불필요한 것을 버리고 최대한 농축시킴으로써 차원이 바뀌게 되는 것이다. 차원이 달라지면 서로 안 통한다. 그래서 지금까지 늘 함께 하던 사람들과 멀어지게 된다. 뜻이 통하지 않으면 부모도 자식도 친구도 다 멀어지게 된다. 그것은 잘못된 것이 아니라 필연적인 것이다. 가치가 달라지니 같이 할 수 없게 되는 것이다. 그 길은 누구나 가는 길이 아니기에 외롭고 힘들다. 그러나 진리를 추구하는 사람은 세상 모든 자가 가는 길이라도 진리가 아니면 가지 않아야 하고, 세상 모든 자가 가지 않는 길이라도 그것이 진리라면 혼자라도 가야 한다. 그래서 좁은 문이며, 누구나 갈 수 없는 길이다. 그러나 그 길이야말로 차원을 높여 가는 길이다.

영적 진화는 도수度數를 높이는 것이다

우주 궁극의 세계는 소리화聲理化 되어 있고 세상의 모든 것은 수리화數理化 되어 있다. 영적 진화의 도수度數를 수치로 나타낸다면 한 생에 얼마나 높일 수 있을까? 붓다와 같은 대각에 이르려면 만도萬度가 필요하다. 붓다의 전생담前生談에서는 그가 오백생五百生을 거듭 태어나면서 악업惡業을 멸하고 선한 공덕을 쌓아서 대각大覺에 이르렀다고 한다. 그렇다면 한 생에서 높일 수 있는 도수는 고작 20도에 지나지 않는다. 태어나는 생마다 최선을 다해 수도를 하여 오백생을 거듭해야 만도萬度가 된다. 지금도 이런 방법만을 고집한다면 깨달음에 이르기란 거의 불가능하다. 그런데 아주 효율적인 길을 찾아냈다. 그것은 한 생에서 수많은 생을 수정, 보완할 수 있는 제도의 길이다. 제도는 영적 바탕을 재구성하는 것으로 설계를 바꾸는 것이다. 설계는 실제 이전의 세계에서 이루어지기 때문에 바꿀 수 있다. 설계를 바꾼다는 것은 절대로 벗어날 수 없는 한계를 무리하게 벗어나고자 하는 것이 아니다. 그것은 도리에 맞지 않는다. 아무리 유전자 조작을 잘 한다고 해도 사과나무에서 물고기가 열리게 할 수는 없다. 우리는 우주도리를 바탕으로 우주질서를 거스르지 않는 영역 안에서, 우리가 조종할 수 있는 영역을 조종함으로써 영적 진화를 이루어가는 것이 다. 그렇다면 이제 우리는 다음과 같은 의문들을 가질 수 있다.

왜 영적 진화를 이루어야 하는가?

영적 진화를 이루면 어떻게 되는가?

진화된 영과 진화되지 않은 영은 어떤 차이가 있는가?

의식수준이 낮은 사람일수록 물질에 집착하고, 의식수준이 높은 사람일수록 영적 진화에 가치를 둔다. 영적 진화에 보다 높은 가치를 두는 것은 우주○계에 들기 위함이다. 여기서 말하는 ○계는 영혼의 자리인 영계靈界가 아니라 가장 순수하고 지극한 우주의 근본자리를 말한다. 이런 ○계에 들려면 극한을 넘어서야 한다. 영적 진화는 좁은 문을 통과함으로써 이루어지는데, 앞으로 그 좁은 문이 현실로 다가오게 된다.

우리 인류는 앞으로 싫든 좋든 대변혁의 시기를 맞이하게 될 것이다. 아니 이미 아주 깊숙하게 진행되고 있다. 그 변혁은 이제 피부로 느낄 정도로 가깝게 다가와 있고 너무나도 급격하게 진행되고 있어서 현 인류가 막을 수 있을지는 미지수未知數다. 어쩌면 이 변혁의 끝에 인류멸망이라는 엄청난 불행이 우리를 기다리고 있을지도 모른다. 물론 그런 불행이 없기를 바라며, 그런 불행을 막기 위해 우리는 부단히 노력해야 할 것이다. 그러나 어쩔 수 없이 그런 불행을 맞이해야만 한다면 미리 대비하지 않으면 안 된다. 사실 우리는 이미 이 변혁의 시기를 통해서 제3의 인류로 진화해야 될 숙명적인 단계에 와 있다. 그때는 모든 것이 바뀐다. 지구환경은 물론이며 지구에 살고 있는 거의 모든 생명체계까지도 모두 바뀌게 된다. 그때 가장 문제가 되는 것이 영체들이다. 그때가 되면 정말 차원 높은 영이 아니고서는 제3의 인류로 변신할 수 없으며, 고도로 진화한 영체가 아니면 다시 이 세상으로 나올 수 없게 된다. 이 세상에 나오지 못하면 더 이상 영적 진화를 할 수 없다. 그러므로 지금 자신의 영격을 최고의 수준으로 올려놓아야 한다. 그래야 다음 인류를 통해서 제3의 인류로 진화할 기회를 가질 수 있다. 지금 영적 진화를 하지 못하면 다시는 이 세상에 나올 수 없고 더 이상 진화할 길조차 없다. 따라서 지금 인간의 몸을 가지고 있을 때 영적 진화를 이루어내야만 하는 것이다.

영혼과 육체의 구성원리

○이 영을 구성하고 명과 몸을 형성한다

우주만물은 없는 데서 있는 데로 왔다가 명이 다하면 다시 없는 데로 돌아간다. 인간 역시 ○에서 비롯되어 몸을 이루어 살다가 명이 다하면 다시 ○으로 돌아간다. 모든 것은 무한하고 영원한 세계, 즉 ○계에서 전명前命, 全命에 의해 정명定命이 짜여져 물질로 제한되어짐으로써 생멸이 있는 이 세상으로 태어난다. 이 세상에서는 자신이 ○계로부터 받아온 수명壽命,受命,數命을 운영하여 살아가게 되며, 운명運命을 다하고 나면 절명絶命하여 본래 자리인 ○계로 돌아가게 된다. 이에 대해 한울 큰스승께서는 다음과 같이 말씀하셨다.

○계에서 ○들이 모여 영이 되어
세상 몸의 알에 얼이 옴으로써 움터
얼의 생과 알의 명이 결합하여
아버지와 어머니를 통하여 생명으로 나니라.

모든 생명은 ○계로부터 온다. 우주근원인 ○계에서 우주의 근본 소素인 ○들이 모여서 영이 되어, 어머니의 알에 아버지의 얼이 어울러서 명을 가지고 물질 몸으로 태어난다. 몸을 주도하는 것은 영이며, 영이 세상에서의 역할을 마치게 되면 명을 거두고 근원인 ○계로 돌아간다. 우리말에 사망한 것을 높여서 돌아가셨다고 하는 것은 이 세상에서의 명을 다하고 본래의 자리로 돌아갔다는 것을 의미한다. 모든 자는 명命이 다하면 몸이 멸해지며, 각자의 영靈은 삶을 통해 집적集積한 모든 정보를 가지고 존재의 바탕인 모좌로 돌아가게 된다. 그때 그 영이 수용하고 있는 정보의 형질形質에 따라 그 영혼의 의미와 가치가 결정되며 그에 따라 안착安着할 모좌가 정해지게 된다. ○계에서는 우주진화를 위해 필요한 영들만을 거두어 그들의 영적 정보를 재구성해서 새로운 영체들을 재조합 한다. 이렇게 재구성된 새로운 영체는 새로운 명을 가지고 몸을 형성하여 세상으로 와서 새로운 세계를 열어가게 된다. 이것이 우주 ○계가 주도하는 영적 제도이다.

○에서 영이 구성되는 과정은 원소의 조합에 비유할 수 있다

○을 우주만물을 구성하는 기본 소素인 원자原子라고 한다면, 영(영혼)의 주체인 ㊎('본영'으로 읽음)은 화학적 방법으로는 더 이상 쪼갤 수 없는 원소元素에 비유할 수 있고, 영(영혼)은 원소의 조합으로 이루어진 화합물에 비유할 수 있다. 태초의 우주를 이루는 원소는 수소였으며 최초의 우주는 수소가 불타는 불바다였다. 사실 우주가 대폭발할 당시에는 너무도 큰 압력과 고열 때문에 어떤 물질도 존재할 수 없었다. 엄청난 열로 인해 복합적인 핵조차도 존재할 수 없었고 다만 양성자와 중성자 같은 기본입자가 플라즈마plasma 상태로 마치 수프처럼 뒤섞여 있었다. 이것이 냉각되면서 수소가 만들어지고 핵반응에 의해 수소의 일부는 헬륨으로, 아주 극소량은 탄소로 변환되었다. 그러나 대부분의 탄소는 대폭발로 나타난 것이 아니라 별에서 생성되었다. 그리고 점차 산소, 질소 등의 원소들이 만들어지기 시작했다.

지구와 지구 생명체는 탄소를 기본 골격으로 하여 이루어져 있다. 따라서 지구상에 탄소가 없었다면 생물이 존재하지 못했을 것이다. 인간을 비롯한 모든 생물은 지구 표면에 있는 탄소를 기본으로 하는 여러 원소의 조합으로 이루어져 있다. 그 구성원소를 살펴보면 탄소, 수소, 산소, 질소, 유황, 인 등이 대부분이고 철, 칼슘, 마그네슘 등의 금속이온도 있다. 물론 어느 원소 하나 중요하지 않은 게 없으나, 그 중 탄소는 특별한 의미를 갖고 있다. 생체 구성물의 기본 골격이 탄소로 이루어져 있으며, 다른 원소들은 이 탄소에 연결돼 보조적인 역할을 담당할 뿐이기 때문이다. 그러한 측면에서 탄소는 생명현상을 유지하기 위한 가장 핵심적인 요소라 할 수 있다.

탄소는 여러 원소들을 조합하여 탄소화합물을 만든다. 탄소를 기본 골격으로 하여 수소, 산소, 질소, 황, 인, 할로겐 등이 결합하여 만들어지는 것이다. 또한 포도당, 과당, 설탕, 젖당, 녹말, 셀룰로오스 등도 모두 탄소화합물이며, 일산화탄소, 이산화탄소, 탄산염, 탄산수소염, 시안산염 등도 모두 탄소를 기본 골격으로 이루어진 화합물이고, 메탄, 에탄, 프로판, 부탄 등도 모두 파라핀 계열에 속하는 탄소화합물이다. 탄소화합물은 탄소 원자끼리 결합 할 수 있기 때문에 종류가 수없이 많다. ○이 분화하고 조립하여 각자의 영을 구성하는 것도 그와 같다. 사물은 탄소를 기본 골격으로 조성되고, 몸은 세포를 기본으로 형성되며, 영혼은 ○을 기본으로 구성되는 것이다.

㊏이 상대세계로 올 때는 각자마다 서로 다른 모습과 성품을 갖게 된다
　사람마다 모습과 성품이 서로 다른 것은 서로 다른 저항을 통해서 이 세상으로 오기 때문이다. 저항을 받는 방법과 밀도의 차이에 따라서 모두가 다른 모습을 갖게 된다. 각자의 모습이 다른 것처럼 각자마다 영적 성품도 다르다. 본래는 맑고 순수한 ○, 그 자체였으나 각기 다른 저항을 받으면서 왜곡되어 각기 다른 형상과 성품을 갖게 되는 것이다. 그렇기 때문에 어떤 사람은 그 성품이 맑고 깨끗하고 순수한가 하면 어떤 사람은 탁하고 거칠고 악하다.
　우리의 생각이나 지식, 경험 이전의 세계를 더 깊게 들어가 보면 그러한 것을 명확하게 알 수 있다. 마음의 성품은 예기치 못한 상황에서 부지불식간에 드러난다. 우리는 이것을 아직 어떠한 세상 경험이나 지식도 없는 아이를 통해 볼 수 있다. 어떤 아이는 기어가는 벌레를 보고 혹시 밟을까 조심하여 물러서는데, 어떤 아이는 다가가서 확 밟아버린다. 아무 이유 없다. 그냥 짓밟아 죽인다. 세상에 나서 아직 아무런 경험이나 지식을 가지고 있지 않은데도 어떤 아이는 죽일까봐 피하고 어떤 아이는 사정없이 밟아 죽인다. 몇 년 전 일본에서 이수현이라는 젊은이가 철로에 뛰어 든 일본 사람을 구해내고 자신은 사망했다. 그는 절박한 순간에 그냥 뛰어든 것이다. 그 자리에 있던 다른 사람들은 두려움에 뒤로 물러서는데, 그는 망설임 없이 뛰어들어 선로에 쓰러져 있는 사람을 구해낸 것이다. 그 순간 머리로 이것저것 재는 것이 아니라 그의 본성이 순간적으로 발휘된 것이다. 그것이 바로 이수현의 영적 본성이다.

이렇게 각자마다 서로 다른 개체본성을 가지고 있다. 이걸 알아야 모든 상대를 바로 이해할 수 있다. 사람마다 체형과 체격과 체질이 다르듯이 각자마다 기품氣品과 기질氣質과 기세氣勢도 다르고, 더 깊이 들어가 보면 영적 바탕도 다른 것이다. 어떤 사람은 동물과 다를 바 없는 저급한 성품을 가진 자도 있고, 또 어떤 사람은 참으로 숭고하고 고귀해서 마치 하나님과 같은, 신神과 같은 성품을 가진 사람도 있다. 세상에는 예수나 석가와 같은 성인聖人이 있는가 하면 살인을 밥 먹듯이 하는 악마와 같은 자들도 있는 것이다.

같은 인간의 몸을 가지고 있는데 왜 이렇게 다를까? 그것은 바로 영격靈格이 다르기 때문이다. 영격이 같지 않기 때문에 각자의 심성心性이 다른 것이다.

우주영제도를 ○계의 부호로 표현하면 다음과 같다

우주의 근본 소素는 ○이며, ○은 ○계에서 주도한다.

우리의 영혼은 ○들이 모여서 조립되는데, 여기에는 법칙과 질서가 있다. 생물학자가 유전자의 비밀을 풀어내듯이 이러한 법칙과 질서를 밝혀낼 수 있다면 우리는 영혼을 자유롭게 변조할 수 있을 것이다. 제도를 한다는 것은 ○의 재조립을 통하여 영적 바탕을 바꾸는 것으로 이는 영적 재창조를 의미한다. 우주영제도는 이러한 원리를 바탕으로 영적 바탕을 개조하여 영격을 높이는 것이다.

우주근원인 ○계에서 개체의 핵심(씨,알)이라고 할 수 있는 ㊤(本○)이 주체가 되어 보조○들과 조절○들의 조합으로 이루어진 영체를 구성한다. 이것을 ㊧(본영)이라고 하며, 영적 부호로 표현하면 ㊨이 된다. 본영은 운영할 ㊺(명)을 갖으며, 명에 의해 몸이 형성되고, 몸은 본영에 의해 조종된다. 이러한 모든 몸을 만들어내는 원형으로서 생명활동을 가능하게 하는 영적 바탕을 '모좌'라고 하고 영적 부호로 표현하면 ㊪(모좌)가 된다. 여기서 본영의 주체가 되는 것이 本○이며, 本○은 ○계에서 통제, 관리된다.

우리의 본질은 '○'이며, ○들의 조합으로 '영'이 구성되며, 영은 '혼魂'과 '백魄'의 작용을 통해, 즉 '유체 대사계'를 통해 물질계와 ○계를 교류, 대사함으로써 생명활동을 계속한다. 본영은 혼과 백을 통해 운영되는데, 이 본영이 변조되어야 영적 진화가 일어난다. 本○이 본영을 주도, 관리하며 모든 정보는 궁극적으로 本○에 농축, 저장된다. 영적 진화는 본영이 우주도리에 맞게 향상됨으로써 本○의 격이 높아지는 것이다.

모좌는 ㊤과 ㊚과 몸좌를 운영, 관리하기 위한 영적 바탕이고, 몸좌는 모좌에 의해 형성되며 몸을 운영, 관리하는 바탕이다

모형(模型)은 제품을 찍어내는 원형(原型), 즉 거푸집이다. 모형에 의해 만들어진 것은 일단 모형을 떠나면 서로 연관을 갖지 않는다. 그러나 모좌는 몸을 형성하기 위한 모형으로만 존재하는 것이 아니라 끊임없이 몸과 상호교류하면서 몸의 운영에 직접적으로 관여한다. 이는 어머니와 자식이 탯줄을 끊음으로써 육체적으로는 독립되지만 정신적으로는 서로 통하는 것과도 같다. 그런데 모좌가 영적, 육체적 형성과 진화에 직접적이고 지속적으로 관여한다는 관점에서 보면 모좌는 더욱 근원적이며 본질적이라고 할 수 있다.

영적 바탕을 좀 더 깊이 보면, 영적 정보를 수집하고 설계된 정보를 실행하는 '부제도'와, 부제도의 정보를 받아들여서 영적 설계를 하고 이를 운영, 관리하는 '모좌'로 구성된다. 이 부제도와 모좌야말로 영적 부모로서 자신의 영적 구성과 탄생의 바탕이 되는 것이다.

이렇게 볼 때, 우리의 영적 주체는 ㊤이고, 영적 실체는 본영(㊚)이며, 이들의 바탕은 모좌(㊡)이다. 즉 ㊤은 각자의 영적 주체이고, 모좌는 본영의 근거로서 몸을 설계하고 운영, 관리하는 영적 바탕이다. 여기서 영적 실체인 본영이 심하게 왜곡, 변질되어 있거나 본영을 운영, 관리하는 모좌에 문제가 있으면 명을 온전히 운영하기 어렵고 세상에서의 성공적인 삶과 영적 진화를 기대하기 어렵다. 그것은 자신의 존재 바탕이 본영과 모좌이기 때문이다.

모좌가 모형模型이 되어 몸을 형성하고 운행한다

모좌에서 몸을 설계하며 그 설계에 의해 몸이 형성되고 운영된다. 모좌는 우주만물을 생성하고 운행하는 자궁子宮이며 정보의 데이터베이스database다. 또한 모좌는 영적 진화를 위한 모든 정보를 실행하며 다시 근원으로 돌아가게 하는 영적 시스템이라고 할 수 있다.

우리 몸은 물질을 보조받아서 살아가지만, 영은 영적 자궁인 모좌로부터 영적 정보와 힘을 지원받음으로써 운행된다. 이는 생체 내에서 유전정보가 실현되는 것에 비유할 수 있다. 유전자는 부모가 자식에게 특성을 물려주는 현상인 유전을 일으키는 단위이다. 이는 소프트웨어적인 개념으로, 컴퓨터의 하드디스크에 들어 있는 프로그램과 같다. 여기에 비해 컴퓨터의 하드디스크처럼 유전자를 구성하는 물질 자체는 DNA가 된다. 유전자는 DNA를 복제함으로써 다음 세대로 이어진다. DNA는 이중나선 형태를 띠고 있기 때문에 이 이중나선이 풀린 후 각각의 사슬이 연쇄적으로 다시 이중나선으로 합성됨으로써 DNA가 복제된다. 이렇게 해서 만들어진 단백질이 생체 내에서의 온갖 작용을 일으킴으로써 유전자의 효과가 나타나게 되는 것이다.

　모든 컴퓨터는 정상적인 작동을 위해 기본적으로 하드웨어와 운영체제와 소프트웨어 세 가지가 반드시 필요하다. 인간 역시 '몸'과, '명'과 '영'이 존재의 기본이며 이들이 조화롭게 어울림으로써 살아간다. 우리의 몸은 하드웨어에, 명은 운영체제에, 영(영혼)은 소프트웨어에 비유할 수 있다. 그런데 컴퓨터에서는 하드웨어가 고정되어 있으므로 변화를 주려면 운영체제와 소통하는 소프트웨어를 바꾸어야 한다. 이와 마찬가지로 인간도 영적 변화를 일으키기 위해서는 소프트웨어에 해당하는 영의 프로그램을 바꾸어야 한다. 밖으로 드러난 물질세계는 바꾸기 어려운 비가역적非可逆的인 세계이며, 안으로 감추어진 ○계는 바꿀 수 있는 가역적可逆的인 세계이다. 물질을 근거로 하는 몸은 바꾸기 어렵지만 ○을 기본으로 하는 영은 바꾸기가 용이하다. 몸은 변화의 폭이 거의 없으며, 명은 변화의 폭이 제한적이고, 영은 변화의 폭이 크기 때문에 영의 프로그램을 바꾸는 것이 쉽고 효율적이다. 이는 이미 다 자란 나무를 바꾸는 것보다 나무가 될 모든 정보를 농축하고 있는 씨앗의 유전정보를 읽어내어 바꾸는 것이 효율적인 것과 같은 원리이다. 이것이 바로 우주영제도에서 영적 소프트웨어인 본영과 모좌를 우주도리에 맞게 수정, 보완하여 영적 진화를 도모하는 근본원리이다. 이러한 영적 설계의 수정, 보완을 위한 우주영제도는 주로 '모좌조정제도'와 '본영조정제도'를 통하게 하며, 필요한 경우 氣태와 氣운영으로 보조한다.

우주영제도는 '부제도'와 '모좌조정'과 '본영조정'을 바탕으로 한다

우리는 모두 부모를 통해 이 세상으로 온다. 부모를 통해서 온다는 것은 부모가 생명의 근원이 아니라 생명 탄생의 통로 역할을 한다는 의미다. 식물을 키우는 것은 토양이 아니며, 태아를 키우는 것은 모체가 아니다. 식물이 토양을 통해 물과 영양을 공급받듯이 태아는 모체를 통해 영양과 기운을 공급받는다. 토양과 모체는 바탕이 되어줄 뿐 존재의 근원은 따로 있는 것이다. 우리는 부모를 통해 이 세상으로 오지만 생명의 근원은 ○계이며, ○계에서 영적 설계도인 부제도와 영적 바탕인 모좌를 통해 세상으로 태어나는 것이다. 이렇게 보면 세상의 부모는 어버이이지만 영혼의 부모는 부제도와 모좌이다. 부제도는 아버지와 같은 속성을 가지며, 모좌는 어머니와 같은 성품을 가진다. 부(부제도)는 모(모좌)에 불기운을 주어서 몸을 형성하도록 힘과 정보를 제공하고, 모(모좌)는 부(부제도)의 불기운을 받아서 몸을 형성하고 운영한다. 즉, 모좌는 몸의 근원으로서 영혼과 육체를 주도하고 관장하며, 부제도는 모좌에 동기를 부여하고 모좌로부터 기운과 정보를 불러내어 실행한다.

이와 같이 부제도와 모좌는 둘이면서 하나가 되어 서로를 돌린다. 한쪽에서는 짜고, 다른 한쪽에서는 풀어내면서 실행한다. 즉 한 좌座에서 풀면 다른 한 좌에서 엮어지고, 한 좌에서 엮으면 다른 한 좌에서 풀어지니, 엮으면 살아나고 풀면 사라지는 것이다. 이 부제도와 모좌가 각각 현상계에서 실체화되면 불타는 몸인 '불몸'이 된다. 불몸은 세상과의 교류를 통해 다양한 정보를 받아들여 진화하고 발전하며, 모좌를 통해서 다시 근원인 ○계로 돌아간다. 상세한 것은 본인의 저서 〈○의 실체〉 제3부 11장 '자아의 변조, 본영조정과 모좌조정'을 참조하기 바란다.

모좌조정과 본영조정을 위한 제도가 '모좌조정제도'와 '본영조정제도'다

나는 영적 세계를 궁구窮究하는 과정에서 우리의 존재바탕은 본영과 모좌의 설계(프로그램)이며, 이것이 우리의 삶을 좌우한다는 것을 알게 되었다. 모든 것은 본영과 모좌를 바탕으로 존재하고 있기 때문에 이것을 바꾸지 않고서는 삶의 질을 개선한다거나 영적 진화를 이루기 어렵다는 것을 깨닫게 되었다. 이러한 영적 바탕을 바르게 파악하고 조정하지 않으면 영적 제도는 물론, 생명장 조정도 어렵다. 그래서 연구를 거듭한 결과 영적 설계인 본영과 모좌의 프로그램을 변조變造하는 본영조정과 모좌조정을 하기에 이르렀다. 본영조정은 본영의 설계를 우주도리宇宙道理에 맞게 수정, 보완하는 것이고, 모좌조정은 몸과 본영을 설계하고 운영, 관리하는 모좌를 우주도리에 따라 재구성하는 것이다. 이것을 위한 제도가 본영조정제도와 모좌조정제도다. 이를 기반으로 본영과 모좌를 직접 조정하여 변조하는 길을 찾아내서 영적 바탕을 바꾸는 시도를 하고 있는 것이다. 이것이 모좌조정제도법과 본영조정제도법이고, 이것을 바탕으로 하는 것이 우주영제도이다.

본영조정제도는 주로 얼굴 모습으로 표현된다. 얼굴은 얼이 깃든 굴이라는 의미를 가지고 있다. 머리는 무형의 정보를 관장하는 곳이며, 얼굴은 영적인 기운의 저장소이며 통로가 된다. 그래서 본영조정제도가 얼굴 모습으로 표현되는 것이다. 본영조정제도는 뇌와 같은 형상으로 나타나는 부분의 구조에 따라 고유한 특성을 갖는다.

모좌조정제도는 영적 바탕인 모좌를 재구성하는 것으로서 모좌인 '옴'을 바탕으로 하여 제도한다. 우주의 근본 모습인 옴은, 우주 본질인 '○'과 물질계인 '□', 그리고 이 둘을 제한하고 연결하면서 질서를 짜고 운영하는 '十'이 중간에 들어가서 주도하는 모습이다.

모좌조정제도는 우주를 형성하는 가장 근본 부호인 옴을 기본으로 제도한다.

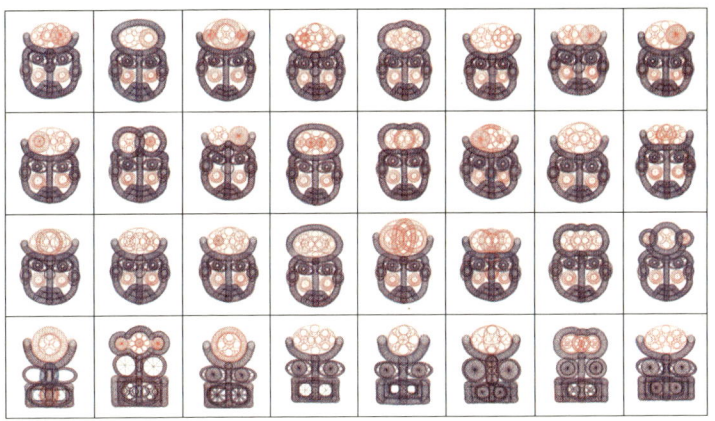

본영조정제도와 모좌조정제도의 기본형

좌座 형성의 원리

앞에서 설명한 바와 같이 ○계에는 모든 몸을 구성하고, 운영하는 모좌가 있으며, 이 모좌에 본영이 좌를 정하여 명을 짜고, 명은 몸을 형성하여 세상에 태어남으로써 존재하게 된다. 명은 내적 균형을 이루고 내재된 정보를 풀어냄으로써 생명활동을 하게 된다. 즉 '명'의 내부에 내적 균형을 이루고 운영, 관리할 도리인 '十'이 들어가서 '명'이 되는 것이다.

우리는 '영체'와 '유체'와 '육체'의 세 체의 조합으로 이루어져 있고, 세 체를 운영하는 '○계좌'와 '모좌'와 '몸좌'가 있으며, 이 세 좌를 하나로 조합하여 주도하는 영적 좌를 '主조종좌'라 한다. 우리는 세 좌가 조화롭게 운행됨으로써 세상에서 온전하게 존재할 수 있다. 즉 모든 것을 주관하는 ○계에 개체인 本○이 속하여 '○계 좌'를 이루며, 本○과, 本○이 분화한 본영이 어울려 '모좌'를 형성하고, 본영과, 본영이 주도할 몸이 어울려서 '몸좌'가 된다. 이 세 개의 좌가 어울려서 온전한 '나'를 이룬다. 이것이 내가 영적인 세계를 통찰하여 본 생명의 생성과 운행의 기본 원리이다. 이것을 그림으로 나타내면 다음과 같다.

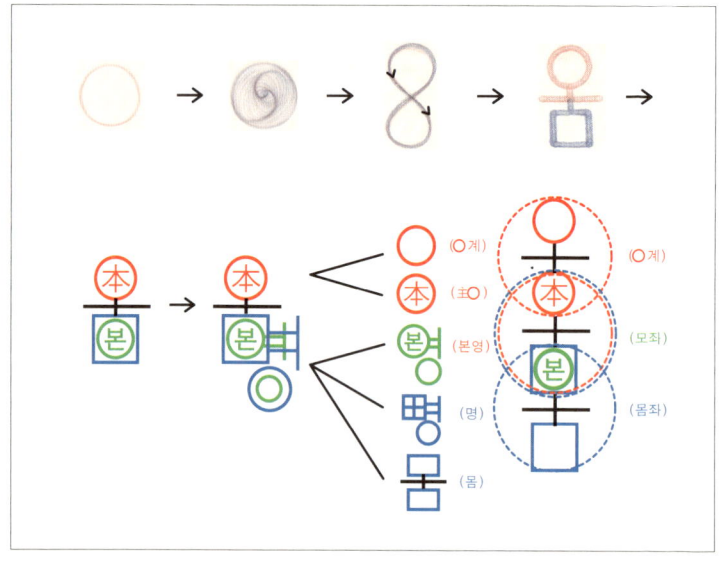

좌(座)형성의 원리

chapter2
우주영제도의 수행원리

○계 지도로 이루어지는 우주영제도

우주영제도를 위한 수행의 첫 번째 과정은 신체각성의 과정이며, 두 번째 과정은 의식각성의 과정이고, 세 번째 과정은 우주영으로 거듭나는 영적각성의 과정이다.

이것을 요약하여 표로 보면 다음과 같다.

각성단계	각성	제도보조	氣태보조	영성계발
신체각성	感覺	氣태연결 제도 명조정 제도	몸기보조 좌판	몸氣 주도하기
의식각성	知覺	인체기맥 제도 여의조종 제도	제도와 통하게 하는 기태	인간성 회복하기
영적각성	靈覺 ○覺	본영조정 제도 모좌조정 제도	주좌조종 기태	우주도리 각성하기

우주영제도 지도 과정

우주영제도는 영적 바탕을 재구성하여 영격을 높이는 영적 제도법이다.

우리는 몸과 감정과 사고와 마음과 영혼의 다층구조로 이루어져 있다. 몸은 감각으로 받아들이고 감정으로 반응하며 생각으로 판단하고 마음에 새겨진다. 즉 감정의 바탕에는 사고가 있고, 사고의 바탕에는 심리적 바탕이 있고, 그 아래에는 영적 바탕이 있다. 결국 모든 것은 영적인 것과 통하며, 영적인 바탕을 근거로 존재한다. 사람마다 생각하고 행동하는 양식이 다른 것은 영적 바탕이 서로 다르기 때문이다. 이같이 인간은 성층구조로 이루어져 있는데 각각의 층은 나누어져 있으나 서로 통하고 있으며, 통하고 있으나 차원을 달리하고 있다. 차원이 다르기 때문에 쉽게 이해할 수 없고 마음대로 조종할 수 없다. 차원을 뛰어넘는 것은 경험이나 생각만으로 되는 것이 아니며, 보편적인 방법으로 되는 것은 더욱 아니다.

우주영제도는 우주 근원인 우주○계의 지도로 이루어지는 영적 제도로서 지금까지 어느 누구도 시도한 바가 없으며 설명된 바도 없는 초유의 제도법이다. 이러한 것을 말과 글로 설명한다는 것 자체가 대단히 어려운 일이다.

우주영제도를 위해서는 먼저 우주도리와 영적 바탕을 바르게 이해해야 하지만 근원의 세계는 의미화, 상징화, 부호화되어 있어서 설명하기도 어렵고 이해하기도 어렵다. 우주영제도를 위한 수

행법은 우주 근원인 ○계의 지도로 이루어지므로 주로 ○계의 용어로 설명되는데, 대표적인 것은 다음과 같다.

* **몸氣조정**: 氣를 직접 운영하여 '몸체'와 '몸氣'를 조정하는 수련 법
* **자동동작**: 우주 근원의 작용력인 氣의 흐름을 몸으로 나타내는 것
* **기맥제도**: 인체의 주요 기맥氣脈의 氣를 보조하고 조정하는 제도
* **氣태**: 氣운영을 위해 특정한 재질과 모양으로 제작한 물품
* **회로제도**: 우주자성 운동을 그림 형식으로 표현하는 것
* **전생업장제도**: 전생에서 비롯된 영적 응어리를 소멸하는 영적 제도
* **사람성**: 몸과 물질에만 집착하고 탐욕 하는 무지하고 이기적인 성품
* **인간성**: 서로의 관계를 소중히 하며 영적 각성을 위해 노력하는 성품
* **위술○**: 부조화를 일으키는 요인으로부터 보호하는 ○
* **의술○**: 안과 밖, '모좌'와 '몸좌'의 균형과 조화를 위해 보조하는 ○
* **9술○**: 내재된 우주성품의 활성화를 위해 보조하는 ○
* **理○**: 우주사물과 사상의 근본이치를 파악하기 위해 보조하는 ○
* **우주○**: 우주근원과 하나가 된 고차원의 우주지성을 가진 ○
* **명(명)조정제도**: 물질화된 에너지의 총화인 명命을 조정하는 제도
* **영(본영)조정제도**: 본영의 설계를 우주도리에 맞게 수정, 보완하는 제도
* **囹(모좌)조정제도**: 본영과 몸을 설계, 운영, 관리하는 모좌의 조정제도

* ⊕㊊(주좌)제도: 영적 주체ㅊ體인 本○과 모좌와 몸좌를 주도하는 제도
* 좌제도: 우주근원인 우주○계에 좌를 구성하기 위한 제도 및 활동
* 세상제도: 영적 깨달음으로 세상을 제도(다스림)하는 제반 활동
* 주명제도: ○계 도리를 세상에서 실행에 옮기는 제반 활동
* 계조종제도: 공존의 법칙인 계를 조정, 조종하는 제도
* 여의제도: 우주근원과 하나가 되어 ○계와 세상을 조종하는 제도

스펙트럼spectrum **현상에 의해 영적 굴절이 일어난다**

○으로부터 영이 구성되는 현상은 스펙트럼 현상에 비유할 수 있다. 스펙트럼이란 빛을 파장에 따라 분해하여 배열한 것이다. 빛을 분광기나 프리즘prism에 통과시키면 가시광선 영역의 스펙트럼인 무지개 색의 띠를 볼 수 있다. 이렇게 파장에 따른 굴절률 차이를 이용해 빛을 파장 또는 진동수에 따라 분해한 것을 스펙트럼이라 한다.

프리즘을 통과한 스펙트럼

각자는 이런 스펙트럼 현상에 의해 서로 다른 제한을 받아서 서로 다른 성품과 형상을 가지고 이 세상에 존재하게 된다. 그것은 몸도 의식도 영혼도 마찬가지다. 우리의 눈은 일정한 주파수의 빛을 받아들이고, 귀 또한 일정한 범위 내의 진동만을 받아들이도록 맞추어져 있다. 냄새를 맡고 맛을 보고 촉감을 느끼는 것 역시 마찬가지다. 우리 몸은 이렇게 제한된 주파수의 정보만을 받아들이는데, 우리는 그것을 진실이라고 인식한다. 우리가 오감을 통해 사물이 가지고 있는 고유한 정보를 받아들이고, 그것을 지각知覺하고 인식認識하는 과정에서는 반드시 진실이 제한되고 왜곡될 수밖에 없다. 그런데도 제한된 감각기관이 지각知覺하는 것 만을 진실이라고 고집한다면 그는 절대로 사물의 본질을 볼 수 없다.

　인식은 사물을 인지하고 식별하고 기억하고 사고하는 작용이다. 그런데 경험으로 인식한 것은 반드시 자신의 제한성에 의해서 한정적으로 규정될 수밖에 없다. 즉 경험과 지식으로 인식한 현실은 자신의 고유한 스펙트럼에 의해 왜곡되고 편중되고 제한된다. 따라서 드러난 현실은 본래의 모습이 아니라 왜곡된 진실인 것이다. 우리가 사물의 본질을 이해하고 깨닫기 위해서는 반드시 자신의 내면으로 들어가서 우주본질인 ○과 통해야 한다. 각자에게 내재되어 있는 우주적 본성은 우주만물과 통하며 모든 것을 주도하는 힘과 정보가 모두 들어 있으므로 그와 온전히 통하게 되면 경험이나 지식으로 규정지어진 개체성의 한계를 벗어날 수 있다.

어느 날, 내가 바라보는 모든 것들이 氣회로로 보이고, 불행한 인류의 미래가 마치 영화를 보듯 선명하게 보였었다. 이는 내가 과거에 전혀 경험하거나 생각지 못했던 것들이다. 전혀 경험하지 못했던 것이 명상 중에 보였다는 것은 그것이 나의 인식 너머에 있었다는 것을 의미한다. 우리의 내면에는 인식으로 닿을 수 없는 우주적 정보가 내재되어 있으며 그것을 일깨워내면 현실로 나타나게 된다.

인간의 영질과 영격은 저항과 마찰에 의해 결정된다

삼각 프리즘에 빛을 통과시키면 여러 색으로 분광, 굴절되어 나오는데, 이런 현상이 일어나는 것은 프리즘의 모양과 밀도의 차이 때문이다. 프리즘을 통과하는 빛이 굴절, 분광되듯이 우리 영혼도 영적 제한에 의해 굴절되어 각자마다 고유한 성품을 지니게 된다. 즉 우리의 ㊊도 모좌를 통해 이 세상으로 나올 때 굴절되면서 고유한 '영'과 '명'을 형성하게 된다. 영적 굴절에 의해 서로의 명이 다르고, 명이 다르기 때문에 이 세상에 와서 살아가는 삶의 형태가 각자 다르게 된다. 모두가 근원인 ○으로부터 비롯되지만 이러한 과정을 통하면서 서로 다른 모습과 서로 다른 성품을 갖게 되는 것이다.

그렇다면 이런 굴절이 생기는 이유는 무엇일까?

그것은 저항과 마찰 때문이다. 각자의 ㊀이 모좌를 통해 이 세상으로 올 때에 각자 다른 저항을 받는다. 이 저항에 의해 왜곡, 변질되는 것이다. 구체화된다는 것은 강한 저항에 대응하고 있다는 것이다. 저항에 의해 구체화되어 고유한 형상과 성품을 지니게 되는 것이다. 사람마다 저항이 다르기 때문에 각자의 영적 프로그램도 다르고 그에 따라 다른 성품을 지니게 된다.

그렇다면 각자마다 저항이 다른 이유는 무엇일까?

개체적으로 보면 각자의 업장이 중요한 요인이 된다. 혼탁한 업장에 의해 왜곡되기 때문에 업장을 닦으라고 하는 것이다. 그러나 전 우주적인 시각으로 보면 우주진화에 근본 원인이 있다. 우주는 진화를 목적으로 존재한다. 진화의 첫째 조건은 다양성이다. 그래서 우주는 서로 다른 저항을 통해서 수많은 다양성을 확보하여 우주만물을 생성시키고, 그들이 서로 대사하면서 정보의 확장을 이루어낸다. 그러고는 다시 이들을 농축濃縮, 정화淨化하여 근원으로 거두어들여서 재창조의 재료로 삼는다.

이러한 것은 마치 바다와 같다. 바다는 모든 물을 다 받아들인다. 우리가 흘린 눈물도 땀도 오줌도 모두 바다로 간다. 계곡을 흐르던 맑은 물도 대지를 누비던 강물도 다 바다로 간다. 이 모든 것을 다 받아들이기에 바다라고 한다. 바다는 끊임없이 생동한다. 안으로는 대류가 흐르고 밖으로는 파도를 일으킨다. 이 거대하게 생동하는 바다가 자신을 정화시키고 수많은 생명을 탄생시킨다. 생물이 바다에서 시작될 수 있었던 것은 바다가 가진 거대한 수용성과 다양성에 기인한다. 우리는 빛의 순수성과 바다의 다양성에서 우주진화의 바탕을 이해할 수 있다.

제한을 바꾸어야 새로운 각성이 일어난다

신체적 제한, 의식의 제한, 영적 제한을 벗어나야 각성이 일어난다. 제한을 벗어나기 위해서는 자신의 여과회로濾過回路 즉 필터를 바꾸어야 한다. 여과회로를 바꾸면 의식이 바뀌고 의식이 바뀌면 현실이 바뀌게 된다. 신체각성은 신체회로를 바꾸는 것이며, 의식각성은 의식회로를 바꾸는 것이고, 우주영제도는 영적 회로를 변조하는 것이다. 즉 영적 설계를 바꾸는 것은 자신의 고유한 여과회로를 바꾸는 것이다.

분광되어 나온 스펙트럼을 역 방향의 프리즘에 통과시키면 다시 본래의 빛이 되는 것처럼 세상에서 ○계로 돌아가는 데도 스펙트럼 현상이 일어난다. ○계에서 세상으로, 세상에서 ○계로 향하는 두 개의 스펙트럼은 서로 꼬여서 8의 무한고리 형태가 된다. 모든 것은 이 무한고리를 통해 차원이 바뀌게 된다. 여기에 진화의 맥^{脈}이 있다. 우리가 이 맥을 조종할 수 있다면 모든 것을 자유자재할 수 있다. 이 무한고리가 전체를 주도하는 주체가 되어 서로의 관계를 조종하여 분리, 통합, 상교, 조화, 균형, 일체화를 이루어내므로 이것을 조종한다는 것은 모든 것을 조종한다는 것을 의미한다.

원리를 파악하는 것은 그것을 조종할 수 있게 된다는 것을 의미한다

우리 인간은 생물체의 유전자를 파악함으로써 유전자를 마음대로 조작하게 되었다. 여기에는 사물을 확대시켜 보는 현미경과 망원경의 발명이 큰 역할을 했다. 현미경을 발명하지 못했다면 절대로 우리는 유전자를 발견하지 못했을 것이다. 고배율의 현미경을 가지고 생명체의 기본이 되는 세포를 볼 수 있게 됨으로써 세포핵 속에 있는 유전자를 발견할 수 있었고 조직화되어 있는 유전자의 실체를 파악할 수 있었기에 유전자를 변조할 수 있게 된 것이다. 지금 우리 인류는 유전자 조작을 통해서 생물체의 형질을 자유자재로 바꾼다. 우리는 지금 그러한 세상에서 살아가고 있는 것이다. 그렇다면 영혼의 세계는 어떨까? 영혼의 세계도 영적 현미경을 가지고 깊이 들여다보면 그 속에서 영적 질서를 찾아낼 수 있다. 영혼의 세계를 볼 수 있는 것은 육안^{肉眼}이 아니라 영안^{靈眼}이다. 영안이 열려야 영혼의 세계를 볼 수 있다. 그러한 세계가 지금 우리에게 열리고 있는 것이다. 나는 영적 세계에 관심을 가지고 궁구한 결과 각자마다 영들이 고유한 구성을 하고 있다는 것을 발견하게 되었고, 그 속에서 변조 가능한 길을 찾아내게 되었다. 그리고 이를 근거로 영적 진화를 도모하고 있다. 그것이 바로 우주영제도다.

우주영제도는 유○론적 각성법을 기반으로 한다

우주영제도는 이해와 인식의 차원을 넘어 우주근원인 ○계의 지도에 따르는 것이다. 유○론적 각성법은 근원인 ○계의 도리와 우주운동에 초점을 맞춤으로써 우주적인 힘과 지혜를 갖게 하는 영적 수행법이다. 유○론적 각성법의 가장 큰 특징은 우주본질인 ○을 개념으로 이해하는 것이 아니라 우주의 실체로서 이해하며, 그것을 자유자재로 쓴다는 것이다. 그 대표적인 것이 ○파견을 통하는 지도이다. ○파견은 보다 높은 차원의 영적 정보를 보조해 주는 것이라고 할 수 있다. 지도○을 비롯한 여러 ○들을 파견하여, 스스로 자신의 영적 설계를 하고, 또 우주氣를 직접 운영해서 세상에 구현해 냄으로써 자신과 세상을 제도할 수 있게 지도하는 것이다. 지도○파견은 본영에게 우주지성의 정보를 가진 지도○을 파견하여 영적 지도를 하는 것으로 역사적으로 유래가 없는 초유의 지도법이다. 지도○을 파견한다는 것은 빙의憑依와는 근본적으로 다르다. 빙의는 자신의 본영이 다른 영체에게 강제로 점령되어 조종되는 것인 반면, 지도○파견은 본인의 의지로 자신의 영적 주체인 本○에 우주적 지성을 가진 지도○의 힘과 정보를 보조받게 하는 것이다.

영적 진화를 위해 우주적 지혜와 힘을 가진 지도○을 파견하는데, 지도○을 파견 받는 사람의 영격이 너무 저급하거나 지도 받을 제반 조건이 되어있지 않으면 지도○을 파견해도 곧 소환되어 버린다. 그래서 영적 바탕부터 조정하여 바르게 한 후에 지도○을 파견하는 것이 바른 순서다. 영적 바탕부터 조정하고 나면 그 다음에는 순조롭게 지도○이 파견되고 영적 지도가 원만하게 이루어진다.

그런대 지금, 지도○파견과 같은 ○차원의 지도가 이루어지는 것은 현재 우리 인류가 처한 상황과 밀접한 관계가 있다. 우리 인류에게 많은 시간이 보장되어 있다면 굳이 지도○파견과 같은 지도법이 필요 없을 것이다. 지금 이런 지도가 세상에 나오게 되었다는 것은 우리에게 시간적 여유가 그다지 많지 않다는 것을 의미한다. 그래서 가장 빠르게 가장 효과적으로 영격을 높일 지도법이 필요하게 된 것이다. 지금 인류는 지금까지의 모든 것을 매듭짓고 새로운 세상을 열어 나아가야 할 때다. 그래서 ○계에서 직접적으로 지도하는 지도○파견과 같은 지도법이 필요했던 것이다.

하지만 지도○파견만으로 모든 것이 다 되는 건 아니다. 때로는 위술○術○을 파견하여 영적으로나 세상적으로 보호해 주어야 하고, 또 어떤 때는 의술○醫術○을 파견해서 자신의 안과 밖을 서로 조화롭게 조절할 수 있도록 해 주어야 하고, 더 깊이 들어가서는 의술○意術○을 파견해서 의식의 저변에 깊이 내재되어 있는 것을 일깨워내야 한다. 그런데 내면에 깊이 잠들어 있는 근원의식이 깨어날 때, 무질서하게 마구 드러나면 혼동과 갈등에 빠지게 됨으로 사물의 이치를 바르게 깨닫도록 지도하는 리○理○을 파견해 주기도 한다. 이런 ○적 지도가 체계적으로 이루어지면 영적 각성의 속도가 상상할 수 없을 정도로 빨라지게 된다.

넷.

우주영으로 거듭나는
수행법의 실제

우주영제도를 위한 수행법은
인간본성을 회복하여
우주영으로 거듭나게 한다.

chapter1
신체각성

신체각성을 위한 몸기운영법

우리는 모두 행복한 삶을 추구한다

행복한 삶은 육체적, 정신적, 사회적, 영적 건강의 토대 위에서 이루어진다. 따라서 건강은 행복한 삶의 바탕이라 할 수 있다. 행복의 가장 높은 가치는 영적 진화이므로 우리는 우리의 주체인 영혼이 잘 타고 갈 수 있는 몸을 만들어야 한다. 노동자는 노동을 잘 할 수 있는 몸을, 예술인은 예술 활동을 잘 할 수 있는 몸을, 수도자는 수행하기에 적합한 몸을 만들어야 한다.

우리의 영혼은 건강한 몸과 건전한 정신을 요구한다. 따라서 우리는 육체적 건강과 더불어 정신활동의 바탕인 감정과 생각과 마음을 잘 다스려, 육체와 정신이 서로 균형과 조화를 이루게 함으로써 영적 진화를 이루도록 해야 한다. 우리의 영혼은 다양한 욕구를 통해 영적 진화를 도모하며 궁극적으로 창조적 삶을 지향한다. 창조적 삶을 지향하는 건전한 욕구는 우리의 삶을 활기차게 한다. 육체적, 정신적 건강은 경제적 안정과 사회적 지위향상으로 이어지고, 나아가 개성확보 및 자기향상과 자아완성, 자아실현의 욕구로 발전하며, 궁극적으로는 창조적 삶에 이르게 한다. 이러한 모든 것이 신체각성의 기반基盤 위에서 이루어진다. 신체각성은 의식각성의 기반이 되고, 의식각성은 영적 각성으로 차원을 높여가는 바탕이 되도록 해야 한다.

건강한 삶을 위하여

행복한 삶과 영적 각성의 바탕인 건강에 대해 한울 큰스승께서는 다음과 같은 말씀을 주셨다.

건강한 삶이란
도리에 맞는 삶
스스로의 삶
소중한 삶이어야 하며
몸은 명과 조화를 이루고

정은 성과 조화를 이루어야 건강하다.

건강하다는 것은

㈜이 끼지 않고

氣가 잘 조정되고

정이 바르고

성 조정이 잘 되고

감정이 터지지 않고

전 조건이 맞으며

적중에 들지 않고

점령당하지 않는 것이다.

건강법은

쓸 때에 무리하지 말며

쉴 때에 짜 놓지 말며

계로써 근실하게 하고

숨 편히 고르게 잘 쉬며

성질들 부리지 말고

잠 잘 자며

짐 정돈 잘하며

사랑하는 자는 건강하다.

건강한 삶이란 도리에 맞는 삶, 스스로 주도하는 삶, 의미 있고 가치 있는 삶을 말한다. 건강한 삶을 위해서는 먼저, 몸과 명의 조화를 이루어야 한다. 명은 자신이 운영할 에너지와 정보의 총합이라고 할 수 있다. 명을 근거로 몸을 갖게 되므로 몸을 통해서 명을 온전하게 풀어낼 수 있도록 서로 조화를 이루어야 한다. 다음에는 정과 성이 조화를 이루도록 해야 한다. 성은 존재를 결정하는 근본 바탕이 되는 성품이며, 정은 서로를 잇는 힘이다. 우리는 상호 교류를 통해서 진화, 발전하므로 정과 성이 조화를 이루도록 정성스럽게 운영해야 한다.

건강하기 위해서는 무엇보다도 영적으로 건강해야 한다. 영적 건강을 위해서는 부조화를 일으키는 영적 요소인 ㉠이 자신에게 끼어들지 않게 해야 한다. ㉠은 이간하여 서로를 갈리게 하며, 몸을 사로잡아 독을 뿌리고, 성을 마구 부리게 하여 명을 병들게 한다. 이런 ㉠은 아름다운 것에 숨으며, 소중하게 거두는 속에 숨고, 마주하는 자에게 숨으며, 끝내는 자신의 내부에 숨는다. ㉠은 무지와 무리無理와 탐욕과 거짓과 성냄을 통해 이동한다. 이러한 ㉠을 파악하여 점령되지 않아야 건강할 수 있다. ㉠이 들지 못하게 하려면 도리에 맞게 행하고, 밝게 하며 성내지 않고 '참'으로 충만하게 하면 된다. 즉, 氣정돈을 잘 하고, 성을 바르게 하며, 정을 바르게 하고, 감정을 마구 부리지 않으며, 모든 것을 조건에 맞게 잘 조종하고 적에게 점령당하지 않게 하면 된다.

건강한 삶을 위한 건강법은 몸과 마음과 사물을 다룰 때 무리하지 않게 하고, 일을 할 때는 최선을 다하며, 쉴 때는 모든 걱정을 내려놓고 완전한 휴식이 되도록 해야 한다. 또한 모든 것은 공존의 질서인 바른 도리를 바탕으로 근실하게 해야 한다. 이를 위해서 숨(호흡법)을 잘 조절하고, 성질을 마구 부리지 않으며, 잠을 잘 자도록 한다. 그리고 적당한 짐은 삶을 활기 있게 하지만 세상이든 영적이든 무리한 짐을 지고서는 건강할 수 없으므로 짐을 잘 정돈하여 부질없는 짐을 지지 않도록 해야 한다. 그리고 사랑해야 한다. 사랑은 서로 이해하고 용서하고 수용하며 서로 돕고 하나되게 하므로 건강을 위한 최상법이다.

우주영제도를 위한 '신체각성법'은 이러한 사상과 원리를 바탕으로 한다. 신체각성을 위한 몸기운영은 우주근원의 작용력인 氣를 체득하여 이를 바르게 운영함으로써 정신을 맑게 하고 혈을 깨끗이 하고 근골을 강건하게 하며, 아울러 몸기와 지기와 영기로 이루어진 생명장을 조화롭게 다루어 모든 대상과 서로 조화를 이루고, 씀씀이를 옳게 함으로써 참되고 지혜로운 삶을 이루며, 궁극적으로는 영적 진화를 이루도록 한다.

우리는 겉으로 드러나 보이는 육체가 아니라 '내부의 몸'에 집중하는 습관을 가져야 한다. 내부의 몸에 대한 각성이 일어날 때 육체로부터 자유로워진다. 이것이 신체각성을 해야 하는 이유이다. 육체가 목적이 아니라 육체로부터 자유롭게 되려는 것이다. 신체각성은 육체를 느끼는 것이 아니라 몸을 율동하는 생명력으로 느끼는 것이다. 이렇게 몸을 자각하는 자체가 제한된 육체의 감옥으로부터 초월하는 것이다. 신체각성을 위한 몸기운영은 우주근원인 ○의 작용력인 氣운영을 기본으로 하는데, 그것은 질서와 무질서, 개체와 전체, 생명체와 비생명체의 모든 것을 초월하는 근원의 운동과 통하기 위한 것이다.

몸기운영 시 유의사항

*몸은 영혼을 담고 있는 '그릇'이며, 영혼이 타고 가야 할 '탈 것'으로서 영적 진화를 위한 최상의 도구이다. 몸을 다루고 쓰는 주체는 우리의 영혼이다. 자신의 몸을 잘 다루지 못하는 것은 운전자가 자동차 운전을 잘 못하는 것과 같다. 몸을 잘 다루려면, 먼저

몸에 대한 바른 이해와 쓸 도리를 알아야 하며, 평소에 자신의 몸을 극복할 수 있도록 훈련되어야 한다.

*몸기운영은 '조건과 조종'의 원칙을 따라야 한다. 즉 조건을 먼저 알고 그 조건에 따라 조종을 해야 한다. 조건도 모르고 조종도 못하면 아무리 좋은 탈 것이라도 소용이 없으며 오히려 짐이 될 뿐이다. 자신의 몸을 다루는 것 역시 몸 쓰기에 앞서 먼저 몸의 상태부터 파악해야 한다.

*마음을 고요히 하고 자신의 몸을 들여다 보아야 한다. 그래서 자신의 몸이 어떤 상태인지 알아차리도록 한다. 너무 지쳐서 쉬어 주기를 원하는지 아니면 힘차게 달려주길 바라는지를 알아차려야 한다. 만약 휴식이 필요하다고 간절히 요구하는데도 무시하고 마구 달리면 틀림없이 고장이 나고 탈이 나게 된다.

*속으면 안 된다. 자신에게 속지 않으려면 초월적인 자아가 늘 깨어있도록 해야 한다. 이기적인 자아가 요구하는 대로만 따르면 잘못된 습관과 나태함으로 인해 심각한 불균형과 무력감에 빠지게 된다.

*몸을 다룰 때는 무리하거나 소홀하게 해서는 안 된다. 때로는 엄하게 다스리고 때로는 조심스럽게 어루만져야 한다. 엄하게 다스려야 할 때 느슨하게 풀어주거나 편히 쉬게 해 주어야 할 때 강하게 다스리면 몸은 균형을 잃고 리듬은 깨져 버린다. 먼저 우리 몸의 구조와 기능, 생리작용과 반응 등을 잘 이해하도록 하며, 몸과 마음을 도리에 따라 바르게 돌려야 한다.

*몸기를 운영할 때는 불건전한 호기심으로 하지 말고, 건전한 관심과 사랑으로 해야 한다. 또한 무조건적이며 신비적인 현상에만 빠지지 말고, 이성적이고 합리적인 사고로 자신과 사물을 관찰하여 형상과 현상 속에 내재된 성품과 성질을 바르게 파악해 가도록 해야 한다.

*기운이 충분히 차오를 때까지는 서둘러 움직이지 않도록 한다. 내부에서 氣가 충만해질 때까지 기다린 후에 서서히 움직이도록 한다.

*생각에 사로잡히지 않아야 한다. 자신의 생각을 개입시키지 말고, 오로지 氣의 흐름에 집중하도록 한다.

*몸과 마음을 충분히 이완하고 기쁜 마음으로 수련하면 효과가 배가된다. 그것은 기혈의 유통이 막히지 않고 잘 흐르기 때문이다.

*몸기운영 시 놀라면 氣가 정체된다. 이때는 중단하지 말고 계속하면서 氣가 잘 통하도록 한 후에 마무리해야 한다.

*몸기운영으로 나타나는 명현현상은 氣가 병든 곳을 자극한 것이거나, 잠복되어 있던 병이 드러나는 현상이므로 당황하지 말고 계속하도록 한다.

*하품, 졸림, 트림, 방귀, 진땀 등의 현상이 나타나는 것은 氣를 축적하거나 氣가 체내에서 돌면서 병든 곳을 자극하여 병의 기운을 밖으로 몰아내는 현상이다.

*몸기운영을 할 때에 손발이 차게 느껴지는 것은 병의 氣가 체외로 배출되고 있는 현상이다.

*몸기운영 후에는 마무리를 철저히 해야 한다.
마무리는 도중에 멈추는 것이 아니라 열어놓았던 기혈을 닫고 전체의 氣를 정돈하는 것이다. 이것을 소홀히 하면 사기邪氣나 탁기

濁氣가 침범하여 탈이나 병을 일으키게 된다.

*몸기운영은 기운이 잘 맞는 사람들이 모여서 하면 서로의 氣가 공진共振 됨으로써 생명장의 증폭현상이 일어나서 수련효과를 극대화할 수 있다.

*수련의 분위기를 너무 고요하게만 하는 것은 좋지 않다.
깊고 고요함, 밝고 경쾌함, 힘차고 역동적인 것이 어우러져 전체적인 조화를 이루는 것이 좋으며, 이러한 것들을 하나의 흐름이 되도록 엮어서 행하면 수련효과를 더욱 극대화할 수 있다.

*매일 수련해야 한다. 적어도 일주일에 4일 이상은 꾸준히 해야 몸도 마음도 하나의 흐름을 인식하고 체득할 수 있게 된다.

*육체노동자보다 정신노동자가 더 많이 긴장하고 스트레스를 받는다. 긴장과 스트레스를 풀지 않으면 독기가 몸에 배어 병이 되므로 氣를 운영하여 제거해야 한다.

몸기운영의 효과
*몸기운영은 생명활동의 전반적인 부분 즉, 육체, 감성, 사고, 심

리 등 모든 면에 커다란 영향을 준다. 육체적 건강은 물론이며, 감성이 풍부해지고 생각이 깊어지며 사랑과 평화가 충만하게 된다.

*유쾌하고 성격이 활달하며 매사에 남을 잘 돕고 베풀 줄 아는 사람은 수련효과가 크다. 반대로 늘 근심에 쌓여있고 이해득실을 따지며 성격이 괴팍하고 열정이 없는 사람은 수련효과가 적다.

*순수하게 믿고 민감하며 성격이 밝은 사람은 수련 효과가 빠르고 크게 나타나는 반면, 부정하고 불신하며 무디고 거칠고 급하고 격한 사람은 효과가 적고 느리며 잘 나타나지 않는다.

*생리적, 감정적, 심리적 상태에 따라 수련효과가 크게 차이가 날 수 있다. 그러나 무엇보다도 중요한 것은 사물과 사상에 대한 관심과 올바른 가치관이다.

*봉사하고 덕을 베푸는 것을 생활화해야 한다. 봉사와 베품이 몸기를 활기차고 충만하게 한다.

*마음을 닦아야 한다. 무리한 욕심과 쓸데없는 노여움을 버리고, 무지를 일깨워야 한다. 마음이 맑고 깊고 고요하며 순수하고 깊어지며 밝아질수록 몸기는 더욱 충만해지고 영적인 힘이 강화

된다.

신체각성을 위한 몸기운영법의 대표적인 행법에는 좌판 운기법, 여의 운기법, 기맥 운기법, 숨 조종법, 명상법, 완전 이완법 등이 있다.

좌판 운기법

좌판 운기법은 좌판을 이용하여 몸기를 보조하고 조정하는 방법이다. 좌판은 세상 모습을 본떠서 제작하였다. 즉 세상 '터(터전)'를 의미하는 네모 형태와, 터전 위에서 운영되는 사물인 '틀'을 상징하는 마름모 형태, 그리고 터와 틀을 돌려주는 '틈'을 상징하는 격자 모양의 빈 칸들을 조합하여 만들었다. 좌판의 밑바닥에는 보조할 제도를 넣고, 격자格子 모양의 빈 칸에는 필요한 약재들을 넣으며, 가장 중심에는 전체의 기운을 잡아주는 '표'나 '부符'를 넣어서 氣를 보조하고 조정하도록 했다. 이 몸기보조 좌판을 이용하면 몸과 마음의 긴장을 효과적으로 이완시킬 수 있으며, 몸기를 보조하고 조정하여 집중력을 강화할 수 있다.

좌판 운기법의 실제

좌판 운기법은 다음과 같은 좌판을 가지고 몸기를 운영한다.

몸기보조 좌판

1. 몸통(척추) 신전

척추는 기둥과 같다. 기둥이 비틀어지거나 기울면 집이 넘어가게 된다. 이 자세를 통해 척추를 바르게 잡아주고, 가슴을 확장시켜 기도^{氣道}를 열어주며, 몸을 유연하고 탄력 있게 만들어 준다.

먼저 양다리를 쭉 펴고 앉은 후, 좌판을 허리 밑에 넣고 눕는다. 누울 때 허리에 부담이 가지 않도록 팔꿈치부터 바닥에 대고 서서히 뒤로 눕는데, 좌판 중심부가 명문 혈에, 좌판 끝이 견갑골에 각각 위치하도록 한다. 이때 몸의 중심이 어느 한쪽으로 쏠리지 않도록 하고, 머리끝에서 발끝까지는 일직선이 되도록 하고 엉덩이와 어깨는 바닥에 완전히 밀착시킨다.

다음에는 양손을 가슴 앞에서 깍지를 끼고 숨을 최대한 깊이 들이쉬며 깍지 낀 손을 머리 뒤로 넘기면서 크게 기지개를 켠다. 이때 상체와 하체를 아래위로 완전히 분리시키듯 최대한 멀리 힘 있게 뻗어준다. 그러고 나서 숨을 내쉬면서 깍지를 풀고 양팔과 양다리에 힘을 완전히 뺀다. 골반과 무릎과 발에 힘이 들어가지 않도록 완전히 열어 주도록 한다. 이 자세에서 평소 몸이 많이 굳어 있는 사람은 어깨와 허리에 통증이 올 수 있는데 이때 그 통증을 피하려 하지 말고 오히려 힘을 빼고 가만히 지켜 볼 수 있는 인내와 여유를 가져야 한다. 잠시 그 상태를 유지하고 있으면 어깨와 허리의 통증은 서서히 사라지고 뿌듯한 편안함이 찾아온다. 이 자세에서 의식은 호흡에 집중한다. 호흡을 잘 지켜보면 평소보다 훨씬 깊은 호흡이 이루어지고 있음을 발견하게 될 것이다. 그것은 이 자세가 몸통(흉곽)을 활짝 열리게 하므로 호흡은 막힘 없이 순

▼

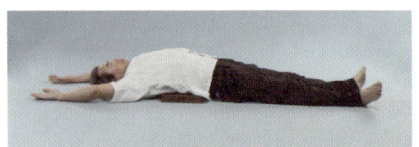

하게 드나들며 많은 양의 숨을 깊이 받아들이게 한다. 이 자세로 몸통을 열어주면 숨통이 틔어서 숨이 하단전까지 거침없이 들어가게 된다. 이 자세를 약 3분 정도 지속한다. 눈은 지그시 감고 내면의 세계를 관조하도록 한다.

2. 몸통 이완

서서히 무릎을 세우면서 양 발을 엉덩이 가까이 끌어당긴다. 이어서 숨을 깊이 들이쉬면서 엉덩이를 들고 좌판을 허벅지까지 밀어낸 다음, 숨을 천천히 내쉬면서 척추 위쪽부터 시작하여 골반에 이르기까지 서서히 바닥에 내려놓는다. 다음은 허벅지 아래에 좌판을 받친 채로 양다리는 쭉 뻗고 양손을 손바닥이 위로 가게 하여 아래 45도 각도로 벌려 바닥에 놓는다. 지금까지 긴장했던 척추는 서서히 펴지면서 긴장이 풀어지게 된다. 허리의 통증이 사라져 가면서 온몸으로 느껴지는 편안함을 마음껏 즐기도록 한다. 의식을 호흡에 두고 3분 정도 휴식한다.

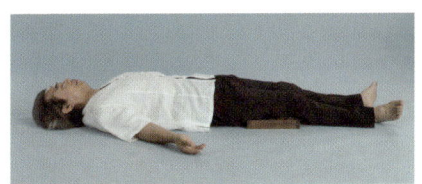

3. 다리 신전

다음에는 양팔과 상체는 그대로 둔 채 양 발로 좌판을 밀어내어 좌판 위에 양 발을 올려놓는다. 마치 빨랫줄에 옷을 걸듯이 힘을 완전히 빼고 좌판 위에 다리를 걸쳐놓는다. 이 자세는 무릎 뒤쪽의 오금 부위를 신전시켜 준다. 나이가 들면 오금이 당기게 되고 오금이 당기면 정력이 쇠해져서 힘을 못 쓰게 된다. 이 자세는 다리를 좌판에 걸쳐놓음으로써 오금 부위를 자연스럽게 펴서 강화시켜 준다.

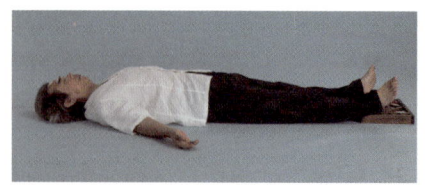

4. 다리 이완

위의 자세로 3분 정도 지속한 후에 발뒤꿈치에 받치고 있던 좌판을 완전히 밀어낸다. 이제 신전시켰던 오금 부위가 풀어지면서 온몸이 편안하게 이완 된다. 이 자세로 완전이완으로 들어가면 깊이 젖어들 수 있다.

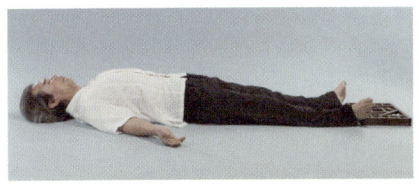

모든 과정을 마친 후에는 좌판을 머리에 베고 휴식한다.

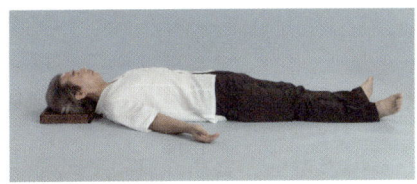

좌판 운기법의 효과

좌판 운기법은 약재와 제도를 통해 몸기를 보조하고, 신체의 기둥인 척추를 강화시키며, 불필요한 긴장을 완화시켜서 몸과 마음의 활력과 평온을 가져다 준다.

여의 운기법

여의 운기법은 운영할 氣를 생성시켜서 증폭, 강화, 운영하여 내부에 집적시키는 행법이다. 여의 운기법은 발생행법, 증폭행법,

강화행법, 운기행법, 축기행법으로 구성된다. 여의 운기법 역시 몸기보조 좌판에 앉아서 수련하면 효과를 극대화할 수 있다.

여의 운기법의 실제

1. 발생 행법

발생 행법은 신체 내부의 氣를 발생시키는 운기법이다.

이 행법은 먼저 가슴 앞에서 양손바닥을 마주 붙이고 돌린다. 계속 돌리다 보면 손바닥이 매끈매끈하게 잘 돌아가기도 하고 끈적끈적하게 잘 안 돌아가기도 하는데, 매끈매끈한 느낌으로 돌 때는 맑은 기운이 내부로 들어오는 것이며, 끈적끈적한 느낌으로 돌아가는 것은 내부의 탁한 기운이 밖으로 밀려나가는 것이니 개의치 말고 계속 한다. 이것을 최소 3분 이상 계속한다.

다음에는 가슴 앞에서 양손으로 실을 감듯이 안에서 밖으로 빙글빙글 돌려준다. 이것은 기운을 하나로 혼합하기 위한 동작이다.

2. 증폭 행법

이 행법은 양손을 좌우로 벌려 공을 잡고 있는 자세를 취한 다음, 정신을 집중하여 氣를 느끼도록 한다. 양손 사이에서 팽팽한 기운을 느끼게 되는데, 출렁거리기도 하고, 빙글빙글 돌기도 하면서 점점 기운이 강하게 느껴진다.

3. 강화 행법1

왼손은 가슴 앞 중단전에, 오른손은 하단전에 위치하게 한다. 이때 양손바닥을 마주보게 하여 마치 공을 안고 있는 자세가 되도록 한다. 이 자세를 계속 유지하면서 양손 사이에 기운이 가득 차오르기를 기다린다. 충분히 차오르면 서서히 숨을 내쉬면서 양손을 좌우로 마주보게 돌려준다. 다음은 숨을 들이쉬면서 오른손을 가슴 앞 중단전에, 왼손은 하단전에 둔다. 다시 숨을 내쉬면서 양손을 좌우로 마주보도록 돌려준다. 이것을 9회 반복한다.

4. 강화 행법2

숨을 크게 들이쉼과 동시에 몸통(흉강과 복강)을 최대한 열면서 양손을 가슴 앞에서 손바닥이 아래로 향하게 한다. 이때 턱을 당겨서 가슴 앞에 붙여서 숨이 머리 쪽으로 올라가지 않도록 한다. 이 자세로 2~3초간 머물다가 숨을 5~6초간 내쉬면서, 양손으로 공을 감싸듯이 벌리면서 내린 후 하단전에서 마주 보게 한다. 이것을 9회 반복한다.

5. 강화 행법3

숨을 들이쉬면서 공을 들어 올리듯이 양손바닥을 위로하여 서서히 들어올린다. 이 자세로 잠시 머물다가 손을 뒤집고 숨을 내쉬면서 손바닥을 아래로 향하게 하여 물속으로 공을 밀어 넣듯이 내린다. 이것을 9회 반복한다.

6. 운기 행법1

양손이 상하로 마주한 상태에서 서로 비틀리게 하면서 앞뒤로 돌려준다. 이것은 태극 모양이 상하로 바뀌면서 돌아가는 형상이다. 이때 양손 사이에 강한 기운이 팽팽하게 이어져서 돌아가도록 집중한다. 이것을 9회 반복한다.

7. 운기 행법2

양손바닥이 상하로 서로 마주한 상태를 유지하면서 왼쪽으로 밀고 나간다. 다음에는 양손을 뒤집으면서 서로 마주보는 상태로 오른쪽으로 밀고 나간다. 마치 태극 모양이 좌우로 바뀌면서 돌아가는 형상이 된다. 이것을 9회 반복한다.

8. 축기 행법

숨을 들이쉬면서 양팔을 펴고 양손바닥을 위로하여 아래로부터 위로 서서히 들어 올려 머리 위에서 합장의 자세를 취한다. 이 자세로 온 몸의 기운이 하나가 되게 한 후에, 지금까지 운행한 기운을 다음과 같은 순서로 자신의 내부로 끌어들여 축적하도록 한다.

양 손바닥을 백회, 통천에 가까이 두고 氣를 받아들이기 시작해서, 귀 옆의 측두엽과 상단전인 인당, 중단전인 전중, 그리고 이어서 하단전인 기해, 단전으로 양손을 이동하면서 기운을 내부로 끌어들인다. 이것을 9회 반복한다.

여의 운기법의 효과

여의 운기법은 氣를 생성, 증폭, 강화하여 내부에 집적시켜 줌으로써 몸기의 순환을 돕는다. 특히 운영한 기운을 인체의 중심인 상단전, 중단전, 하단전에 각각 넣어 주어 몸기의 운영력을 강화시켜 준다.

기맥 운기법

인체 기맥

모든 생명체는 외부세계로부터 정보와 에너지를 동반한 유무형의 氣를 받아들여서 '몸'과 '영'을 운영한다. 우리 몸은 음식을 통해 물질氣를 받아들이며, 호흡을 통해 태우고, 이렇게 해서 생성, 기화된 기운은 온몸을 드나들며 흐르고 맺히고 돌리고 머물며 운행된다.

우리 몸을 운행하는 氣는 기문氣門과 기도氣道와 기맥氣脈과 기장氣場을 형성하며, 기도를 따라 흐르기도 하고 파동을 통해 이동하고 전달된다.

기문이란 氣가 출입出入하는 곳을 말하며, 기도는 인체내부 또는 외부에서 흐르는 氣의 통로이며, 기맥이란 氣가 모여 맥을 이루어 氣의 운행을 통제, 관리하는 곳이며, 기장이란 외부세계에 대응하여 자신을 보호, 관리하기 위하여 형성하는 氣의 장場 즉, 에너지 장energy field을 뜻한다. 인체 기맥제도는 인체에서 가장 근간이 되는 여섯 기맥과 전체를 싸고 있는 하나의 기장을 제도화한 것이다.

일반적으로 인체를 운영하는 氣의 중심을 단전丹田이라고 하는데, 배꼽 아래의 하단전과 더불어 가슴 부위의 중단전, 미간 부위의 상

인체 기맥제도

단전을 삼단전이라 하여 인체를 운영하는 氣의 중심으로 본다.

동양사상 특히 한의학에서는, 사람의 몸은 정精, 기氣, 신神이 주가 되어 운행된다고 보는데, 신은 氣에서 생기며, 氣는 정에서 생긴다고 본다. 뇌腦는 상단전上丹田이 되며, 심心은 중단전이 되고, 배꼽 세 치 아래 부위를 하단전下丹田이라고 본다. 하단전은 정을 갈무리하며, 중단전은 氣를 운영하며, 상단전은 신을 관리하는 것으로 본다.

인도 요가에서는, 회음 부위에서 남성에너지와 여성에너지가 결합하여 점차 위로 상승하게 되는데, 회음부, 하복부, 배꼽, 가슴, 천돌, 미간, 백회의 일곱 차크라를 통해 생명력이 활성화되며, 온전한 깨달음에 이를 수 있다고 했다. 일곱 개의 차크라는 다음과 같다.

첫 번째는 골반(골방)에서 성 에너지를 관장하는 물라다라 차크라
두 번째는 하복부에서 건강을 관장하는 스바디스타나 차크라
세 번째는 상복부에서 힘의 완성을 이루게 하는 마니프라 차크라
네 번째는 심장부위에서 감각조절을 관장하는 바나하타 차크라
다섯 번째는 목 부위에서 창조성을 관장하는 비슈나 차크라
여섯 번째는 미간부위에서 통찰력을 관장하는 아즈나 차크라
일곱 번째는 정수리에서 해탈에 이르게 하는 사하스라라 차크라

여기서 '차크라'는 바퀴를 뜻하는데, 바퀴의 중심에는 소용돌이 운동이 일어나며, 이 운동은 '나디'라고 하는 인체회로를 따라 운행된다. 즉 생명의 기운인 '프라나^{Prana}'가 '나디'를 따라 흐르면서 '차크라'를 중심으로 운행된다고 본다.

인체 기맥제도

나는 생명장 이론의 관점에서 각각의 기맥을 제도화하여 몸기를 보조하고 조정하며, 신체각성의 바탕이 되도록 연구하여 정리했다.

수행자는 각각의 기맥제도를 앞에 놓고 氣를 운영하면 해당되는 곳의 기운을 보조하거나 조정할 수 있다.

기맥은 인체를 운영하는 氣의 중심으로서 각각 다음과 같은 고유한 역할을 담당한다.

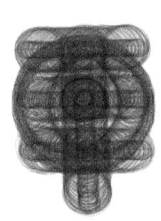

◀회음 기맥은 지기를 끌어들이는 기문이며 생리적 기능을 주도한다.

회음 기맥제도

하단전 기맥제도

◀하단전 기맥은 물질을 기화, 저장하는 곳이며 육체적 기능의 중심이다.

명문 기맥제도

◀명문 기맥은 단전으로 氣를 밀어 넣어서 생명에너지를 배합하고 밀어 올린다.

중단전 기맥제도

◀중단전 기맥은 氣의 교류를 담당하는 곳이며 감성적 기능의 중심이다.

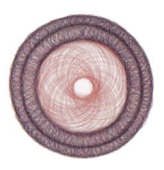

상단전 기맥제도

◀상단전 기맥은 직관으로 통하게 하는 곳이며 이성적 기능의 중심이다.

◀ 통천, 백회 기맥은 천기를 받아들이는 기문氣門이며 영성적 氣의 통로이다.

통천 기맥제도

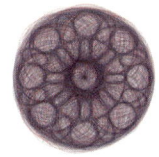

◀ 기장氣場은 몸을 감싸고 있는 몸집으로서 생명장을 형성한 모습이다.

기장제도

인체의 상하에는 지기地氣의 통로인 회음會陰 기맥과 천기天氣와 영기靈氣의 통로인 백회百會 기맥이 각각 자리하고 있다. 그리고 그 사이의 하단전下丹田 기맥은 하복부에 위치하여 氣를 모으고 저장하며, 중단전中丹田 기맥은 가슴의 검상돌기 부위에 위치하여 상하, 좌우, 전후를 돌려준다. 상단전上丹田 기맥은 미간에 위치하면서 氣의 분합과 운행의 도리를 결정하며, 명문命門 기맥은 하단전의 뒤쪽에 자리하여 생명에너지를 배합하고 밀어 올린다. 그리고 기장氣場은 전체를 감싸면서 외부세계와 통한다.

기맥에서 회음과 백회 두 곳은 특히 중요한 곳이다. 회음은 우리의 몸을 의지하고 살아가는 땅(지기)과 통하는 곳이며 백회, 통천은 글자 그대로 인체의 모든 기운이 모여 하늘(천기)과 통하는 통로이다.

기맥 운기법의 실제

기맥제도 중에서 현재 자신에게 필요한 제도를 선정하여 앞에 놓고 氣대사를 하면된다. 특별한 목적으로 조정하는 것이 아니라면 회음에서 시작하여 점차 위로 상승시키면서 행하는 것이 좋다.

1. 지정된 기맥제도를 앞에 놓고 몸기보조 좌판에 바르게 앉아서 호흡을 통하여 몸과 마음을 안정시킨 다음, 의식을 양손 끝에 모으고 제도의 氣를 끌어들인다.

기운이 내부에 집적되어 감에 따라서 온몸의 기운이 충만해 지는 것을 느끼게 된다. 몸기가 충분히 차게 되면 두 손은 마치 부력이 밀어올리는 것처럼 붕 떠오르게 된다.

2. 이때부터 자동동작이 나오게 되는데, 자연스럽게 안과 밖이 흐트러지지 않도록 동작을 이어가도록 한다. 운기 중에는 가능한 자신의 의지를 배제하고 氣의 흐름에 충실히 따르면서 내부에 집적된 氣가 몸의 어느 곳에 집중되는지를 주의 깊게 관찰한다.

3. 氣의 중심이 정해지면 그곳에 의식을 더욱 집중하여 氣의 중심에서 비롯되는 氣의 흐름을 관찰하면서 그 흐름을 따르도록 한다. 그곳의 氣운영이 마무리되면 자연스럽게 합장의 자세로 동작이 마무리된다.

4. 다시 고요한 상태에서 氣의 중심이 어디로 이동해 가는지를 관찰하여 의식을 다음의 중심으로 이동해 간다.

5. 기맥 운기 수련을 하고 있을 때, 인당 부위가 열리는 듯한 느낌이나 조여지는 느낌이 든다면 그것은 이성적 기능의 조정이 필요함을 뜻하는 것이다. 인당의 조정이 잘 이루어지면 머리가 맑

아지고 정신활동이 고양된다. 바꿔 말하면 이러한 필요가 있을 때 의도적으로 인당에 의식을 집중하여 氣를 운영하면 된다.

이 같은 방법으로 각각의 기맥을 따라서 氣를 운영해 가도록 하는데, 가능하면 회음에서 시작하여 하단전, 명문, 단중, 인당, 백회, 기장의 순으로 이동하면서 운영하는 것이 바람직하다. 하지만 어느 정도 터득이 된 후에는 순서에 관계없이 氣의 중심 이동에 따라서 자연스럽게 진행하면 된다.

기맥 운기법의 효과

기맥 운기법은 인체의 주요 기맥의 기운을 보조하고 조정하는 행법이다. 신체의 맥점이라고 할 수 있는 각각의 기맥을 열어주고 氣를 보조하고 조정하여 신체를 강화시키고 각성시켜 준다.

다음은 신체각성의 기본이 되는 '숨 조종법(호흡법)'과 '명상법'에 대해 간단히 요약한 것이다. 숨 조종법과 명상법은 모든 수행의 기본이 되는 매우 중요한 수행법이지만 자칫 잘못 행하면 오히려 탈이 나게 되므로 반드시 지도자의 직접적인 지도를 통하도록 한다.

숨 조종법

숨은 생명현상의 근본이다

숨은 의식과 관계없이 잠을 자거나 음식을 먹거나 말을 할 때도 자동적이고 본능적으로 이루어진다. 숨은 의식에 매어있지 않으며, 자기 몫의 숨을 다 풀어낼 때까지 무의식적으로 이루어진다. 그런데 이 무의식적이고 자율적으로 이루어지는 숨이 우리의 의식으로 조종과 통제가 가능하다. 숨을 자율적인 흐름에 맡기지 않고 인위적이고 수동적이고 의도적으로 조종하는 것이 숨 조종법이다. 우리는 숨 조종을 통해 氣를 운영하고 조종함으로써 건강을 유지하고 수명을 연장할 수 있다.

숨 조종은 자율적으로 이루어지는 습관적인 숨을 일정한 법칙에 따라 조종하고 통제하고 다스리고 돌려줌으로써 자신의 명을 보다 활기차고 순조롭게 이어가게 한다.

숨 조종 시 유의사항

*생명은 숨에 숨겨져 있다.

*숨 조종은 氣와 燝를 조정하고 숨겨져 있는 능력을 계발한다.

*숨 조종은 무리하지 않게 하며 氣와 冪를 조화롭게 해야 한다.

*숨은 적절하게 끌고, 끊고, 이어가야 한다.

*숨 조종법에는 크게 두 가지가 있다. 하나는 氣와 冪를 조화롭게 하는 숨 조종법이고, 다른 하나는 冪를 강화하고 術을 계발하는 숨 조종법이다.

* 氣와 冪를 조화롭게 하는 숨 조종법은 순하고 부드럽게 해야 하며, 冪를 강화하고 術을 계발하는 등의 숨겨진 능력 계발을 위한 호흡은 강하고 격하게 해야 한다.

*冪를 강화하는 숨 조종은 숨을 토하듯 빠르게 내뱉고, 서서히 길게 빨아들이는 것이 기본이며, 術을 계발하는 숨 조종법은 氣를 꺾어서 조종하는 것이 기본이다..

*숨은 정돈이 필요하며, 계속해야 하고, 氣의 변화에 따라서 조절하며, 바른 지도에 따라서 길러지고 깊어지게 해야 한다.

*숨은 氣의 조절이다. 氣를 하단전에 모아 놓으면 신장 기능의

조절이 어렵고, 복부에 모아 놓으면 위와 장에 탈을 일으켜 병이 유발된다. 氣가 차 있으면 막히게 되므로 모아두지 말고 순환되도록 돌려주어야 한다.

*숨 조종을 통해 외부의 충격이 내부에 전해지지 않도록 해야 한다. 그래야 내부가 손상되지 않아 명命을 보존할 수 있다.

*일반 호흡과 숨 조종법은 엄격히 구분되어야 한다. 일반 호흡이 무의식적이고 습관적인 것이라면 숨 조종법은 숨을 의도적이고 주도적으로 통제하는 것이다.

*숨 조종은 규칙적으로 해야 하며 흐름이 부드럽고 고요하며 한결같고 길고 잔잔하게 울려 퍼지며 규칙적인 리듬이 있어야 한다. 만약 숨 조종 중에 소리가 거칠고 리듬이 불규칙하면 자신의 역량을 초과한 것이므로 늦추어서 조절하도록 한다.

*숨 조종은 단조로운 리듬의 반복이므로 지치기 쉽다. 그러나 숨 조종이야말로 몸과 마음을 정복하고 통제할 수 있는 훌륭한 수단이므로 포기해서는 안 된다. 서둘거나 멈추지 말고 계속하여 통제력과 조절력을 획득해 내도록 한다.

*숨 조종은 일상적인 숨의 특성인 무의식적, 습관적, 자동적인 숨에 맡겨두지 않고 의식적이고 의도적이고 적극적인 호흡으로 숨을 가능한 깊고 길게 함으로써 풍부한 양의 산소를 받아들이고 이산화탄소를 완전히 배출하도록 해야 한다.

*숨은 단순히 공기 중의 산소를 받아들이는 것이 아니다. 숨 조절을 통해 우주의 생명력인 우주氣를 받아들임으로써 우주적 의식과 우주적 지혜를 갖도록 한다.

숨 조종법의 효과

*바른 숨 조종은 질병을 물리치며, 머리가 맑아지고, 마음이 진정되어 충만함과 신선함으로 가득 차며, 몸이 활력과 생기가 넘치게 한다.

*잘못된 숨 조종은 마음을 불안하게 하고 초조하게 한다. 딸꾹질, 천식, 기침, 두통을 일으키고 심장, 귀, 눈 부위에 통증이 올 수도 있다. 만약 특정부위에 경련이 일어나면 무리하고 있거나 잘못하고 있는 것이니 무리하게 계속해서는 안 된다.

*바른 숨 조종은 폐의 주기적인 확장에 영향을 주어서 간, 신장,

비장, 위 등은 물론 피부에까지 영향을 미쳐 노화를 방지하고 무병장수하게 한다.

*완전한 숨 조종은 생명의 힘 바로 그 자체이다. 내재되어 있는 기운을 찾아 활성화시켜 줌으로써 평안과 넘치는 활력을 가져다 준다. 정신적 안정과 신체의 모든 조직에 고요함과 휴식을 주며, 나아가 몸과 마음을 조화롭게 한다.

*숨으로 정화될 때 신체는 정화되고 윤기가 나며, 내면의 소리를 듣게 되고, 마음과 정서와 감각이 살아나는 것을 느끼게 되며, 판단이 명료해지고 생각이 깊어지며 마음이 순수해진다.

*숨 조종을 통해 몸의 긴장을 완전히 풀고, 들뜬 감정을 가라앉히며, 의식을 집중하여 흔들림 없는 마음으로 고요히 자신의 내부를 주시하면 비로소 감추어져 있고 숨겨져 있던 '참나'가 드러나기 시작한다.

*숨 조종은 몸과 정신, 행동과 기운을 완벽하게 조절할 수 있게 하며, 마음의 평정과 행복감을 가져다 준다. 또한 세속적인 쾌락과 욕망으로부터 자유롭게 하며, 자아실현으로 인도한다.

*숨 조종을 통해 깊은 마음의 세계에 닿을 수 있도록 한다.

*숨 조종은 몸과 마음의 통제력을 키워준다. 즉, 숨은 몸과 마음의 교량역할을 하면서 전체를 조절한다. 숨이 거칠면 마음이 안정을 잃게 되며, 마음이 균형을 잃고 흔들리면 숨이 거칠어진다. 깊고 고른 숨은 마음을 편안하게 하며 집중력을 높여준다.

*숨 조종은 모든 신체기관과 감각과 정신과 영혼을 견고하고 청결하게 한다. 육체를 강건하게 하고 들뜨는 감정이나 욕망을 제어하여 정신적으로 안정과 침착함을 유지하게 하며 영적으로 맑고 순수하게 한다.

*숨 조종은 절대로 무리하게 하지 않아야 한다. 숨 조종법은 숨을 고르는 조식과 숨을 깊이 쉬는 심호흡이 기본이며 목적에 따라서 특수한 숨 조종법을 운영할 수 있으나 지도에 따르지 않으면 오히려 몸을 상하게 된다.

*숨 조종법에는 숨을 통해 몸과 마음을 맑게 하는 정화호흡, 몸과 마음을 고요하게 하는 조식호흡과 단전호흡, 호흡량을 확장하는 완전호흡, 기운을 강화하는 육도六度호흡, 술術과 법法을 개발하

는 조절호흡, 그리고 우주의 흐름과 일체가 되는 자율호흡 등이 있다.

숨 조종법은 목적에 따라 여러 형태의 수련법이 있으나 여기에서는 숨 조종법의 기본이라고 할 수 있는 '단전호흡법'과 '완전호흡법'에 대해 소개하고자 한다.

1. 단전호흡법

단전호흡은 단전丹田에 의식을 집중하여 행하는 호흡이다

단전은 인체의 중심으로서 氣의 주된 저장소이며 운영소이다. 따라서 이곳이 허虛하면 전체를 잡아주는 힘이 부족하여 전반적인 균형이 깨어지게 된다. 이는 곧 순환과 대사에 심각한 이상을 초래하여 각종 병을 유발하게 된다. 기력이 쇠하면 매사에 의욕이 없어진다. 우리말에 '배짱이 두둑하다'에서 배짱은 곧 단전을 이르는 말이다. 배짱이 두둑하면 힘과 의욕이 넘쳐서 어떤 일에도 주저하지 않고 뛰어들어서 이루어낸다. 이 단전을 실하게 하여 전체를 잡아주는 힘을 기르려면 단전호흡이 기초가 되어야 한다.

단전은 생명활동의 터전이요 밭이다

생명현상은 영기靈氣와 지기地氣와 몸기의 조화와 균형에 의하여 이루어진다. 이 세 가지 형태의 氣는 생명장을 형성하여 외부의 氣를 받아들이기도 하고 내부의 氣를 활성화시키기도 하면서 조정, 조절, 조종하면서 생명현상을 유지해 간다.

일반적으로 상단전, 중단전, 하단전의 세 곳을 인체의 맥으로 본다. 하단전은 배꼽 3촌 아래에 위치하며, 물질(음식)을 생명력으로 쓸 수 있는 氣로 전환시키며 집합, 저장 하였다가 필요에 따라 운용해 쓴다.

중단전은 흉골 부위에 위치하며 감성의 기운을 다스린다. 우리의 감정이 들뜨거나 감성적으로 흥분하면 가슴이 찡하게 저려온다. 흔히 가슴을 마음의 자리로 알고 있으나 이곳은 마음자리가 아니라 감성자리이다. 따라서 이곳을 잘 쓰다듬어주면 흥분이나 긴장이 가라앉게 된다. 상단전은 양 미간 사이의 인당부위에 해당하는 곳으로 이성을 관장하는 곳이다. 즉, 오관을 통하여 외부의 정보를 받아들여서 최단시간 내에 분석, 판단함으로써 모든 행동양식을 결정하게 한다.

하단전이 유형의 물질을 관장, 처리하는 곳이라면 상단전은 무형의 정보를 관장, 처리하는 곳이며, 중단전은 상하, 좌우, 전후를 연결하고 돌려주는 역할을 한다. 이 세 곳의 기능이 원활하게 서로 조화를 이루면 건강하고, 불균형 내지 부조화를 일으키면 탈이 되고 병이 된다.

참고로, 우리의 마음자리로 골반 안에 천추 부위이다. 우리는 늘 마음을 깔고 앉아서 마음을 찾고 있는 것이다. 마음자리인 천추 부위는 생리적이고 본능적인 기능을 담당하는 곳이기도 하다. 마음은 의식보다 더 깊은 곳에 있어서 생각으로 잘 통제되지 않는다. 생각은 간절하나 마음에서는 전혀 일어나지 않기도 하고 생각은 그렇게 하고 싶지 않은데 본능을 떨쳐버리지 못하기도 한다. 이와 같이 마음은 우리의 사고의 너머에 있어 통제가 쉽지 않다.

단전호흡 시 유의사항

*단전호흡은 앉아서도 누워서도 서서도 모두 가능하지만 앉은 자세에서 하는 것이 가장 좋다. 앉은 자세가 바르지 못하면 절대 깊은 호흡이 이루어지지 않는다. 골반과 척추, 목, 머리가 일직선이 되도록 하여 곧게 세우되 힘을 빼고 긴장을 풀어야 한다. 즉, 정수리, 콧마루, 아래턱, 쇄골의 중앙, 가슴뼈, 배꼽, 회음이 수직으로 일직선이 되게 하며, 양 눈썹, 양쪽 귀, 양 어깨, 쇄골, 젖꼭지, 골반 뼈의 위쪽이 수평이 되도록 한다.

*시선은 내부로 향하게 하고 눈은 코끝을 향하게 한다. 가슴은

앞으로 내밀듯이 활짝 열어주고 턱은 가슴에 닿을 듯이 바짝 당긴다. 이 자세가 되면 심장에 무리가 가지 않으며, 두뇌는 활동적이 되고 정신은 고요한 침묵의 상태에 이르게 된다.

*단전호흡에서는 반드시 코로만 숨을 쉬도록 한다. 입 속은 음식을 먹기 때문에 늘 탁한 기운이 머물게 되므로 입을 다물고 코로만 숨을 쉬도록 한다.

*숨을 쉴 때의 의식은 들이쉬고 내쉬는 숨을 절대로 놓치지 말고 집중하도록 하며, 신선한 생기로 온몸이 맑고 충만해지며 신성해 지도록 한다.

*단전호흡을 할 때 머리와 가슴은 움직이지 않도록 하고, 하복부만 움직이게 하는데, 들이쉴 때는 하단전이 나오게 하고 내쉴 때는 하단전이 들어가도록 한다.

*단전호흡을 할 때 가슴이 움직이는 것은 아직 숨이 바르지 않은 것이며, 기도(숨길)가 충분히 열리지 않은 것을 뜻한다. 깊이 있는 숨을 쉬려면 먼저 숨길을 열어주어야 하는데 숨길을 열어주려면 몸통을 열어주어야 하며, 몸통을 열어주려면 척추가 살아나고

가슴이 열려야 한다. 몸통과 기도를 여는 것은 좌판 운기법이 효과적이다.

단전호흡의 실제

들이쉬기: 숨을 들이쉴 때는 서두르지 말고 유유히 하고, 실처럼 가늘게 하며, 처음과 끝이 다르지 않게 고르게 하고, 그리고 숨을 아주 깊이 들이쉰다.

들이쉴 때는 우주의 맑고 신선한 생기를 온몸 가득 받아들인다고 생각하면서 깊이 들이쉰다.

내쉬기: 숨을 내쉴 때는 기계처럼 아주 정밀하게 하고, 끊어지지 않게 면면히 이어지도록 하며, 가능한 천천히 길게 내쉰다.

내 쉴 때는 자신 속에 있는 거칠고 탁한 독기, 사기, 잡기 등을 모두 내 보낸다고 생각하면서 내쉰다.

단전호흡은 모든 호흡법의 기본으로서 가장 쉬운 것 같지만 가장 터득하기 어려운 호흡법이므로 인내심을 가지고 꾸준히 계속하지 않으면 안 된다. 여기서는 지면紙面 관계상 단전호흡의 기초만 설명하기로 한다.

2. 완전호흡(심호흡)

완전호흡은 깊은 숨쉬기이다. 아기가 태어나서 첫 숨은 성인 호흡량의 10배나 된다. 그 다음부터는 열의 여섯은 몸에 내재하게 되고 나머지 넷만큼만 숨으로 돌린다. 우리는 일상생활 속에서 거의 무의식적인 숨, 타성에 젖은 숨, 얕은 숨을 쉬며 살아간다. 그러나 이 얕은 숨은 인체에 필요한 충분한 양의 산소와 생기를 공급하지 못한다. 이때 우리 인체는 필요한 양의 숨을 보충하기 위하여 때때로 하품을 한다. 즉, 자기도 모르게 큰 숨을 쉬어 줌으로써 필요한 양의 숨을 자동 공급하는 것이다. 이것은 마치 우리가 사는 지구에 태풍이 불어와 지구 전체의 기운을 한 번씩 크게 바꾸어 주는 것과 같다. 우리는 능동적이고 적극적이면서 의식적으로 깊은 숨을 쉬어주어야 한다. 의도적으로 숨을 하단전 아래까지 깊이 끌어들이고 복부를 완전히 조이면서 탁한 숨을 완전히 내보내도록 해야 한다. 태풍이 불고 천둥 번개가 쳐서 토지에 새로운 힘을 불어넣듯이 우리의 몸도 심호흡을 해줌으로써 활력을 불어넣어 주어야 한다. 어릴 때는 숨을 복부로 쉬다가 나이가 들면서 점점 숨이 짧아지고 긴장하면 거칠어지며 나중에는 목에 걸린 숨을 쉬다가 끝내는 숨을 거두게 된다.

완전호흡 시 유의사항

*완전호흡은 네 과정으로 진행 되는데, 들숨(흡식吸息)과 날숨(호식呼息)이 기본이며, 여기에 들숨 후 멈추기(지식止息)와 날숨 뒤의 멈추기(휴식休息)가 더해져서 한 주기의 완전한 호흡이 된다.

*멈추기는 들이쉬는 숨과 내쉬는 숨 사이와, 내쉬는 숨과 들이쉬는 숨의 사이의 두 곳에서 이루어진다. 숨을 들이쉰 상태에서 멈추는 것을 내적 정지(지식)라고 하며, 내쉰 상태에서의 멈추기를 외적 정지(휴식)라고 한다.

*들숨은 몸통(흉강과 복강)을 충분히 열어주어야 하고, 내쉬기는 숨이 유출流出되지 않게 해야 하며, 멈추기(지식과 휴식)는 무리하지 않게 해야 한다.

*숨을 들이쉬는 동안에는 가슴을 충분히 열고 긴장을 풀어주어서 폐가 숨을 받아들이는데 저항이 걸리지 않도록 하여 숨을 순하게 흡수할 수 있도록 한다.

*숨을 들이쉴 때 복부를 무리하게 부풀리려 하지 않아야 한다. 복부를 억지로 부풀리면 폐와 심장을 압박하여 충분히 들이쉴 수

없게 된다. 들이쉬거나 내 쉴 때 억지로 하면 심장에 무리가 와서 열기가 머리로 치고 올라가 뇌를 손상 시킬 수 있다.

*숨이 몸통으로 들어올 때는 마치 항아리를 채우듯이 몸통의 바닥에서부터 채우면서 점차 위로 올라가게 하되 어깨를 넘지 않도록 해야 한다.

*완전 호흡법에서 들숨, 날숨에 맞추어 손을 올리고 내리는 것은 몸통에 숨이 채워지는 수위와 같다. 즉, 몸통 하단부인 아랫배에서부터 숨을 채워가기 시작해서 가슴의 흉곽을 채우고 이어서 쇄골 끝 단까지 가득 채워 가는데, 이는 수위를 손으로 조절하는 것이다. 숨을 내쉬는 것도 이와 같이해서 조절하면서 하도록 한다.

*숨을 들이쉴 때는 복부근육을 이완시키고 횡격막과 늑간근을 이용하여 최대한 숨을 많이 들이쉬고, 내쉴 때는 복부근육을 강제적으로 안으로 수축시켜서 횡격막을 위쪽으로 잡아 올려서 폐에서 숨을 완전히 빼준다.

*완전호흡에서 중요한 것은 들이 쉬는 것이 아니라 내쉬는 것이다. 많이 내보낼수록 신선한 숨을 더 많이 들이쉴 수 있기 때문

이다.

*심호흡을 하기 위해서는 먼저 숨통이 열려야 하고, 숨통이 열리려면 몸통이 열려야 하며, 몸통을 여는 것은 가슴을 여는 것으로부터 시작되어야 하며, 가슴을 여는 것은 바른 자세와 몸과 마음의 여유를 갖는 것에서 비롯된다.

*숨 조종을 하는 중에 들숨 후 정지 전, 휴식 후 들숨 전에 온몸으로 느껴지는 미묘하고 신비롭고 황홀한 느낌을 맛볼 수 있다면 비로소 호흡의 진수를 터득하는 문에 들어서기 시작한 것이다.

완전호흡의 실제

완전호흡 1단계는 들숨과 날숨의 두 과정이 한 주기가 된다.

들이쉬기: 바르게 앉은 자세에서 양손의 손바닥을 위로 향하게 하여 손끝을 마주 닿게 한다 (1). 다섯을 세는 동안 숨을 들이마시는데, 이때 손을 숨에 맞추어서 가슴 위로 들어올린다. 손이 턱 밑에 이르렀을 때 손을 뒤집어 손등을 위로하여 양손을 옆으로 벌려서 몸통을 더욱 확장시키면서 숨을 최대한 끌어들인다 (2).

　　　　　　(1)　　　　　　　　(2)

　내쉬기: 숨을 가슴 가득히 받아들여서 몸통에 충분히 채워지면 잠시 그 상태로 머물렀다가 몸통에 힘을 빼면서 동시에 양손을 뒤집어 손바닥이 위로 향하게 하여 천천히 내리면서 숨을 내쉰다 (1). 그 상태로 잠시 머물면서 몸의 긴장을 이완시켰다가 다시 숨을 들이쉰다. 이것이 한 사이클이다. 이것을 9회 이상 반복한다.

　완전호흡의 2단계는 들숨, 정지, 날숨의 세 과정이 한 주기가 되고, 3단계는 들숨, 정지, 날숨, 휴식의 네 과정이 한 주기가 되며, 4단계는 숨의 길이를 각각 다르게 정하여 하는데, 여기서는 1단계만 설명하기로 한다.

완전호흡의 효과

　완전호흡은 몸에 생기를 불어넣고 감정은 편안하게 안정시키며 마음은 고요하고 깊게 해준다.

완전호흡은 신선한 공기(산소)와 생기를 인체에 가득히 불어넣어주며 특히 폐의 하단부에서 '프로스타글란딘'이라는 호르몬의 분비를 돕는다. 이 물질은 혈액 순환을 원활하게 해주며 고혈압, 부정맥, 호흡기 질환, 변비 등에 효과가 크다. 완전호흡은 인체에 유해한 활성산소를 분해하는 효과가 크다.

명상법

우리는 깨어 있는 동안 끊임없는 혼란과 갈등에 시달린다
그것은 탐욕과 증오로 가득 찬 마음이 자신을 자극하는 감각과 감정에 휘둘리고 있기 때문이다. 집착을 내려놓고 내면의 세계로 시각을 돌리면 마음의 평온과 무한한 지혜의 눈을 뜨게 된다. 명상은 우리를 이러한 세계로 이끌어 준다.
명상에 대해 한울 큰스승께서는 다음과 같이 말씀하셨다.

서투른 명상은 수고만 할 뿐 아무 볼 앎이 없으니
바른 명상은 호흡이 주도케 하며,
잠들지 않아야 하며,
머릿속에 있지 말고, 머리를 떠나야 한다.

숨(호흡)에 집중하는 것이 명상의 시작이며 기본이다. 숨은 생명이며 몸과 마음을 연결하는 교량과 같다. 따라서 숨을 조절하는 것이 명상의 관건이다. 숨이 거칠거나 격하면 절대로 깊은 명상에 들 수 없으므로 숨의 조절로서 명상이 자연스럽게 이루어지게 해야 한다. 호흡을 통해 집중을 극대화하며, 몸과 마음이 지극한 고요함에 이르게 해야 한다.

명상 중에 잠들면 안 된다. 숨이 고르게 되면 몸과 마음이 이완되어 잠들기 쉽다. 명상 중에 잠드는 것은 기력이 약하거나 의지가 약하기 때문이므로 평온하면서도 굳건한 의지로 자신을 통제하도록 해야 한다. 고요함은 잠든 상태와는 다르다. 자칫 정신적 안정에 이르면 넋을 놓거나 잠들기 쉽다. 명상은 내적 평온의 상태이지만 의식은 면도칼처럼 날을 세워 대상의 본질을 밝혀내야 한다.

명상은 머리로 재는 것이 아니다. 머리로 재려고 하면 생각에 잡혀서 오히려 멀어지게 된다. 명상은 의식을 비움으로써 의식의 내부에 가라앉아 있는 무의식의 세계가 떠오르게 하는 것이므로 절대로 머리를 떠나야 한다. 뇌는 때로 놓아주어 편히 쉬게 하기도 하고 텅 비워 주기도 해야 하며, 배를 젓는 노와 같이 목적을 위하여 저어주기도 해야 한다. 놓고 잡는 것을 잘 할 수 있으면 참으로 지혜로운 삶을 살 수 있게 된다.

명상은 문을 여는 것으로 시작 한다. 우리는 문들을 열고 닫음으로써 존재한다. 명상에 들기 위해서는 육신의 문, 감정의 문, 사고의 문, 마음의 문을 열어주어야 한다. 모든 문이 열리고 틈틈이 氣의 소통이 원활해지고 기운이 충만해지면 육체는 날아갈 듯이 가볍게 되고 정신은 맑아지고 의식은 명료해지며 마음은 어디에도 구속되지 않고 사랑과 평화와 기쁨으로 충만해진다. 그러나 이것이 명상의 완성은 아니며 궁극적으로는 모든 문이 사라지도록 해야 한다. 모든 문이 사라지면 에고적인 자아의 모든 경계가 무너지면서 전체와 온전히 하나가 된다. 에고적인 자아를 주장하는 동안에는 절대로 자신이라는 경계를 무너트릴 수 없으며 전체와 하나가 될 수 없다. 문을 여는 것은 자신을 버리는 것이 아니라 무한하고 영원한 절대적 자아와 온전히 하나가 되는 것이다.

명상법에는 크게 두 가지가 있다. 하나는 의식을 강화시켜 하나로 집중하여 몰입沒入해 들어가는 방법이며, 다른 하나는 뇌 작용을 안정시켜서 무념무상無念無想의 상태로 침잠해 들어가는 방법이다. 즉 하나는 빛을 하나로 모으는 돋보기처럼 대상에 집중하는 방법이며, 다른 하나는 무념무상無念無想의 상태로 머리를 완전히 비우고 있는 그대로를 관조하는 방법이다. 전자는 불교의 간화선看話禪에, 후자는 묵조선默照禪에 비유할 수 있다. 간화선은 큰 의문을 일으키는 곳에 큰 깨달음이 있다고 하여 공안(화두)을 수단으로 자기를 규명하는 참선법이며, 묵조선은 한 순간에 대오각성^{大悟覺醒}하는 것을 기대하지 않고 자기 속에 내재하는 본래의 청정한 자성에 철저히 맡기는 참선법이다. 여기서 집중법은 모든 외부적 펄스^{pulse}를 하나로 집합시켜서 그 힘으로 대상의 본질을 꿰뚫어버리는 것이며, 무념법은 머리를 텅 비워서 뇌파의 교란이 일어나지 않게 함으로써 대상을 왜곡 없이 있는 그대로 인식하는 것이다. 우리는 명상을 통해서 자신과 사물의 본성을 파악할 수 있다.

그런데, 명상은 대상을 파악하는 것이 목적일까?

우주에는 목적론적^{目的論的} 의지가 있을까?

만약 의지가 없다면 계시^{啓示}는 있을 수 없으며, 단지 명상으로써 우주를 파악하는 이상의 진보는 없을 것이다. 계시가 있다는 것은 우주가 목적성을 가지고 있다는 것을 의미하며, 그 목적은 우주적 진화를 위한 것이다. 명상의 끝에는 대상과의 온전한 합일과 궁극에 대한 깨달음이 있으며, 그것은 계시 형태로 다가오게 된다.

명상수련 시 유의사항

*명상은 집중과 관조를 통해 대상의 본질을 파악하고 그와 하나가 되는 수행법이다.

*명상은 고립과 폐쇄가 아니다. 통합이고 개방이며, 본질을 이

해하며 전체를 통찰하는 것이다.

*명상은 의식세계를 약화시켜 무의식의 세계를 떠오르게 하여 직관과 영감을 통해 내면세계를 직시함으로써 본질을 깨닫고자 하는 것이다.

*명상은 흔들리기 쉽고 방황하기 쉬운 마음을 고도의 훈련을 통해 통제하고 다스려 나가는 것이다.

*명상은 집중과 통제, 관조와 통찰을 통해 마음의 실체를 깨달아 스스로 마음의 주인이 되도록 한다.

*명상은 자기연구와 성찰, 예민한 관찰을 위한 기술이며, 무한성과 절대성과 근원에 대한 추구이다.

*명상은 신체의 물리적 작용에 관한 관찰이며 정신 상태에 관한 연구이고 심오한 사색이다.

*명상은 처음부터 끝까지 의식적으로 깨어 있어야 한다. 대상에 대한 완벽한 분리가 먼저이며, 그 후 그에 대한 파악과 이해가

뒤따르도록 한다. 이런 과정을 통해서 명상자는 그 대상과 하나가 되어간다.

*명상을 통해 몸, 숨, 감각, 감정, 생각, 마음을 통제할 수 있게 훈련해야 한다. 몸의 통제로 늘 바른 자세와 균형을 유지하며 긴장과 이완을 조화롭게 조절하도록 하고, 숨의 통제로 몸통을 열어주어 숨이 온몸 구석구석에 스며들도록 하며, 감각의 통제를 통해 모든 감각은 모두 살려낸다. 그리고 감정 통제로 감정의 부림에 휘둘려지지 않도록 통제하고, 생각 통제로 머리를 떠나 생각에 잡히지 않도록 하며, 마음 통제를 통해 마음을 잔잔한 호수와 같이 하여 사물의 본성을 비추어보도록 한다.

*명상은 몸을 정복하는 것에서 시작하여 숨을 다스리는 단계로 나아간다. 숨을 다스려 마음의 움직임을 통제하고, 마음의 안정으로부터 건전한 판단력을 키우며, 건전한 판단력으로 옳은 행동을 하며, 완전한 인식을 통해 우주적 자아와 합일한다.

명상수련의 효과

*명상은 몸과 마음의 긴장과 불안을 없애주며 안정과 평온, 지혜와 힘을 가져다 준다.

＊명상은 몸의 불필요한 긴장을 풀고 혼란한 사념을 잠재움으로써 가장 짧은 시간 내에 피로감과 스트레스를 해소하고 생명의 에너지가 충만하게 해준다.

＊명상은 활력이 넘치게 하며 의식이 깨어 있고 균형잡힌 상태에 놓이게 한다. 또한 식욕, 수면욕, 성욕 등의 생리적 욕구뿐만 아니라 질병과 분노, 탐욕, 탐닉, 자만, 질투의 감정으로부터도 자유롭게 한다.

＊명상은 목적의식을 뚜렷하게 하며, 의지력을 높이고 집중된 사고력을 기를 수 있게 한다.

＊명상은 주의 깊은 인식의 상태로 명상하는 사람의 영혼은 깨어 있으나 감각은 통제되어 있어, 이를 통해 대상을 꿰뚫어볼 수 있는 통찰력을 갖게 한다.

＊명상은 사고의 파동을 멈추고 깊이 관조함으로써 대상에 대한 편견과 환상으로부터 벗어나 본성과 본질을 이해하고 깨닫게 한다.

＊명상은 구속되고 왜곡된 자아로부터 초월하여 절대적인 우주

적 자아와 만나게 한다.

* 명상은 억압과 굴레에서 해방과 자유로 가는 길을 열어준다.

* 명상은 완벽한 자기통제와 자아해방의 방법을 제시한다.

명상법에는 수없이 많은 방법이 있으나 우주영제도를 위한 명상법으로는 수數와 숨을 따르는 수리명상, 소리에 집중하는 소리명상, 대상을 지켜보는 관조명상, 氣를 조종하는 결인명상, 우주운동에 집중하는 회로명상 등을 주로 한다.

단, 명상법은 직접적인 지도가 요구되므로 여기서는 모든 행법에 의식을 집중하는 것으로 대신 한다.

완전 이완법

우리는 대부분의 삶을 긴장과 흥분 속에서 살아간다. 외부로부터의 위험에 대처하기 위해서, 또한 자신의 내적 욕망을 이루어내기 위해 우리는 끊임없는 흥분과 긴장 속에서 살아간다.

몸과 마음의 과도한 흥분과 긴장은 스트레스가 되어 자체 정화가 불가능 할 정도의 심각한 불균형 상태에 이르게 한다. 이러한 상태가 계속되면 인체는 저항력이 떨어져서 병이 발생된다. 우리는 긴장이 몸에 배어 있어서 크게 긴장해야 할 이유가 없음에도 불구하고 자신도 모르게 긴장을 풀지 못하고 살아간다. 불필요한 긴장을 풀고 정말 편안히 휴식할 수 있어야 한다. 휴식은 그저 쉬는 것이 아니라 정확한 방법을 터득하여 적극적으로 즐길 수 있도록 해야 한다.

완전이완은 우리를 신선하게 하고 힘이 넘치게 하며 여유롭게 하며 사랑이 가득하게 한다. 완전이완은 근육의 긴장을 풀어주고 걱정과 격정과 두려움을 떨쳐내고 마음의 평온을 이루게 한다. 또한 완전이완은 온몸에 완벽한 휴식을 제공하며 불필요한 에너지의 낭비를 막을 뿐 아니라 오히려 에너지를 충족시킨다.

완전이완은 넋을 놓고 있는 상태와는 엄격히 구분되어야 한다. 완전이완의 상태에 이르면 우리의 몸과 마음은 '참나'를 찾아가기 시작한다. 완전이완을 하기 위해서는 먼저 몸이 완전한 침묵의 상태에 도달하도록 해야 하며, 다음으로 숨의 부드러운 움직임을 통제하고, 그런 다음 마음과 감정이 침묵에 이를 수 있게 훈련해야 한다. 즉, 몸은 정지시키고 감각과 감정과 마음은 고요하게 하는 한편 의식은 뚜렷하게 살아 자신을 지켜보도록 해야 한다.

몸과 마음을 긴장시키는 것보다 이완시키는 것이 오히려 어렵다. 지금 주먹을 꽉 쥐고 힘을 최대한 주어보라. 그런 후에 주먹을 풀고 완전히 이완시켜 보라. 언뜻 보면 힘을 빼는 것이 쉬울 것 같지만 사실은 그 반대이다. 완벽한 이완과 휴식을 정확히 온몸으로 익히고 터득하도록 해야 한다.

완전호흡 시 유의사항

*완전이완을 위해 마음의 긴장을 풀어서 몸의 틈을 최대한 열어주어야 한다. 그리고 열린 틈으로 기운이 활기차게 흐르도록 의식을 집중한다.

*완전이완은 숨으로 조종한다. 숨이 양쪽 콧구멍으로 고르게 흐르는지 유의한다. 고요하게 숨을 들이쉬기 시작하여 부드럽고 깊게 그리고 좀 더 오래 숨을 쉰다. 길고 부드러운 내쉬기는 신경과 마음을 고요하게 한다. 고요함이 찾아 들 때까지 깊고 천천히 오래 들이쉬기와 내쉬기를 계속한다.

*고요함이 느껴지면 심호흡을 중단하고 숨이 스스로 흐르게 둔다. 완전이완은 내쉬기가 중요하다. 내쉬기가 완벽해지면 숨이 모공에서 베어 나오는 느낌이 들게 되는데, 이것은 완전하게 이완되었다는 표시이다.

*완전이완은 자신의 몸을 사랑스러운 마음으로 바라보면서 즐거운 마음으로 행하는 것이 무엇보다도 중요하다

완전 이완법의 실제

완전이완을 위해 의식을 이동해 가면서 신체 각 부분의 긴장을 풀고 버려나간다.

1. 천정을 향해 머리와 몸통이 일직선이 되도록 눕는다.
이때 온몸의 긴장을 완전히 풀어내어 바닥에 닿는 몸(등)의 표면적이 최대가 되도록 한다.

2. 양팔과 다리를 몸통에서 분해하여 멀리 던져버리듯이 최대한 멀리 놓는다. 숨을 크게 들이쉬면서 양 발에 의식을 집중한 다음 숨을 내쉬면서 긴장을 풀고 양 발을 의식으로 버린다.

3. 무릎과 골반을 같은 방법으로 이완한다.

4. 양손과 팔, 어깨를 같은 방법으로 이완한다.

5. 등, 복부, 가슴을 같은 방법으로 이완한다. 이완할 때 물이 땅

바닥에 스며들듯 몸 전체의 긴장을 풀어지게 하여 몸이 바닥으로 스며들어가서 없어지는 것을 느끼도록 한다.

6.목의 긴장을 풀고 이어서 얼굴의 긴장을 푼다. 다른 부위의 긴장이 풀어졌더라도 얼굴 부위의 근육이 긴장되어 있다면 아직 의식이 긴장되어 있다는 증거이다. 미간을 펴고 눈가와 입 주위로 의식을 옮겨가면서 긴장을 풀어낸다. 이렇게 하여 온몸의 긴장이 풀어지고 뇌까지 휴식에 들게 되면 비로소 완전이완에 이르게 된다.

완전이완의 효과

*완전이완은 몸과 마음의 불필요한 긴장을 풀고 틈을 내어줌으로써 평온과 활력을 불어넣는다.

*완전이완은 자신을 비우고 깊고 고요하게 한다.

*완전이완은 긴장된 몸을 유연하게 풀어주어 몸과 마음이 평온과 활력을 되찾고, 그러한 내적 평온의 상태에서 본래의 자기 모습을 볼 수 있게 한다.

*완전이완은 모든 자세 중에서 완벽하게 터득하기가 가장 어

렵다. 그러나 가장 신선한 활기를 북돋아 주며 보상도 크다.

*완벽한 이완상태에 놓이게 되면 몸과 마음과 의식이 우주의 근원을 향해 움직이게 된다.

*완전이완을 통해 침묵을 터득해야 한다. 침묵은 살아있는 고요함이다. 몸과 감각의 침묵, 감정과 생각의 침묵, 그리고 마음의 침묵을 통해 절대적이며 무한하며 순수하며 완전하며 완벽한 근원과 만날 수 있도록 한다.

*완전이완은 몸을 정지시키고 감각과 감정을 고요하게 잠재우며 생각은 끊되 의식은 깨어있어 마음의 중심으로 들어가게 한다.

*완전이완을 통해 먼저 '물리적인 몸'을 침묵시키는 법을 익혀야 한다. 그 후, '정신적인 몸'과 '영적인 몸'을 고요하게 만드는 과정으로 나갈 수 있다.

*몸이 완전한 고요에 도달하는 것이 우선 조건이며, 이것이 마음의 고요에 도달하는 기본이다. 몸의 모든 부분에서 차분한 느낌을 못 느낀다면 마음의 해방은 있을 수 없다. 몸의 고요가 마음의

고요를 가져다 준다.

*완전이완은 몸과 마음을 자아 속으로 깊이 침잠되게 한다. 의지력을 이용하여 감각, 감정, 생각을 고요하게 하도록 한다.

*감각이 고요하게 침묵하면 욕망이 사라지면서 우주적인 자아가 빛나게 되고, 감정과 생각의 흔들림이 조용하게 가라앉으면 모든 욕망에서 벗어난 근원의 자아가 표면으로 떠오르게 된다.

*완전이완의 목적은 몸과 마음을 고요하게 휴식하게 하게 하는 것이다. 내외적으로 동요가 일어나면 조화와 균형은 깨어지고 생명에너지가 불필요하게 낭비된다.

*완전이완을 제대로 터득하면 무시간성과 무공간성을 경험하게 된다. 그리고 적멸과 같은 고요함과 내외적 통일감을 경험하게 된다.

*완전이완을 성공적으로 끝내고 정상 상태로 돌아왔을 때는 온몸에 활력이 넘치고 정신이 맑으며, 사랑과 평화와 기쁨과 행복감으로 충만하게 된다.

*완전이완을 바르게 행하면 몸과 마음에 활력을 주어 활기차고 창조적이게 한다.

완전이완에서 특히 주의 할 것은 마무리다. 완전이완 상태에서 정상적인 상태로 돌아오는 데는 시간이 걸리므로 몸과 정신이 정상적 활동을 시작할 수 있을 때까지 고요하게 자신을 지켜보도록 한다.

완전이완이 완성되면 어느 순간 육체는 완전히 분해되어 사라져버리고 의식은 깊고 고요해지며, 온 몸을 싸고 도는 충만한 기운으로 인해 무게감이 사라지면서 몸이 붕 떠올라 무중력의 우주공간을 부유하게 된다. 물론 실제로 육체가 떠오르는 것이 아니라 기운으로 된 '氣몸'이 떠오르는 것이다. 氣는 가볍고 따뜻하며 구속되지 않고 자유롭다. 따라서 육체肉體가 기체氣體로 화하게 되면 氣몸이 되어 자유롭게 허공을 떠다닐 수 있게 된다. 이 상태가 되면 더 이상 더러운 몸, 짐이었던 몸, 탐욕과 거짓으로 가득 찼던 몸은 사라지고, 말로 표현할 수 없는 안락의 극치에 이르게 되며, 사랑과 평화가 충만하고 온몸이 틈으로 가득하며, 틈마다 우주의 생명력으로 가득 차게 된다. 이 상태에서는 자유롭게 우주를 유영하며 자유와 평온과 기쁨을 누리게 된다. 이것은 에고를 버리고 무한한 우주적 생명력을 받아들여 '참나'와 하나가 된 자만이 느낄 수 있는 참으로 고귀한 선물이다. 이 상태에 이르기까지는 상당한 노력과 훈련이 필요하므로 꾸준히 수련하지 않으면 맛볼 수 없다.

chapter2
의식각성

내면의식 관조법

우리가 깨어 있는 동안 무엇인가를 생각하거나 느끼는 주관적 체험을 하면서 살아간다. 이렇게 개체가 현실에서 체험하는 모든 정신작용과 그 내용을 포함하는 일체의 경험 또는 현상을 의식^{意識}이라고 한다. 일반적으로 의식은 체험하고 있는 것을 느낄 때에 한해서 사용하며, 자각이 없는 의식은 무의식^{無意識} 또는 잠재의식^{潛在意識}이라고 한다.

우리는 깨어 있는 각성상태와 잠들어 있는 수면상태를 번갈아 경험하면서 살아가는데, 이 각성상태와 수면상태를 연결하는 통로가 꿈이나 기도나 명상 등이다. 우리는 이들에 의해 내재된 무의식 세계와 통하게 되며, 그것은 예지몽(豫智夢)이나 직관, 영감 등을 통해서 의식세계로 드러나게 된다.

의식이 깨어날 때에 가장 주의해야 할 것은 에고에 끌리지 않아야 한다는 것이다. 우리 내면에는 누구나 에고가 자리잡고 있다. 에고는 자신과 동일시된 특정한 감정들과 생각들과 특수한 반응들로 이루어진 반복적이고 고집 센 마음의 왜곡된 의식이다. 이들에게 사로잡히면 사물의 본성을 바로 볼 수 없으므로 에고를 초월하여 순수한 근원의식으로 볼 수 있도록 해야 한다.

우리가 인식할 수 있는 의식세계는 극히 제한되어 있다

그렇다면 의식의 내면에 있는 무의식 세계는 어떻게 되어 있을까? 인간 정신의 진화에 관한 전문가로 널리 알려진 데이비드 호킨스 박사는 그의 저서 〈의식혁명〉에서 '모든 이의 의식이 표층적으로는 분리되어 있으나 가장 심층의 차원에서는 모두가 우주의식이라는 데이터베이스에 연결되어 있으며, 이 의식의 데이터베이스에는 우주에서 일어나는 모든 정보가 하나도 빠짐없이 필름처럼 기록되어 있다.'고 주장한다. 따라서 잠재의식의 차원에서는 모든 사람이 모든 문제의 해답을 알고 있다고 하면서, 그는 우리가 이 순수의식에 접촉하여 무엇이 참된 것인가를 알아냄으로써 의식의 진보와 인류의 화합을 이룰 수 있을 것이라고 했다. 그리고 이러한 새로운 인식에 이르기 위해서는 먼저 모든 것이 측정 가능하다는 전제를 지닌 기존 과학의 패러다임을 넘어서야 한다고 강조했다. 우리의 삶은 하나의 대상으로서 측정되거나 예측될 수 있는 것이 아니며, 인간 행위는 비과학적이라 일컬어지는 '의미'의 차원으로부터 유발된다고 했다. 즉 우리의 삶은 형상을 넘어선 것에 의해 이루어지며, 우리의 행위는 비과학적인 의미의 차원에서 비롯되는데, 이러한 의미의 차원은 곧 잠재력으로 이어진다고 했다. 그는 무형의 힘인 잠재력이야말로 우리 삶을 지탱하는 가장 큰 동인動因임을 강조한다.

또한 그는 우리의 잠재의식은 모든 것을 알고 있으며, 그것은 육체를 통해 드러나는데, 진리와 자비와 사랑과 같은 긍정적인 의식은 우리 몸의 근육을 강하게 하고, 수치심, 죄의식, 자만심과 같은 부정적인 것들은 근육을 약하게 한다고 주장한다. 호킨스 박사는 모든 것을 대상화시켜 측정하려 하는 기존 과학의 입장을 넘어서야 한다고 주장하면서도 그 자신도 인간의 의식을 대상화하여 수치數値로 측정하고 있다. 예를 들어 의식 수준을 에너지 수치로 나타낼 때, 수치심은 20, 죄의식은 30, 슬픔은 75, 두려움은 100, 욕망은 125, 분노는 150, 자만심은 175, 용기는 200, 중용은 250, 자발성은 310, 포용은 350, 사랑은 500, 평화는 600으로 나타낸다. 그는 200을 분기점으로 하여 그 이하는 개인이든 사회이든 파괴적인 에너지를 발휘한다고 보며, 그 이상에서는 내재된 잠재력을 느끼는 건설적인 수준으로, 500 이상은 무조건적인 사랑과 비판 없는 용서의 에너지를 발휘한다고 본다. 600 이상이 되면 전체성을 이해하는 높은 의식을 갖게 되며, 깨달음은 700~1000에서 이루어진다고 본다. 이렇게 의식 수준을 수치로 나타내는 것이 의미 있는 시도임에는 틀림없으나 측정 방법이 주관적이라는 것은 부정할 수 없는 사실이다.

인도의 유가행파琉伽行派에서는 성유식론成唯識論으로 설명한다

성유식론에서는 우리 인간의 인식활동은 신체 감각기관을 통해서 이루어지는 오감과, 정신적인 감응인 제6식에 의해서 주로 이루어지는데, 그 너머에는 일반적인 의식으로서는 파악할 수 없으나 여러 가지 분석을 통해서 그것이 존재한다고 생각하지 않을 수 없는 무의식 세계가 있어 이들과의 상호작용으로 의식 활동이 이루어진다고 본다. 즉, 의식세계 너머에는 다음과 같은 세 층의 무의식 세계가 있어서 의식세계에 직간접적인 영향을 준다고 본다. 제7식은 전식轉識, 혹은 말라식末那識이라고 하는데, 번뇌와 집착으로 현생에서 내생으로 몸만 바꾸어 끝없이 이어가게 하는 주체의식을 말하며, 제8식은 장식藏識, 혹은 아뢰야식阿賴耶識이라고 하는데, 잠재의식과 습관과 업력業力이 축적되어 죽더라도 전생에 있었던 현상을 기억하게 하는 의식으로서 전생과 이생을 연결하는 씨앗 역할을 한다고 본다. 제9식은 진여식^{眞如識}, 또는 아마라식^{阿摩羅識}이라고 하는데, 모든 업장에서 완벽하게 벗어나 영원히 변하지 않는 반야의 세계에 이른 '참나'를 의미한다.

나는 인간의 성층구조로 설명한다

'성층구조의 인간'에서 설명한 바와 같이 드러나 보이는 나의 안과 밖에는 수많은 층들이 겹겹이 포개져 있으며, 이들은 각기 다른 밀도와 정보의 얼개들로 이루어져 있다. 즉 우리는 유형의 몸을 가지고 있으며, 감각기관을 통해 외부세계를 인식하며, 인식한 정보에 의해 감정을 느끼게 되고, 그 감정은 개체의지인 사고(생각)작용을 일으켜서 행위를 판단하게 되고, 사고의 내면에는 개체성품이라고 할 수 있는 마음이 있어 우주근원과 통하고 있다. 개체성품인 마음은 그 사람의 고유한 영적 설계인 제도에 의해 개체성이 결정되며, 영적 설계는 우주운행의 근본 작용력인 氣와 롰의 두 氣작용에 의해 짜여짐으로써 계^{界, 係}가 결정되며, 氣는 우주의 근원이며 본질인 ○으로부터 비롯된다. 그리고 밖으로는 몸을 운행하는 생명장에 의해 생명활동을 하게 되고, 생명장은 삶의 터전인 세상과 어울려 조화를 이룸으로써 살아간다. 여기에서 몸과 생명장과 세상은 밖으로 '드러난 나'이며, 감정과 사고와 마음은 안으로 감추어진 '개체적인 나'이고, 제도와 계와 ○은 '궁극의 나'라고 할 수 있다. 우리가 흔히 의식이라고 하는 것은 바로 감정과 사고와 마음이 이루는 개체적인 나를 의미한다.

세상을 허망하게 생각하거나 현실을 무시해서는 안 된다

우리가 무엇을 하고자 할 때에 가장 중요한 것이 현실을 어떻게 이해하고 수용할 것이냐 하는 것이다. 현실을 무시하는 가르침은 바른 가르침이 아니다. 인도에는 지금까지도 브라만, 크샤트리아, 바이샤, 수드라로 신분을 나누는 카스트caste 제도가 있다. 인도의 신분제도는 힌두사상에서 비롯되었는데, 아직도 신분제도의 잔재는 그대로 남아 있어 그들의 삶을 좌우한다. 카스트제도가 사회를 끌고 가던 시대에서 신분이 낮은 사람들은 아무리 해도 계급이 바뀌지 않으니까 현생을 포기하고 내생을 기약할 수밖에 없었다. 하지만 내생을 위해 현생의 삶을 위해 포기하는 것은 크게 잘못된 것이다. 우리는 지금 바로 여기서부터 천국을 만들어나가야 한다. 이를 위해서 먼저 현실을 바르게 이해하고 현실에서부터 다스려나가야 한다. 지금 여기서부터 다스리는 것이 제도이다. 자신을 다스리면 개체적인 영적 진화를 위한 제도가 되고, 세상을 다스려나가면 세상제도가 된다.

의식각성은 '나'와 '나의 것'을 구별하는 데서부터 시작된다

나와 나의 것을 동일시$^{同-視}$하는 착각이 본질을 흐리게 하고 집착하게 한다. 나의 것이란 내가 소유하는 그 무엇이다. 즉 나의 것은 나와 특정한 관계를 가지고 한시적으로 만나는 대상이지 내가 아니다. 나의 몸은 나의 영혼이 타고 갈 '탈 것'이지 내가 아니다. 나의 몸을 나라고 착각할 때 내 의식은 내 몸에 사로잡히고 집착하게 된다.

그렇다면 내 몸을 타고 조종하는 영혼은 나라고 할 수 있을까?

진정한 의미에서 보면 영혼 역시 진정한 내가 아니다. 영혼은 내가 이 세상에 존재하는 동안 한시적으로 운영할 영적 요소일 뿐 궁극의 내가 아니다. 나의 몸, 나의 부모, 나의 아내, 나의 자식, 나의 친구, 나의 재물, 나의 조국……. 모두가 나와 특정한 관계로 만나고 있는 대상이지 내가 아닌 것이다.

그렇다면 무엇을 나라고 할 수 있을까?

나의 것이라고 할 수 있는 것은 이미 상대적인 것이다. 상대이기에 특정한 관계를 이루게 되고, 한시적인 소유관계가 이루어지는 것이다. 진정한 나는 모든 상대적인 관계를 초월하며, 무엇으로도 제한할 수 없어야 한다.

그렇다면 그것이 무엇일까?

나와 나의 것을 나눌 수 없는 그것, 그것은 바로 나와 나의 것을 초월하고 포함하는 '하나'이다. 우주 궁극인 ○의 차원에서는 나와 나의 것을 나눌 수 없으며, 수없이 나누어도 하나보다 크지 않다. 더 이상 나눌 수 없고, 모든 것을 수용하는 것, 그것이 우주의 근원이며 본질이며 궁극의 '참나'이다. 이것을 깨달아야 진정한 나를 깨닫는 것이다.

우리는 진정한 나를 찾기 전까지 나는 나의 것에서 절대로 벗어나지 못한다. 재물과 나를 동일시하고 있다면 재물에 사로잡혀 있는 것이고, 몸을 나라고 생각한다면 아직 나는 몸에 머물러 있는 것이며, 영혼을 나라고 생각하고 있다면 나는 이제 영혼의 세계에 이른 것이다. 그러나 영혼의 세계 역시 진정한 나는 아니며, 궁극의 본질인 ○에 이르러야 비로소 온전한 '참나'인 '하나'와 만나게 되는 것이다.

의식각성은 다음과 같은 단계를 통해 이루어진다

우리 인간은 매우 다층적인 구조로 이루어져 있어서 각성 또한 다음과 같은 여러 과정을 통해 이루어진다.

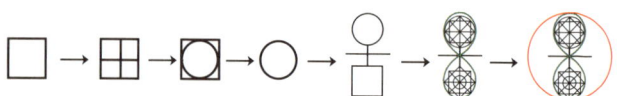

첫 번째 단계는 우리 몸과 터전에 대한 이해와 각성의 단계이며, 두 번째 단계는 몸과 터전을 운행하는 질서인 十에 대한 각성의 단계이고, 세 번째 단계는 몸을 주도하는 영(영혼)에 대해 각성하는 단계이며, 네 번째 단계는 나의 주체이며 근원인 ○에 대해 각성하는 단계이고, 다섯 번째 단계는 근원과 나의 관계에 대해 각성하는 단계이며, 여섯 번째 단계는 근원과의 조화로운 교류에 대해 각성하는 단계이고, 일곱 번째 단계는 근원과 온전히 하나 됨을 각성하는 단계이다.

첫 번째 깨달음은 자신과 존재하는 터전에 대한 각성이다. □은 터전과 구체적인 형상을 가지고 존재하는 사람과 사물을 상징한다. 우리는 터전은 튼튼하게 해야 하고 자신의 몸을 잘 조절하고 조정하여 터전과 조화를 이루어야 한다. 그러나 몸과 물질에만 집착하는 것은 저급한 의식이므로 여기에 묶이지 않도록 해야 한다.

두 번째 깨달음은 자신 속에 모든 것을 운행하는 질서인 十이 내재되어 있음을 각성하는 것이다. 모든 사물과 사람 속에는 분리와 통합, 분화와 파괴, 조화와 균형을 상징하는 十이 들어 있어서 생성되고 유지되며 소멸된다. 우리 몸과 세상 모든 사물은 이러한 법칙에 의해 각자 고유한 명(命)을 가지고 존재한다.

세 번째 깨달음은 우리에게 내재되어 있는 영(靈)을 발견하는 것이다. 모든 몸에는 영이 있어서 몸을 운영하고 조종한다. 영혼의 세계를 부정하는 것은 극히 제한된 물질과 육신에만 삶의 의미를 부여하는 것이다. 몸에는 영이 있어 몸을 주도하며 명이 다하면 영은 본래 자리인 ○계로 돌아간다. 영을 발견하고 인식하는 것이 영적 깨달음의 시작이다.

네 번째 깨달음은 우주 궁극의 본질인 ○을 발견하는 단계이다. 물질과 몸은 물론 우리의 영(영혼) 또한 근원이 아니다. ○이야말로 우리의 근원이며 우주만물의 본질이다. 우리의 몸과 마음과 영혼의 본질인 ○을 찾아가는 길이 영원으로의 시작이며 최상의 깨달음을 위한 시작이다.

다섯 번째 깨달음은 근원과 나와의 관계를 깨닫는 것이다. 이는 ♀을 각성하는 단계로 자신과 우주근원이 상호작용인 상대, 분리, 통합, 상교, 조화, 균형, 일체화를 통해 항존(恒存)하고 있음을 깨닫는 것이다.

여섯 번째 깨달음은 근원과 내가 하나로 통하면서 교류하고 있음을 깨닫는 것이다. 이는 ⚛을 발견하는 단계로 근원과 내가 동시에 파동하며, 서로에게 영향을 주고받음으로써 고도의 영적 진화를 이루어감을 깨닫는 것이다.

마지막 일곱 번째 깨달음은 나와 남을 초월하여 우주적 합일에 이르는 각성이다. 이는 ⚛을 이루는 단계로 근원과 내가 온전하게 하나가 되는 최고의 단계이다. 다만 나는 그로부터 비롯되었고, 그와 나는 하나로 통하고 있어 둘이 아니지만 내가 바로 그가 아니라는 것을 알아야 한다.

자기는 자기 자신을 제대로 볼 수 없다

자기 자신의 뒷모습을 보려면 자기의 눈을 떠난 빛이 우주를 한 바퀴 돌아 자기의 뒤까지 돌아와야 자기의 뒷모습을 볼 수 있다. 그렇기 때문에 자기 자신을 잘 알 수 없다. 그러므로 우리는 초월해서 보아야 하고 그 속을 보아야 한다. 나의 스승이신 한울 큰스승께서는 내게 '무견無見'이라는 법명法名을 주셨다. 그 뜻은 우주만물의 생성과 운행을 주관하는 무無의 세계, 근원의 세계, ○의 세계를 보라는 뜻이다. 무견은 보지 않는 것이 아니라 보이지 않는 세계를 보는 것이며, 법정스님이 좌우명座右銘으로 삼았던 무소유無所有는 어느 것도 소유하지 않는 것이 아니라 세상에 집착하지 않고 궁극의 본질인 무無의 세계를 증득證得하는 것이다.

우리가 느끼고 사고하고 경험하는 저편에는 참으로 깊고 오묘한 우주적 실존實存이 있다. 그는 모든 것을 초월해 있으면서 동시에 모든 것 속에 들어와 작용하고, 모든 것을 쓰면서도 모든 것에 쓰이기도 하며, 완벽한 평온 속에서 도도히 노닌다. 우리가 그를 온전히 이해하고 받아들이기 전에는 우리의 흔들림은 어쩔 수 없을 것이다. 우리 눈에 보이는 현실세계는 보이지 않는 원형原形 또는 모형模型의 세계가 연출하는 장場에 지나지 않는다. 우주의 원형을 알아야 자신을 바로 알 수 있고, 모든 문제의 본질을 깨달을 수 있으며, 새로운 세계를 열 수 있다.

사물을 바로 보기 위해서는 모든 대상을 객관화하여 보아야 한다

자기에게 보여지는 세계는 물론 자기 자신마저도 객관화시켜서 보아야 한다. 지금 자신의 숨을 바라보라. 우리가 살아가는 동안 잠시도 쉬지 않고 숨을 쉬지만 숨에 의식을 집중하기 전까지는 숨을 의식하지 못한다. 이렇게 자동적으로 흘러가는 것들에 제한을 걸어야 한다. 그때에 비로소 숨이 보이고 몸이 느껴지고 생각을 알아차리게 된다. 그때에 그것을 다스릴 수 있는 길이 열리게 된다.

우주는 우주자성에 의해 자율적이고 자동적이며 자연적으로 운행된다. 생명 또한 우주자성을 바탕으로 존재하므로 우리는 이것을 잘 느끼지 못하고 살아가는 것이다. 내가 그 속에 있으면 그것을 제대로 볼 수 없고 흘러가는 대로 두면 절대로 그것을 파악할 수 없다. 그래서 모든 대상을 객관화해서 거울처럼 들여다보아야 한다. 그때 비로소 상대가 바로 보이게 된다. 숨을 보았듯이 지금 자신 자신에게 일어나고 있는 생각을 들여다보라. 지금 무슨 생각을 하고 있으며, 그것이 무엇을 위한 것인지 냉철하게 바라보아야 한다.

대상에 집중하는 것은 매우 중요하다. 때로는 집중하여 관조하고 때로는 초점을 하나에 집중하지 않고 전체를 보아야 한다. 그래야 안팎을 다 볼 수 있다. 그런데 자신이 보는 것은 자신의 필터를 통해 들어온 정보만을 보는 것이라는 점을 잊어서는 안 된다. 어쩔 수 없이 사람마다 고유한 여과회로가 있어서 이것을 통하여 대상을 보게 되므로 자신만의 시각을 갖게 되는 것이다. 이래서는 그 대상을 온전히 파악했다고 볼 수 없다. 그러므로 상대적인 자신의 시각을 내려놓고 우주근원인 氣적 차원에서 보아야 한다. 이때 비로소 대상의 본질을 왜곡없이 볼 수 있다. 그런데 어떻게 하면 ○적 차원에서 볼 수 있을까? 가장 쉬운 방법이 氣를 통해 그 대상의 본질로 들어가는 방법이다. 氣는 우주만물을 운영하는 작용력이므로 氣를 타고 사물의 내면으로 들어가서 사물의 본질을 보고 그것과 하나가 되는 것이 최상이다.

사물의 본질을 깨닫기 위해서는 사물을 객관화하여 보아야 하고, 보고 있는 나를 보아야 하며, 나아가 초월된 자아가 그 모든 것을 지켜보도록 해야 한다.

내재된 의식을 바라보라

우리가 나라고 인식하는 자기 자신은 순수한 본성의 '참나'가 아니라 에고[690]이다. 자기 또는 나로서 경험되는 에고는 지각을 통해 외부세계와 접촉하는 인간성격의 일부분을 말하는데, 에고의 가장 큰 특징은 자신과 대상의 동일시同一視이다. 물질과 동일시하고, 이름과 동일시하며, 대상과 동일시하며, 또한 그것을 인식하는 불안정한 생각과 감정과 동일시한다. 에고는 대상을 있는 그대로 보지 않고 자신의 기준으로 보며 동시에 자신과 동일시한다. 이러한 잘못된 에고가 본질을 가려서 어둡게 한다. 에고는 부질없이 무엇인가를 끊임없이 원하며, 원하는 것이 이루어지지 않으면 부정적인 에너지가 발휘되어 분노하고 적대시하고 비난하고 불평한다. 에고에 빠져있는 한 진정한 자기를 볼 수 없다. 그러나 에고는 환영幻影과 같아서 그것을 인식하는 순간 힘을 잃는다. 에고를 인식하는 자각이 '참나'의 나타남인 것이다. 자각이 에고를 넘어설 수 있게 한다. 자각을 위해서는 매우 깊은 주의력이 필요하다. 끊임없이 자신과 대상을 주의 깊게, 그러나 무심하게 바라보아야 한다.

먼저 자기 자신이 쓰고 있는 용어를 바라보도록 하자.

의식과 무의식 세계는 일상에서 생각하고 사용하는 용어에 의해 표출된다. 따라서 평소 주로 보이고 생각하고 사용하는 용어가 그 사람의 의식 상태를 나타내는 바로미터barometer가 된다. 그러므로 당신이 보고 느끼고 생각하고 쓰는 것이 당신의 현재 상태인 것이다.

예를 들어 당신이 다음과 같은 용어를 주로 생각하고 쓴다면 당신의 의식은 긍정적이고 진취적이며 진리를 추구하고 근원으로 향하고 있는 것이다.

○, 가치, 감동, 감명, 감사, 감성, 개선, 계시, 고마움, 구제, 근본, 근원, 기도, 기적, 도리, 믿음, 배움, 법, 보답, 보람, 본질, 볼앎, 봉사, 빛, 사랑, 사상, 삶, 생명, 성실, 수도, 수행, 스승, 슬기, 앎, 영, 영감, 영원, 영혼, 용기, 용서, 우리, 우주, 은혜, 의로움, 이타심, 자람, 자비, 자신감, 조화, 진리, 진실, 참, 참사랑, 창조, 평등, 평화, 포용, 행복, 화합.

그런데 만약 당신이 다음과 같은 용어를 주로 생각하고 쓴다면 당신의 의식은 부정적이고 보수적이며 세상에 탐욕하고 집착하고 있는 것이다.

간교, 감옥, 강요, 거부, 거절, 거짓, 게으름, 경멸, 고정관념, 고집, 고통, 구속, 군림, 도적, 독, 돈, 매, 무리, 미움, 방황, 배반, 배신, 벌, 변명, 변절, 병, 보복, 복종, 분노, 불안, 불평, 비난, 살기, 시기, 심통, 억압, 욕망, 원망, 유혹, 이기심, 이간질, 이용, 인색, 자만, 자멸, 저주, 적, 좌절, 지배, 질투, 집착, 착각, 추락, 타락, 탐욕, 허망, 혼돈, 환상.

이것을 기준으로 비추어 보면 현재의 상태나 자신의 의식수준을 알 수 있다. 부정적인 의식은 생명 에너지의 감소를 가져와서 생명력을 감소시킨다. 그러므로 우리는 드러나는 표면의식을 관찰함으로써 자신의 내면의식을 바르게 파악하여, 부정적인 의식을 긍정적인 의식으로 전환해 가야 한다. 우리가 이것에 실패하면 절대로 지금의 자신을 바꿀 수 없다.

비우고, 지켜보고, 알아차리고, 그와 하나가 된다

우리의 의식성장과 진행은 대상과의 만남, 대상에 대한 관찰, 대상에 대한 인식, 그리고 대상과의 관계조정을 통한 대상과의 합일의 순으로 이루어진다. 모든 관계는 만남에서부터 시작된다. 만남은 교류가 첫 번째 목적이다.

교류를 위해서는 먼저 자신을 비워야 한다. 이미 차 있는 것은 어떤 것도 받아들이지 못한다. 받아들이기 위해서는 몸을 비우고 생각을 비우고 마음을 비워야 한다. 비우기의 근본은 열고, 낮추고, 굽히는 것이다. 상대보다 자신을 낮추고, 겸손하게 굽히며, 매사에 감사하는 데서 참된 비움이 일어난다. 절을 하는 것은 자신을 열고 비우고 낮추고 겸허하게 함으로써 진리를 받아들이려는 자연스러운 행위다.

다음에는 대상을 고요하게 지켜보아야 한다. 지켜봄으로써 대상에 대한 바른 지각知覺이 일어나도록 한다. 고요하지 못하면 대상을 바르게 볼 수 없다. 고요함을 유지하기 위해서는 먼저 감정感情을 잘 다스려야 한다. 감정은 우리를 살아있게 하는 더없이 소중한 보물이지만 동시에 우리를 끊임없이 흔들어 놓는 요인이기도 하다. 감정은 섬세한 센서Sensor와 같고, 파도와 같아서 끊임없이 운동하며 고요히 머물려 하지 않는다. 이런 감정이 뛰노는 동안에는 절대로 사물을 바로 볼 수 없다. 그러므로 사물을 바르게 보려면 감정을 잘 다스려야 한다. 감정은 압력에 민감하게 반응한다. 순화되지 못한 감정은 폭발하여 격하고 거칠게 일어나므로 일상에서 감정을 잘 다스려서 불필요한 에너지가 내부에 쌓이지 않도록 해야 한다. 흔들리는 감정을 다스리는 데는 숨 조절이 매우 유효하다. 숨은 몸과 마음을 잇는 다리와 같아서 숨을 잘 다스리면 감정을 다스릴 수 있다.

다음에는 흔들리는 감정으로부터 재빨리 사고思考로 전환하도록 해야 한다. 그대로 반응하려는 감정을 다스리지 못하면 반드시 잘못된 판단을 하게 되므로 요동치는 감정을 잘 다스려서 냉철한 이성으로써 올바른 사리분별을 하도록 해야 한다. 잘못된 사고思考는 사고事故를 일으키므로 자신의 가치기준이 이기적이고 편협하지 않고 보다 높은 방향을 향하도록 해야 한다. 그 다음은 자신의 결정을 마음으로 비추어 보도록 한다. 이 모든 것을 비추는 마음은 반드시 근원과 통하고 있어야 한다. 마음이 근원에서 벗어나면 또 다시 에고가 조종하는 편협한 자기 속으로 함몰陷沒하게 되기 때문이다. 이렇게 자신을 비우고 대상을 깊이 관조하고 자신과 대상과의 관계를 바르게 파악하여 우주도리에 따라 행하면 저절로 참나가 깨어나 그와 온전히 하나가 된다.

수數 조종법

수 조종법은 수에 대한 연상을 통해 집중력을 높임과 동시에 진행의 맥脈을 잡아 조종하는 수련법이다.

수는 우주도리를 실행하는 근본 바탕이다. 그래서 주역周易에서는 우주의 생성과 운행의 법칙을 모두 수리로 설명하고 있으며, 천부경天符經에서도 역시 수리로써 만물의 이치를 설명하고 있다. 세상에서 수를 잘 이행하고 수를 자유자재 했던 민족은 크게 성했으나, 수에 대한 개념이 희박하거나 무시했던 민족은 역사의 뒤안길로 사라져 갔다. 한 개인이 세상에 바르게 서는 것도, 한 나라가 망하는 것도 모두 수가 기본이며 바탕이 된다. 그러므로 수를 가벼이 여기지 말고 수에 대한 개념을 바르게 세우고 아울러 수를 조종할 수 있어야 한다.

수는 수^{數}이며 숫자이며 순서이며 '할 수 있다'는 가능성^{可能性}의 의미를 모두 갖고 있다. 동시에 수는 수도와 수련의 기본이며 토대가 되므로 수를 모르고 수도할 수 없으며, 수를 다스리지 못하고 주도할 수 없다. 또한 수는 수정과 수양과 순서와 술수의 바탕이 된다. 수가 정해짐에 따라서 사물마다 고유한 특성을 갖게 되며, 수를 수정함으로써 정정^{訂正}하게 되고, 알은 수정^{受精}을 통해 생명으로 난다. 수양은 자신을 갈고 닦는다는 의미와 함께 수의 운영을 자유자재 한다는 의미와, 순서를 바르게 함으로써 세상에서 바로 세울 수 있다는 의미를 포함한다. 수는 풀어서 운영하면 술^{術}이 되니 세상에서 보면 의술, 예술, 무술, 기술 등 모든 것이 수로써 운행되므로 우리는 모든 수를 자유자재로 열고 닫음으로써 여의화할 될 수 있다.

우주만물은 수량형질^{數量形質}에 의해 성품이 결정되고, 순위격식^{順位格式}에 따라 운행된다. 수는 순서를 정하는 근본이 되며, 순서는 수가 질서 있게 운영되게 한다. 모든 생명의 생성, 소멸은 순서에 따르며 순서가 어긋나면 생명으로 날 수 없다. 씨가 순서를 어기면 나무가 되지 못하며, 수정란이 수정되는 과정이 뒤엉키면 생명으로 나지 못한다. 모든 것은 우주도리^{宇宙道理}에 따라 철저히 순서에 따르고 질서를 지키면서 운행된다.

수가 순서를 지킬 때 순리^{順理}가 되며, 순서를 거스를 때 역리^{逆理}

가 된다. 그래서 명심보감에 이르기를 '순천자順天者는 흥하고 역천자逆天者는 망한다.'고 했다. 만약 만물이 순서를 지키지 않고 무질서 하게 운행된다면 세상은 파멸을 맞게 될 것이다. 만물을 받아주는 토대와 그 위에서 운영되는 사물이 서로 우위를 주장하여 순서가 뒤바뀌게 되면 토대도, 토대 위에 존재하는 모든 사물도 결코 존재할 수 없을 것이다.

수는 소素들을 불러 모아 불태운다

수는 소들을 불러내어 수명을 짠다. 그래서 수명受命, 壽命, 數命이라고 한다. 수數를 한자로 보면 여성성을 가지고 만물을 수용하고 있는 사물을 두드려서 그의 내부에 내재된 창조성을 일깨워내는 모습이다. 근원인 ○계는 소素들로 이루어져 있으며 물질계인 세상은 수로 이루어져 있다. 소는 작용력이 자신 속에 내재되어 있는 것이며, 수는 그 작용력이 밖으로 풀어져 나오는 것이다. 수는 이미지로 설계되어 있는 素를 수리에 맞게 풀어내어 실행시키는 것이며, 세상에서 실행된 수는 다시 ○계로 돌아가서 새로운 의미와 이미지로 내재된다. ○계에서 소를 풀어내고 세상에서 수리화하여 운행되며, 그것은 다시 ○계로 돌아가 내재되는 것이다. 즉, ○계에 내재된 정보와 힘이 우주적 자성自性에 의해 스스로 돌게 됨으로써 소들은 그 작용력을 밖으로 드러내게 되며, 드러낸 작용력은 질서와 균형과 조화를 바탕으로 하는 우주도리에 의해 모여서 형상을 이룸으로써 각각의 이름을 갖게 되고, 세상에서 소들을 다 태우고 나면 다시 근원으로 돌아가게 된다. 이처럼 소와 수는 서로 무한고리처럼 꼬여서 밀어주고 끌어주면서 상호 작용한다.

수의 세계에서는 소들을 불러 모아서 명을 이루고 수를 써서 명을 실행한다. 이렇듯 수와 소가 서로 어울려 세상을 돌리며 운행하니 세상은 수소가 불타는 불바다이다.

수련방법

1단계: 머릿속으로 숫자 1,2,3,4,5…연상하면서 계속 흘려 보낸다. 숫자가 끊어지지 않고 물 흐르듯이 흘러가게 하는데, 숙달됨에 따라 점차 빠르게 흘러가도록 집중한다.

2단계: 숫자를 순서대로 흘러가게 하지 않고 자연스럽게 떠오르는 숫자를 연상해 간다. 이때 떠올리는 숫자의 순서를 너무 건너뛰지 않도록 주의한다.

3단계: 흘러가는 숫자 중에서 어느 특정한 숫자에 집중한다. 한 동안 그 숫자에 집중하다가 다시 흘려 보내고 그러다가 다시 잡는 것을 반복하여 계속한다.

수를 헤아리는 시간은 3분을 기본으로 시작하여 점차 늘여간다.

수를 헤아리는 수련을 통해서 집중력이 강화되고 수를 통제할 수 있게 되면 수를 조종해서 자신이 풀어야 할 문제를 직접 해결할 수 있다. 그 방법은 먼저 자신이 풀어야 할 문제의 핵심을 정확하게 정한 다음에 그 문제를 풀 숫자를 마음에서 떠올리고 거기에 집중하면서 氣를 운영하면 그 결과를 명쾌하게 볼 수 있다. 氣운영은 자동동작이나 회로를 통하면 된다.

몸섬 운기법

몸섬 운기법은 氣작용에 의해 분화, 조합하여 생명체가 되는 전 과정을 운기하는 방법이다. 몸섬 운기법은 비우기에서 시작하여. 채우기, 기울기, 바루기, 가누기, 꼬이기, 다루기, 나누기, 맞대기, 끌기, 맞추기, 스스로 몸 섬의 12단계를 차례로 운영해 간다.

1단계-비우기

비우기는 모든 감각적 존재로부터 초월하여 현묘하고 보이지 않으며 보이는 것으로부터 자유로운 ○의 상태로 돌아가는 것이다.

방법: 비우기는 먼저 바르게 앉아서 호흡에 집

중하는 것으로 시작한다. 의식을 호흡에 집중하되 날숨에 더욱 집중하여 행한다. 숨을 서서히 그리고 완전히 내쉬면서 내부의 탁기, 잡기, 독기 등을 다 내 보낸다. 점점 깊어짐에 따라서 몸의 긴장이 풀어지게 하고 감정을 가라앉히고 잡스러운 생각을 잠재우도록 한다. 이렇게 하여 몸과 마음에 충분히 틈을 내어 주는 것이 비우기의 핵심이다.

2단계-채우기

비워지면 채워지는 것이 우주의 근본 운동이며 도리이다. 氣가 채워지는 것은 비워져 있기 때문이며 중심이 있기 때문이다. 중심은 회전(소용돌이 운동)하면서 氣를 중심으로 끌어들인다. 채우기는 비워진 내부에 맑고 신선한 기운을 가득 채워 넣는 것이다.

방법: 채우기는 비우기의 상태에서 들숨에 집중하여 기운을 받아들이는 것이다. 숨을 통하여 氣를 받아들이되 욕심으로 무리해서는 안 된다. 감사하는 마음으로 서서히 깊게 그리고 충분하게 받아들이도록 한다. 맑은 기운이 온 몸 구석구석 스며드는 것을 느끼도록 한다.

3단계-기울기

만물은 그 중심이 고정되어 있지 않고 기울어 짐으로써 변화하고 발전하게 된다. 존재하는 모든 것은 어느 것도 완벽하게 고정되어 있는 것은 없다. 모든 것은 중심을 향해 돌아간다. 따라서 외부의 氣가 내부에 집적되는 과정에 있어서도 하나의 중심에 고정되지 않음으로써 어느 한쪽으로 기울어지게 된다. 이 과정에서 상하, 좌우, 전후의 세 축과 내외로 기운이 이동하면서 균형을 이루어 나간다.

방법: 氣가 내부에 집적되는 과정에서 상하, 좌우, 전후의 세 축과 내외의 흐름을 관찰하고 흐름을 조화롭게 다스려 나간다.

4단계-바루기

氣가 분화하여 안정을 이루면 내적 균형을 이루게 되고 그것은 다시 가장 바깥층과 가장 내부층, 그리고 그 사이의 층으로 나누어지면서 세 개의 층위로 분화된다.

방법: 내부에 충만하게 집적된 기운이 다시 자체 분화하여 세 개의 층을 이루어 가는 과정을 감지하고 다스려 나가도록 한다.

5단계-가누기

세 개의 층위로 분화된 氣는 다시 변화, 발전하여 중간층이 두 개의 대사체로 변하여 내부와 외부를 이어주고 대사한다.

방법: 중간층의 기운을 나누어 내외를 연결하는 기운으로 바뀌도록 氣를 운행한다.

6단계-꼬이기

氣의 대사 작용은 무한고리 모양으로 꼬이면서 진행된다. 꼬이는 운동이야 말로 모든 생명현상을 이루는 근본이며, 진화의 기본공식이다. 꼬임으로써 안이 밖이 되고 밖이 안으로 들어올 수 있다. 세상 모든 것은 이 꼬임현상에 의해 엮고 풀면서 살아나고 사라지며, 변화하고 발전한다.

방법: 꼬임현상에 따라 氣를 엮고 풀어내도록 한다.

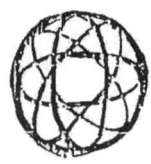

7단계-다루기

앞의 과정을 통해 내부의 氣는 이제 가장 심층부의 기운까지 완전히 활성화되어 전체적으로 氣가 활기차게 운영된다.

방법: 가장 심층부의 기운까지 활성화하여 전체가 하나가 되도

록 운영한다.

8단계 - 나누기

이제 내부의 활성화된 기운은 다시 팔방으로 자리를 잡으면서 나누어지게 된다. 마치 태아가 생성될 때 이 시기가 되면 머리와 팔다리와 장부가 생기면서 자리를 잡아가는 것과 같다.

방법: 氣를 분화하여 지정되는 곳에 기운이 집중되도록 한다.

9단계 - 맞대기

맞대기는 무형의 기운과 유형의 두 기운으로 나뉘는 과정이다. 인체에서 보면 정신적이고 영적인 것과 육체적이고 물질적인 것으로 분화되는 과정이라고 볼 수 있다.

방법: 자신의 내부에서 둘로 분화되는 과정을 다스려 나가도록 한다.

10단계 - 끌기

이제 영적인 기운과 육체적인 기운이 서로 이어지면서 서로 끌며 자신에게 필요한 요소를 채워 완성시켜 나가는 과정이다.

방법: 자신의 내부에서 일어나는 이 과정을 바르게 이해하고 다스려 나가도록 한다.

11단계-맞추기

맞추기는 끝기 과정에서의 두 기운을 서로 맞추어 보는 것이다. 서로가 불균형을 이루고 있지 않은지, 부조화스럽지 않은지 서로 맞추어 보는 것이다.

방법: 최종적으로 둘을 맞추어 보면서 조정하고 조절하여 온전한 조화와 균형을 이루어내도록 한다.

12단계-스스로 몸 섬

이제 온전하게 하나의 몸이 생성되었다. 이로써 육체적, 정신적, 영적으로 온전한 몸을 이루어 낸 것이다. 위의 과정은 마치 어머니의 자궁에서 태아가 복잡한 발생과정을 통해 하나의 온전한 생명으로 생성되는 과정과 같다. 氣의 생성과 진행 역시 이러한 과정을 통해 생장수장生長受臟하는 사이클을 이룬다.

방법: 이러한 과정을 통해 내부를 맑고 청결하고 온전하게 비우

고, 맑고 신선한 氣를 받아들여서 조화와 균형을 이루어 온전한 몸기를 형성하도록 한다.

여의 조종법

인간은 누구나 자신이 원하는 바가 그대로 이루어지기를 원한다. 이러한 인간의 욕망을 부추기는 책들이 선풍적인 인기를 누리고 있다. 그 중에서도 〈씨크릿secret〉이라는 책은 대표적이라고 할 수 있다. 〈씨크릿〉에서는 생각, 그 중에서도 긍정적인 생각을 매우 중요하게 생각하며 이것을 출발점으로 한다. 〈씨크릿〉의 요점은 '끌어당김의 법칙'이라고 할 수 있다. 원하는 대상에 생각을 집중하여 계속 끌어들이면 그것이 현실화된다는 것이다. 에너지는 관심을 따라 움직이므로 생각을 형상화하여 일정한 주파수를 계속 방출해야 한다고 말한다. 긍정적인 생각이 힘을 가지므로 부정적인 생각을 버리고 긍정적으로 생각하도록 권한다. 이때 생각을 모니터 하여 좋은 감정인지 나쁜 감정인지를 알아차리고 통제하라고 권한다. 생각은 감정을 유발하며 생각과 감정이 인생을 창조한다고 한다. 또한 몸은 생각의 산물이며 생각은 신체를 바꿈으로 신체의 신호를 자각하고 통제하라고 한다. 여기에서 법칙을 몰라도 되며 다만 구하고, 믿고, 받으라고 한다. 이미 이루어진 상태를 느끼며 감사하는 마음을 가지라고 한다. 기쁨, 행복, 황홀한 기분을 온 몸으로 느끼라고 한다. 신뢰, 사랑, 평화에 집중하고 풍요로움을 축복하고 찬양하라고 한다. 스스로에게 베풀며 자신을 사랑하라고 한다. 또한 육체는 유한하지만 영혼은 영원하며 우리는 인간의 형태로 나타난 신神으로서 창조적 근원에 의해 만들어졌다고 한다. 우주만물이 에너지이며 모든 힘은 자신의 내면에서 나오며, 우리가 도달할 것은 우주가 아니라 마음이라고 한다.

아일랜드의 시인 러셀Russell은 '누구나 자기가 되고 싶은 인물이 되려고 자꾸 생각하면 그렇게 된다.'라고 했고, 고대 로마 황제 마르쿠스 아우렐리우스Marcus Aurelius Antoninus는 '인간의 일생은 그 인간이 생각한 대로 된다.'고 했다. 미국의 철학자 에머슨Ralph Waldo Emerson은 '인간의 일생은 그 인간이 하루 종일 생각하고 있는 그대로 된다.'고 했으며, 아인슈타인Albert Einstein은 '이미지는 지식보다 중요하다. 왜냐하면 지식에는 한계가 있지만 이미지에는 우주를 품는다.'라고 했다. 이러한 개념을 바탕으로 하는 〈씨크릿〉의 끌어당김의 법칙은 대단히 유익하고 긍정적인 측면이 있다. 특히 마음에서 원하는 것을 생각으로 형상화하고 감정으로 느끼며 몸으로 자각하라고 한 것은 에너지의 변환체계를 잘 이해한 것이라고 본다. 그런데 원하는 것을 끌어당기기에 앞서 우리가 이 세상에 존재하는 의미와 자신이 세상에서 무엇을 이룰 것인가에 대한 깊은 통찰이 있어야 한다. 우리에게 그 무엇보다 중요한 것은 존재의 의미와 삶의 가치이다. 이것을 무시하고 무조건 원하는 것을 끌어들이려고만 하는 것은 끝없는 욕망을 부채질할 뿐만 아니라 자칫 허황된 생각에 빠져들게 할 수도 있다. 조건 없이 자신에게 조치하려는 것은 공존의 질서를 무시하고 마구 조종하는 것이다. 무조건 자기가 원하는 것을 이루는 것이 최상이라고 할 수 없다. 중요한 것은 '무엇을 이루고자 하는가?' 이다. 삶의 가장 고귀한 가치는 영적 진화에 있다. 그러므로 저급한 욕망으로 받으려고만 하며 그것에 집착하는 것은 무지한 것이며 우주도리에도 어긋나는 것이다. 〈씨크릿〉에서의 끌어당김 법칙은 또 다른 형태의 여의조종법이라고 할 수 있으나 우주의 근본 도리를 모르고 당기면 오히려 탈이 될 수 있음을 명심해야 한다.

진화의 가장 중요한 요소는 다양성에 있다

세상에는 자신이 원하는 것만 있는 것이 아니라 싫어하는 것도 있다. 성공만 있는 것이 아니라 실패도 있는 것이다. 쓰러져 본 자가 일어나는 방법을 알 수 있게 되듯이 실패가 진리를 깨닫게 하는 바탕이 된다. 밝음은 어둠을 동반하고 성공은 실패를 딛고 일어선다. 검정색과 흰색 사이에는 무한에 가까운 색이 존재한다.

그것이 다양성이다. 다양성이 모든 진화의 바탕이 된다는 것을 잊어서는 안 된다. 인생은 밝음과 어둠이, 성공과 실패가 이루는 한 폭의 그림과도 같다. 세상에서의 성공이 삶의 가치를 결정하는 것이 아니라 영적 진화에 최상의 가치가 있다는 것을 간과해서는 안 된다. 이것이 모든 자의 가장 소중한 삶의 가치가 되어야 한다.

여의 조종법을 하나의 부호로 나타내면 ☯이 된다

우주에는 스스로 氣와 저절로 氣의 두 가지 형태가 있으며, 이들의 상호작용으로 우주질서가 운행된다. 氣는 스스로 존재하고 스스로 운동하는 ○의 자성운동으로서 순수하며 무조건적으로 작용하며, 이와 상대하고 있는 氣는 상대적으로 존재하며 저절로, 조건적으로 작용한다. 이렇게 볼 때, 기도의 방법은 순수한 마음으로 조건을 따지지 않고 정성을 다하여 간절히 구하는 것으로서 결과를 절대의지에 맡기는 것이라고 할 수 있다. 그러므로 그 결과에 대해 자신이 책임지지 않는다. 또 한 가지 방법은 조건을 조종하는 방법으로서 조건을 철저하게 파악하여 수정, 보완하여 도리에 맞게 조종해 나가는 것이다. 이것은 운영의 주체가 자신이기 때문에 자신이 그 결과에 책임져야 한다.

물을 앞에 놓고 끓으라고 간절히 기도만 한다고 물이 저절로 끓지 않는다. 물을 끓게 하려면 반드시 물이 끓을 때까지 열을 가해 주어야 하는 것이다. 물을 기도로 끓게 하려는 것은 사물의 이치를 모르는 것이다. 그렇다고 모든 것을 자신의 생각만으로 재고 판단하려는 것 또한 편협한 시각과 생각으로 전체를 함부로 재는 우를 범할 수 있다. 가장 바람직한 것은 맑고 순수하고 깊은 마음으로 근원의 의지를 알아내고 그것을 이루기 위한 조건을 조달하여 도리에 맞게 조종해 가는 것이다.

이러한 원리를 하나의 부호로 보면 ※으로 나타낼 수 있다. ※에서 보면, 氣와 褧는 十(米)으로 조절되며, 전체는 8으로 하나로 돌아가는 모습이다. ※에서 十은 氣와 褧를 잇고 통하게 하는 ㅣ와 제한하고 통제하는 ―이 조합된 것이며, 여기에 8이 더해진 것은 서로 다른 둘이 어울려서 돌아 들어가고 돌아 나오면서 안팎을 바꾸고 모습을 바꾸며 하나로 돌아감을 의미하는 것이다. 바른 조종은 ※와 같이 서로 다른 두 세계를 도리에 맞게 하나로 돌리는 것이다. 이것이 조건을 조종하는 여의조종이다.

여의 조종법은 ○을 운영하여 뜻하는 바를 이루게 하는 조종법이다

여의 조종법은 인간과 사물에 대한 깊은 통찰을 바탕으로 ○를 운영하여 뜻하는 바를 이루는 조종법으로서 다음과 같은 삶의 전반적인 것을 조종할 수 있다.

생명장의 부조화에서 오는 지장과 탈을 조정한다.

자연치유력을 강화하여 병증을 예방, 치유한다.

감정을 제어하고 감성을 계발한다.

잡념을 통제하고 집중력을 강화한다.

마음을 맑고 고요하고 깊게 한다.

마음이 바라는 것을 이루게 한다.

맑고 높은 영혼이 되도록 한다.

미래를 예측하는 지혜가 생겨나게 한다.

앞에서 말했듯이 우리의 내부세계와 외부세계는 매우 복잡한 성층구조로 이루어져 있으며, 우리는 생명장$^{Life\ field}$이라고 하는 에너지장을 통해서 세상과 교류한다. 여의 조종법은 이를 기반으로 하여 단계별로 조종하는데, 여기에는 여의조종 9단계 과정과 여의조종 심화과정이 있다.

✥ 여의조종 9단계 과정

이 과정은 '성층구조 인간론'에 의거한 9단계 과정을 통해서 氣를 조종한다.

1단계: ○운영

여의조종법은 ○운영으로부터 시작한다. 먼저 몸과 마음의 긴장을 풀고 틈을 내어 주도록 한다. 편협한 생각과 부질없는 탐욕을 버리고 어디에도 집착하지 않는 무심한 상태가 되도록 한다. 그리고 겸허하고 감사한 마음을 갖는다.

다음에는, 호흡을 통해 기운을 다스린다. 내쉬는 숨을 통해 긴장과 스트레스, 아집과 탐욕, 그리고 탁기와 독기 등의 잡스러운 기운을 모두 밖으로 내보내고, 들이쉬는 숨을 통해 맑고 신선한 생명의 기운과 공명정대한 우주정기를 받아들인다. 가능한 고요하고 깊게 숨을 조절하여 육체와 정신과 영혼이 맑고 고요하고 깊어지도록 한다.

다음에는, 양손을 가슴 앞에서 상하로 마주보게 하여 마치 공을 감싸고 있는 모습이 되게 한다. 이때 왼손은 손바닥을 아래로 하여 중단전 앞에 놓고, 오른손은 손바닥을 위로하여 하단전 앞에 놓는다. 그리고 양손 사이에 의식을 집중한다. 몸과 마음이 고요하고 깊어지면 양손 사이에서 회전하는 강한 기운을 느끼게 된다. 이때 손을 움직여서는 안 된다. 양손 사이에서 팽팽하게 기운이 가득 차오를 때까지 고요한 상태를 유지하며 기다리도록 한다. ○운영이 깊어지면 몸과 마음이 맑고 고요해지며 기운이 충만하게 된다.

2단계: 계정돈

계정돈은 '스스로氣'와 '저절로氣'가 조화를 이루도록 조정하는 것이다.

양손 사이에서 발생한 충만한 기운이 어느 순간 자신의 의지와 전혀 상관없이 서서히 움직이게 된다. 이것이 스스로氣이다. 마치 자석이 밀고 당기는 것처럼 밀려가고 끌려오며 상하, 좌우, 전후, 안팎으로 이동하며 모이고 흩어지며 자동적으로 움직이게 된다. 이때 가능한 자신의 의지를 배제하고 자동적으로 움직이는 氣의 흐름에 그대로 맡겨 두도록 한다. 자연스럽게 흐름을 계속 따르다 보면 어느 순간 그 흐름과 상대하여 작용하는 또 하나의 기운을 발견하게 된다. 이것이 상대적으로 운행되는 저절로氣이다. 이때부터 본격적인 계정돈이 시작된다. 한동안 두 기운이 서로 밀고 당기면서 어울리게 되는데, 처음에는 조화를 잘 이루지 못하지만 계속하다 보면 서서히 조화를 이루게 된다.

3단계: 제도보조

제도란 특정한 목적을 가진 기운을 조합한 것으로 설계도와 같은 것이다. 인체에 유전자 지도가 있듯이 각자는 고유한 영적 설계도를 가지고 있다. 집을 짓기 위해서 집의 설계도가 있어야 하듯이 목적하는 바를 이루기 위해서는 그에 따른 제도가 필요하다.

앞 단계의 계정돈이 완료되면 이때부터는 제도와 깊이 통해야 한다. 촛불을 제도 위에 올려놓고 양손으로 불을 쪼이는 자세를 취하고 나서 자연스럽게 운행되는 氣의 흐름에 순하게 따르도록 한다. 이때 '제도명'(氣를 운영하고자 하는 목표)을 확실하게 인식하는 것이 무엇보다도 중요하다. 목표가 선명하게 인식되지 않으면 운영하려는 氣의 초점이 흐려져서 기운이 집중되지 않는다. 목표는 머리에서 나오는 것이 아니라 가슴에서, 마음에서 나오도록 해야 한다. 목표가 확실하게 인식되면 즐겁고 신나고 힘이 나고 용기가 난다. 이렇게 되면 이미 다 이룬 것이나 마찬가지다. 이렇게 될 때까지 계속 의식을 집중하여 제도명이 마음에 깊이 새겨지도록 한다.

4단계: 마음조종

설계도는 실제화되어야 설계도로서의 가치가 있다. 제도를 실현하는 힘은 마음 안에서 일어난다. 그런데, 마음은 스스로 불타는 성품을 가지고 있으므로 잘 통제되어야 한다. 불이 만물을 변화시키지만 통제하지 못하면 오히려 지배를 당하게 된다. 마음조종에서는 순수하고 겸허한 마음으로 제도와 통하도록 해야 한다. 마음에서 거부하면 제도와 서로 통하지 않을 뿐만 아니라 氣의 충돌이 일어나게 된다. 마음조종이 잘 되면 목표가 확연하게 마음에 새겨지고 내면에서 순수한 열망이 타오르게 된다. 순수한 마음으로 氣를 운영하여 마음의 불이 타오르게 해야 한다.

5단계: 생각조종

생각조종을 할 때는 자신이 이루고자 하는 목표의 이미지를 가능한 구체적으로 상상하고 그려내도록 한다. 이미지를 실제에 가깝게 그려낼수록 뜻을 실현시킬 가능성은 더욱 높아진다. 집중된 생각이 氣를 끌어당기며 집적된 기운이 생각을 현실화함으로 氣를 운영하면서 이미지를 더욱 구체화한다.

6단계: 감정조종

감정조종을 할 때는 자신의 목표가 달성 되었을 때의 기분을 가능한 생생하게 느끼도록 한다. 감성이 기운을 활성화한다. 감정이 유발되지 않으면 실행력이 발휘되지 않는다. 감정조종으로 자신이 목적하는 바가 더욱 확장되고 풍요롭게 된다. 계속하여 氣를 운영하면서 이루려는 목표가 최대한 섬세하게 느껴지게 한다.

7단계: 몸氣조종

몸은 모든 정보의 결정체이다. 몸氣를 조종하여 이루려는 목표가 온 몸으로 느껴지도록 한다. 생각과 감정의 주파수를 온 몸으로 느낄 때 생명장이 확장된다. 몸으로 기운을 느낄수록 주파수는 더욱 강렬해지고 운영력이 강화된다. 몸기조종을 통해서 제도명이 온 몸에 선명하게 새겨지도록 한다.

8단계: 생명장조종

생명장은 생명활동을 보장하는 에너지장이다. 건강한 생명장이 건강한 삶을 보장한다. 생명장은 육체적으로 건강하고 마음이 순수할 때 확장된다. 생명장은 평화롭고 사랑이 넘칠 때 확장된다. 생명장은 편협한 생각을 버리고 우주마음을 따를 때 확장된다. 그러므로 내면에서 진실로 기쁨과 행복, 사랑과 평화를 느끼도록 한다. 자신을 싸고 있는 생명장을 온 몸으로 느끼면서 의도적으로 확장해 나가도록 한다. 생명장이 확장될수록 운영력이 커지고 바라는 것이 더욱 가깝게 다가오게 된다.

지금까지의 전 과정이 충실하게 되었으면 자연스럽게 결인 상태에 이르게 된다. 결인 상태가 되면 이제부터는 자동동작을 멈추고 의도하는 것에 집중하여 氣를 보낸다.

9단계: 세상장조종

자신의 생명장이 외부의 세상장과 교류하여 잘 통하도록 氣를 운영한다. 생명장을 운영하면서 자신을 위해 모든 것을 내어주는 대자연과 세상에 대해 진실로 감사하는 마음을 가진다. 대자연과 세상을 아끼고 보살피는 마음에 세상은 긍정적으로 응답한다. 생명장과 세상장이 잘 통하여 하나가 되면 여의조종이 완성되어 바라는 것이 저절로 이루어지게 된다.

이상이 氣를 운영하여 바라는 것을 이루는 여의 조종법 기본과정이다.

✢ 여의조종 심화과정

여의조종 9단계 기본과정을 통해 집중력이 깊어지고 운영력이 강화되면 전 과정을 농축하여 다음의 세 단계로 조종한다.

1단계: 氣운영

　몸기운영은 우주만물의 근본 작용력인 氣를 몸으로 직접 느껴서 그 흐름을 탐으로써 氣의 성질을 파악하고 氣를 농축, 집적, 저장하는 것이다.

　氣운영에서는 순수한 마음으로 氣의 흐름을 타고 따라가야 한다. 가능한 자신의 의지를 배제한 상태로 氣의 흐름을 타도록 한다. 계속할수록 처음의 여리고 희미한 기감이 점점 강렬하고 선명해지며 짙어지게 되는 것을 느낄 수 있게 된다. 이것은 외부의 氣를 받아들여서 자신 내부의 氣와 공진共振함으로써 발생하는 氣의 증폭현상이다. 이러한 과정을 통해 외부의 氣는 자신의 내부를 자극하고 진동시켜서 두루 돌아 전신에 소통되고 또한 내부에 집적되어 기운이 충만하게 된다. 점차적으로 외부에서 밀려 들어오는 기운과 내부에 집적된 기운이 서로 팽팽한 상태로 마주하게 되는 것을 느끼게 되는데, 이러한 상태에 이르기까지를 氣운영이라 한다.

　방법: 먼저, 호흡을 통해서 몸과 마음을 잘 정돈한 후에 겸허한 마음으로 우주 근원인 ○을 받아들이고 그의 작용력인 氣의 흐름에 집중하도록 한다. 양손을 가슴 앞에서 상하로 마주보게 하여 마치 공을 감싸고 있는 모습이 되게 한다. 왼손은 손바닥을 아래로 하여 중단전(단중) 앞에 놓고, 오른손은 손바닥을 위로하여 하

단전 앞에 놓는다. 그리고 양손 사이에 의식을 집중하여 氣를 느끼도록 한다. 양손 사이에서 발생한 충만한 기운이 어느 순간 자신의 의지와 전혀 관계없이 서서히 움직이게 된다. 자율적이고 자연스럽고 자동적으로 운행되는 우주氣의 흐름을 무심한 마음으로 순하게 타도록 한다.

2단계: 氣조정

氣조정은 자신의 내부의 기운과 외부의 기운이 서로 균형과 조화를 이루도록 조정하는 것이다. 氣조정은 내재된 자정능력을 개발하고 활성화시켜 생명력을 강화하며, 氣와 炁를 조화롭게 조정할 수 있도록 함으로써 氣의 운행을 원활히 한다. 이를 위해 자신에게 필요한 기운을 외부로부터 받아들이고 내부의 불필요한 기운을 밖으로 내보냄으로써 내부를 정화하고, 잠재되어 있는 능력을 활성화하며 더불어 안과 밖의 조화와 균형을 이루도록 한다. 氣조정에서는 내외의 두 기운을 밀고 끌며 모으고 흩이며 올리고 내리며 엮고 풀면서 안팎의 두 기운이 조화를 이루도록 운영해 간다.

방법: 氣운영이 깊어지면 氣조정으로 들어간다. 氣조정에서는 우주도리를 짜고 운행하는 두 기운인 '스스로氣'와 그에 상대하여 운행되는 '저절로炁'가 서로 조화를 이루도록 조정한다. 내부의 기운과 외부의 기운이 서로 완벽하게 조화를 이룰 때까지 집중하여

계속 氣를 조정한다. 처음에는 조화를 잘 이루지 못하지만 계속하다 보면 서서히 조화를 이루게 된다.

3단계: 氣조종

氣조종은 자신의 의지로 氣를 조종하여 외부세계를 변화시키는 것으로서, 정화되고 활성화된 내부의 氣를 자신이 의도하는 목적 실현을 위해 주도적으로 운영하는 것이다. 수련이 깊어질수록 조종능력이 구체적이고 정밀해지며 다양해지고 강화되어 氣를 쓸 수 있는 영역이 점차로 확대된다.

氣는 시공을 초월하여 우주만물에 두루 미치므로 능력에 따라 세상만사에 영향을 줄 수 있으나 氣조종은 먼저 우주도리를 깨달아 도리에 맞게 써야 한다.

氣를 조종할 때는 이루고자 하는 목적을 자신의 역량에 맞게 정하도록 하되 단순하게 정하는 것이 좋으며, 가능한 하나로 집중하여 氣를 운영 하는 것이 좋다. 목적을 분에 넘치게 너무 크게 잡거나 한꺼번에 여럿을 이루려 하면 기운이 분산되어 목적하는 바를 온전히 이루기 어렵다. 단순하게 정하고 순수한 마음으로 하나에 집중해야 그 결과를 쉽게 볼 수 있다.

방법: 氣氣조정이 완료되면, 지정한 제도를 앞에 놓고 깊이 통하도록 한다. 촛불을 제도 위에 올려놓고 양손으로 불을 쪼이는

자세를 취하고 나서 제도와 氣태에서 발휘되는 氣의 흐름에 순하게 따르도록 한다. 기운이 충만해지면 움직임이 정지되면서 자연스럽게 결인 상태에 이르게 된다. 결인 상태가 되면 동작을 멈추고 이루고자 하는 목표에 의식을 집중하여 생명장을 계속 확장시켜 세상장과 통하도록 한다. 세상장과 잘 통하면 그와 하나가 된 상태를 느끼게 되고 기운은 고요하게 정돈된다.

여의조종 시 유의사항

*각 단계마다 운영이 완료되면 자연스럽게 양손이 가슴 앞에서 합장이 되거나 무릎에 놓아지며, 운영 중에 발생한 탁기를 내쉬면서 마무리하게 된다.

*氣조종에서는 파동의 에너지를 씀으로 단순한 결인이 나오며, 음파를 쓸 경우 소리가 나올 수도 있다.

*氣운영은 선행후지先行後知하므로 氣를 운영하면서 의미를 알아차리게 되며, 氣조정은 틈(관계) 조정이므로 氣를 운영하면서 상대와 나의 관계를 조정하며, 氣조종은 선지후행先知後行이므로 운영의 목적을 정한 후에 氣를 운영한다.

*氣조절은 氣의 수급을 조절하는 것이다. 모든 것은 자신의 내부세계와 외부세계로 나누어져 있어 상호 대사함으로써 존재한다. 氣대사에 있어 수급^{收給}, 과다^{過多}, 심천^{深淺}, 고저^{高低}, 강약^{强弱}, 완급^{緩急} 등을 무리하거나 모자라게 하면 탈이 되고 병이 됨으로 이를 잘 조절해야 한다.

*여의조종의 핵심은 비우고, 지켜보고, 알아차리고, 행하여 그것과 온전히 하나가 되는 것이다.

*여의조종은 마음에서 바라는 것을 이루는 조종법이다. 그러므로 이루고 싶은 것을 마음 안에서 먼저 이루어지게 해야 한다. 내 안에서 이루어지면 반드시 세상에서도 이루어지게 된다.

*여의조종은 소망하는 것을 이루는 조종이지만 원한다고 무엇이나 할 수 있는 것이 아니고, 할 수 있다고 무엇이나 해서도 안 된다. 가치 있는 것은 가치 있게 써야 하는 것이다.

chapter3
영적 각성

조건 지도

　영적 각성은 육체의식에서 영혼의식으로의 전환에서부터 시작된다. 육체의식은 자신의 본질을 육체로 보는 것이며, 영혼의식은 자신의 본질이 영혼이라고 이해하는 것이다. 자신을 유한한 육체로 인식하는 사람과 영원한 영혼으로 인식하는 사람은 근본적인 차이가 있다. 육체의식을 가진 사람은 물질과 육체에 집착하지만 영혼의식을 가진 사람은 영적 각성과 영적 진화를 삶의 목적으로 한다. 영혼의 세계를 인정하지 않거나 거부하는 사람에게 영적 진화를 기대할 수는 없다.

　영적 각성은 영혼이 깨어나서 우주의 근원의식과 하나가 되는 것이다. 우주영은 우주의식과 우주지성을 가지고 우주적인 시각으로 세상을 보고 판단하고 제도하는 영체이다. 영적 각성은 몸이 깨어나고 의식이 깨어난 이들에게 주어지는 우주본성의 은혜이다.

*영적 각성의 단계는 본격적으로 영적 제도를 이루어 가는 과정이다.

*우주영제도는 인격과 영격의 바탕인 '영'과 '명'과 '몸'을 조정하여 우주영으로 영격을 높이는 영적 제도법이다.

*최선의 길은 스스로 영적 각성을 통해 우주영으로 진화해 가는 것이지만 타고난 영적 바탕이 저급하거나 혼탁하면 고도의 진화를 이루기 어렵다. 이때는 어쩔 수 없이 영적 바탕을 제도(변조하여 재구성)하지 않으면 안 된다.

*우주영제도는 영격을 높여 '참나'를 깨닫게 하고, 세상을 바르게 제도하는데 그 목적이 있다.

*우주영제도는 '조건과 조종'으로 제도한다. 조건을 무시하고

일시에 무조건적으로 영적 바탕을 변조하는 것이 아니라 제반 조건을 고려하여 순차적으로 서서히 제도해 가기 때문에 부작용은 거의 일어나지 않는다.

　*우주영제도 지도는 제도자가 우주영이 되기 위한 조건을 제시하고, 동참자는 조건을 성실하게 수행해 감으로써 우주영으로 영적 진화를 이루게 한다. 즉, 동참자가 시도자의 '본영'과 본영의 바탕인 '모좌'의 영적 설계(프로그램)를 우주도리에 맞게 수정, 보완하여 변조(재구성)해 주고, 변조된 설계를 구현해 내는데 필요한 氣조달과 氣조정을 해주어서 영적 진화를 이루게 한다.

　*우주영제도는 일정한 수준의 영격을 갖춘 사람이면 누구나 가능하지만 무엇보다도 중요한 것은 본인의 적극적인 참여 의지다. 본인의 적극적인 참여 의지가 없으면 제도가 되지 않는 것은 물론 오히려 부조화가 발생할 수도 있다.

　우주영제도는 제도를 원하는 이들에게 우주영이 되기 위한 개인 조건과 공통조건을 제시한다. 개인조건은 사람마다 각자 다른 영적 바탕을 가지고 있기 때문에 별도의 조건이 필요한 것이며, 공통조건은 우주영으로서의 보편적 가치와 공존의 질서를 공유하기 위함이다.

개인조건은 각자마다 개별적인 조건을 보조하는데, 주로 다음과 같은 조건이 보조된다.

- *지도○파견: 지도○, 위술○, 의술○, 9술○, 理○, 표○을 보조함
- *음식보조: 호두기름, 참기름을 먹거나, 화식火食, 생식生食, 채식菜食, 단식斷食, 금식禁食 하게 함
- *氣태보조: 주전자, 소금, 쑥, 솜 인형, 지도, 보자기, 천체도, 첨성대, 숯, 촛불, 초로 만든 배 등을 보조함
- *제도보조: 본영조정 제도, 모좌조정 제도, 추진력강화 제도, 통찰력을 키우는 제도, 문조정 제도, 표제공 제도, 틈조정 제도, 돔조정 제도, 봄조정 제도, 최적의 조건이 되게 하는 제도, 총기강화 제도 등을 보조함
- *氣운영: 지정하는 곳에 가서 지명을 조달하게 함
- *氣조정: 氣지장, 독氣, 氣독, 毒, 토氣, 음氣 등을 제거, 조정함
- *기타: 전생업장 제도, 투정을 금함, 음악에 젖게 함, 춤추게 함, 숨 조절케 함, 소리에 젖게 함, 씨를 싹틔워 먹게 함, 좌보조(씨방석, 못방석, 약방석), 기금氣金운영 등의 조건을 보조함

그리고 우주영제도자의 공통조건은 다음과 같다.

우주의 근본도리를 계시한 '우주천주머릿말씀'과 깊이 통한다.

삶을 지혜롭게 하는 각종 교양 도서를 읽는다.

'성멸제도'와 '업장제도'를 통해 영적 정화를 계속한다.

매일 한 가지 이상 봉사한다.

바른말 바른씀을 생활화한다.

명상과 기도를 통해 우주근원과 통한다.

우주영제도에 있어서 무엇보다도 중요한 것은 본인의 적극적인 참여 의지다. 본인이 진실로 마음을 내지 않으면 바른 제도가 되지 않을 뿐만 아니라 자칫 부조화가 일어날 수도 있다. 그러므로 우주영제도를 원하는 사람은 먼저 진실한 마음으로 원해야 하고 정성을 다해서 제시하는 조건을 성실하게 수행해야 한다.

제도 보조

제도란 존재의 바탕인 설계도를 실제화하여 그려낸 것이다

우리는 제도를 통해서 우주근원의 질서를 파악할 수 있고 그것을 세상에 구현해 낼 수 있다.

우주영제도는 영적 제도를 바탕으로 하며, 제도는 우주의 기본 모형인 옴을 바탕으로 한다. 옴에서 ○은 본질인 ○계이고, □은 ○이 구현된 물질계(세상)이며, ╋은 이 둘을 조절하는 氣계다. ○은 영적 설계인 제도를 보조하고, ╋은 氣를 조절하는 氣태를 보조하며, □은 실제로 존재하는 물질세계에서 지기^{地氣}나 지명^{地名} 등을 보조한다.

우주영제도에서 무엇보다 중요한 것이 영적 설계인 제도다. 우주영제도는 영적 설계를 수정, 보완하여 온전하게 완성해 가는 것이므로 영적 설계의 수정, 보완 여부가 우주영제도의 관건이다. 각자의 설계도(프로그램)는 태어날 때부터 가지고 나온다. 이미 정해져 있는 것이다. 그러나 이것을 바꿀 수 없다고 포기한다면 영적 진화는 기대할 수 없다. 필요한 정보를 보조하기도 하고, 잘

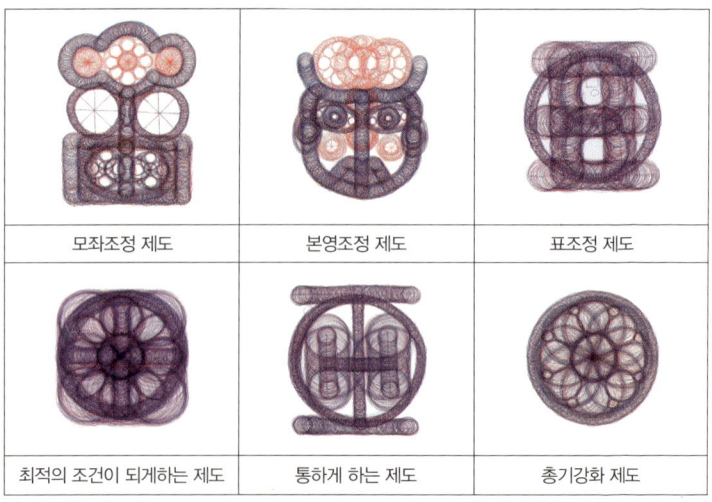

모좌조정 제도	본영조정 제도	표조정 제도
최적의 조건이 되게하는 제도	통하게 하는 제도	총기강화 제도

못된 정보를 수정해서 영적 바탕을 온전하게 해야 영적 진화가 일어나게 된다. 이를 위해 나는 다음과 같은 제도들을 보조해 준다.

제도 보조는 영적 바탕인 '모좌조정 제도'와 '본영조정 제도'를 주로 보조하며, 필요에 따라 여러 제도를 보조해 준다.

제도를 보조하는 것은 영적 프로그램을 짜서 주는 것이다. 이것은 의식의 문제가 아니라 영적 프로그램 자체를 바꾸어 주는 것으로 누구나 할 수 있는 것은 아니다. 그래서 영적 각성을 이룬 제도자가 철저한 점검을 통해 보조해 주어야 한다. 제도를 보조해 주기 위해서는 각자가 가지고 있는 기존의 프로그램을 알아야 하고 그에 맞추어 조건을 점검하여 보조해 주어야 하는데, 이는 영적 세계를 깊이 통해야만 가능하다.

제도는 ○계의 지도조건에 맞게 해야 한다

제도는 우주본질인 ○과 그의 작용력인 氣의 조합으로 이루어지는 계(시스템)를 조건에 맞추어야 할 수 있다. 자신의 제도를 스스로 할 수 없을 때는 지도자의 영적 지도가 필요하다. 영적 지도는 영적 바탕을 알아야 할 수 있으므로 영적 점검을 통해서 영적 바탕을 파악한 후에 그에 따라 수정, 보완하고 조정해 준다. 예를 들어 우주영제도를 시도하는 사람에게 총기聰氣가 필요하다고 점검되면 그것을 제도하여 보조해 주고, 그에 따른 氣태를 주어서

氣를 보조하고, 그 氣를 보조할 수 있는 곳에 가서 지명^{地命}의 기운을 보조하게 함으로써 실행력을 갖게 한다. 사실 제도 보조와 氣태 보조와 지명을 통하는 세 가지가 우주영제도의 핵심이라고 할 수 있는데, 그 중에서 영적 정보를 변조하는 제도 보조가 가장 우선적이며 가장 중요한 것이라 할 수 있다. 영적 진화는 의식의 차원을 넘어 영적 바탕에서부터의 이루어져야 한다. 따라서 영적 설계를 조건에 맞추어 변조하지 않고서는 영적 진화를 기대하기 어렵다.

氣태 운영

모든 사물은 수량형질^{數量形質}에 따라 고유한 기운을 발휘한다

맥주를 만드는 체코의 한 양조업자가 맥주를 담는 둥근 통을 각이 있는 통으로 바꾸자 맥주를 제조하는 방법에는 전혀 변화가 없었음에도 불구하고 맥주의 질이 떨어지는 것을 발견했으며, 독일의 한 연구자는 동일한 상처를 입은 쥐를 원형으로 만든 새장에 놓아두면 더 빨리 치유된다는 사실을 알아냈고, 캐나다의 건축가들은 사다리꼴 모양의 병동에 수용된 정신분열증 환자들이 돌연히 치유되는 것을 발견했다고 한다. 또한 피라미드 모형이 특별한 기운을 가지고 있다는 것은 이미 잘 알려진 사실이다. 피라미드 모형 안에서는 면도날이 재생되거나 내성耐性을 가지며, 탈수현상을 일으켜서 부패하지 않고, 식품의 맛을 좋게 하며, 음식물의 신선도를 향상시키고, 원적외선이 생성되며, 질병의 치료와 의식계발과 집중력을 향상에 효과적이라고 한다. 이러한 현상은 형상이 나름대로 고유한 속성과 에너지를 가지고 있다는 것을 의미한다. 사물마다 형상이 갖는 형상에너지가 있고 위치에 따른 위치에너지potential energy가 있다. 이러한 사물의 고유한 물성物性을 파악하여 이를 기화氣化시켜서 쓰는 것이 氣태다. 즉 氣태는 운영 목적에 따라 수량형질數量形質과 순위격식順位格式을 맞추어 氣를 운영하고 조종하는 氣틀이라고 할 수 있다.

우주는 효율적으로 존재하려 한다

모든 것은 최소의 표면적으로 최대의 부피를 가지려 하며, 최소의 에너지로 최대의 힘을 발휘하려고 한다. 우주만물은 모두 이러한 법칙을 기반基盤으로 존재한다. 우리가 이러한 원리를 이해하고 자유롭게 쓸 수 있다면 아마도 신과 같은 능력을 발휘할 수 있을 것이다. 氣태는 최소의 물질을 써서 최대의 에너지를 발휘하여 쓰는 것으로 이는 우주 존재의 원리와 일치하는 것이다. 우리가 만약 지구를 관통하는 우주 소립자의 차원에까지 이를 수 있다면 우리는 무한에너지를 쓸 수 있게 될 것이며, 우주를 자유자재 할 수 있을 것이다. 이것이 물질계에서는 아직 불가능할지 모르나 氣의 세계에서는 가능한 일이다. 氣를 운영한다는 것은 물질차원이 갖는 제한성을 넘어서는 것이다. 그러므로 우리는 氣운영을 통해서 물질계에서는 상상도 할 수 없는 특별한 능력을 발휘할 수 있다. 특정한 재질로 특정한 모양의 氣태를 만들어 기화氣化시키면 상상할 수 없는 힘을 발휘하게 된다. 이러한 기운을 특정한 사람이나 대상에 연결하면 그에게 그 힘이 계속해서 작용하게 된다. 이것은 마치 전등을 켜 놓으면 그 방안에 있는 사람은 계속 빛을 받는 것과 같다. 이때 푸른색 전구를 켜면 푸른 빛을 받게 되고 붉은색 전구를 쓰면 붉은 빛을 받는다. 무슨 색의 전구를 어떤 강도로 쓰느냐에 따라서 빛의 색과 파동이 달라진다. 빛의 색상과 강도에 따라서 몸과 마음에 미치는 영향 또한 달라진다. 氣를 조종할 수 있는 자는 목적에 따라 氣태를 제작하여 자유롭게 운영할 수 있다.

氣태는 거의 무한대로 쓸 수 있다

에너지를 얻기 위해서는 석탄을 태울 수도 있고 원자를 이용할 수도 있다. 그런데 에너지의 효율성에서 석탄과 원자는 비교가 안 된다. 예를 들어 석탄 1톤을 원자 단위에서 완벽하게 에너지화하면 세계 에너지의 4분의 1을 소비하는 미국이 1년간 사용할 에너지를 충족시킬 수 있다고 한다. 석탄을 완전 연소시키지 못하기 때문에 그만한 에너지를 만들어내지 못하는 것이다. 원자를 이용한다는 것은 물질의 본질을 파악하고 그것을 쓴다는 것을 의미한다. 그러나 사물의 본질을 파악하지 못하면 아무리 쓰고 싶어도 쓸 수 없는 것과 같이 氣태 또한 氣의 세계를 이해 못하면 쓸 수 없다.

모든 것이 조건에 따르듯이 氣태 운영 역시 조건이 따른다. 그 조건은 먼저 쓰는 목적이 정당해야 하고, 목적에 맞게 제작되어야 하며, 氣태를 기화氣化시킬 수 있어야 하고, 도리에 맞게 통제하여 쓸 수 있어야 한다. 모든 것은 영향력이 클수록 위험성도 커진다. 원자력은 매우 효율적이지만 잘 통제하지 못하면 큰 위험이 따른다. 에너지를 극대화하여 쓴다는 것은 상대적으로 강한 폭발력을 가진다. 따라서 氣태 역시 조건에 맞게 제작, 운영해야만 한다.

氣의 통로로 쓰는 것이 氣태이다

이루고자 하는 목적을 위해 설계한 제도가 완성되면 그것을 실제화하여 세상에 구현해 내야 한다. 氣태는 무형의 설계를 실제의 현실세계로 구현해 낼 수 있는 통로의 역할을 한다. 즉 氣태는 제도를 실제화하기 위한 필요한 기운과 정보를 조달하고 조종하면서 제도를 현실세계로 구현해 내도록 한다. 이러한 氣조달과 氣조종을 위한 통로로 쓰는 것이 바로 氣태이다.

氣태는 기운을 모으기도 하고 확산시키기도 한다. 우리는 氣태를 통해서 제도를 실현하기 위한 정보와 기운을 끌어들일 수도 있고 밖으로 확장시켜서 쓸 수도 있다. 氣태는 목적에 따라서 지정되는데, 어떤 氣를 어떻게 조절할 것인가에 따라서 정해진다. 우리는 이러한 氣태 운영을 통해서 사물의 물성物性을 이해하고 氣를 조종하는 법을 배우고 터득할 수 있다.

氣태에는 건강보조나 일상생활 등의 생명장 조정을 위한 氣태와, 수련과 수도 및 우주영제도 등의 영적 진화를 보조하기 위한 氣태가 있다. 우리는 氣조종의 목적과 조건에 따라 다양한 氣태를 만들어서 쓸 수 있으나 여기에서는 주로 우주영제도를 위한 氣태를 설명하고자 한다.

우주영제도를 위한 氣태

다음은 우주영제도를 보조하기 위한 氣태다. 한울 큰스승께서는 우주○초대를 위한 氣태를 공리公理로 만들어 주셨다. 우주○초대를 위한 氣태는 사각형의 금판 두 개와 원형판 한 개로 구성되는데, 사각형의 금판에는 부모가 아이에게 주고 싶은 글을 새겨주고 크면 목걸이로 만들어 걸게 한다.

우주○초대 기태

나는 여기에 별도의 氣보조를 위해 정육면체의 나무통을 만들어 통하게 하고 있다. 정육면체 나무통의 각 면을 4등분하여 욹(조립된 우주 모습)를 구성하는 기본 요소인 ㅍ, ㅐ, ㅈ, ㅜ 네 부호를 새겨 넣고, 통 속에는 별도로 '지도 표'를 넣어서 통하게 한다. 이때 나무통의 각 면에 새겨 넣는 부호의 배열은 각자마다 다르게

우주○초대 보조 기태

지정되는데, 이것은 각자마다 결합하는 유전자 A(아데닌), T(티민), G(구아닌), C(시토신)의 네 가지 배열이 다른 것과 같은 원리이다.

다음은 '主좌조종 기태'인데, 이것은 주체가 되는 主좌를 조종하는 氣태다.

主좌조종 기태

우리에게는 세 개의 좌가 있는데, '○계좌'와 '모좌'와 '몸좌'가 그것이다. 이 세 개가 어울려서 전체적인 하나의 좌를 형성하는데, 主좌는 이 세 좌를 총괄하여 주도하는 좌를 뜻한다. 主좌조종 기태는 모좌를 주도하는 ⊕을 바탕으로 하는데, 위에 있는 '主'는 영적 주체를 의미하고, 아래에 있는 '주'는 세상에서 주도하는 주체를 뜻한다. 영적으로는 세상을 제도할 바른 이치와 도리를 갖고 있어야 主(본체)가 되고, 세상에서는 열고 닫으며 주도 할 수 있어야 주(주체)가 된다. 이 氣태는 주로 좌제도 지도와 우주영제도를 위해 쓰는데, 전체적으로는 옴와 같은 모습이다. 위쪽은 ○계를 상징하는 '모든 것'의 형상인 ❋을 넣고, 아래쪽은 세상을 상징하는 '모난 것'의 형상인 ❋을 넣는다. 그리고 중간에는 전체를 돌리면서 주도하는 ✳을 넣어서 조종할 수 있도록 했다. 이렇게 해서 세 개의 좌를 하나로 구성하고, 그 중앙에서 전체를 조종하고 주도하도록 했다. 그래서 전체적으로 보면 옴의 모습이 되었다. 그리고 모든 조절과 조종의 사상적 바탕은 우주도리를 하나의 표로 나타낸 에 두었다. 이 氣태는 모든 氣태의 꽃이라고 할 수 있다. 모든 것이 이것으로 설명되고 조종되고 주도되기 때문이다. 氣태를 지정하고 쓰는 것은 도리에 맞아야 하며, 도리를 깨달아야 氣태를 자유자재로 쓸 수 있다.

최근에는 천기天氣와 지기地氣를 조달하는 氣태를 별도로 연구, 개발했는데, '지기보조 좌판'과 '천기보조 첨성대' 氣태가 그것이다. 우리는 천기와 지기를 보조 받음으로써 생명을 유지할 수 있다. 천기는 우주만물에 고루 미쳐서 만물을 자라게 하며, 지기는 생명을 보호하며, 선별하며, 기력을 보태어 준다. 지기를 보조 받기 위해서는 땅에서 자라는 생물을 섭취하고, 천기를 보조 받기 위해서는 자신의 기운을 보조할 별들과 통한다. 이를 위한 지기보조 좌판과 천기보조 첨성대는 각각 천기와 지기를 보조하는 별도의 氣태이며, 主좌조종 기태는 천기와 지기를 주도하고 조종하는 氣태이다. 이 셋으로 主좌조종 기태를 중심으로 천기와 지기를 주도적으로 조종하는 것이다.

지기보조 좌판

천기보조 첨성대(모형)

이 외에도 목적에 따라 필요한 氣를 조달하고 조종할 수 있는 氣태를 제작하여 운영할 수 있다. 예를 들어 '혼 보조를 위한 중국 장가게 수련'에서는 동銅으로 만든 망(그물)과 주석朱錫으로 만든 망을 氣태로 썼는데, 그것은 망이라는 모양이 가진 의미와 동과 주석이라는 재질이 갖는 물성을 쓴 것이다. 무엇인가를 받아들이거나 내보낼 때는 잘 걸러줘야 한다. 자기의 몸과 감정과 생각과 마음과 영혼은 조리 있게 잘 짜져야 하고 자신에게 맞지 않는 것은 잘 걸러내야 한다. 이것을 무질서하게 해놓으면 혼돈에 빠진다. 그래서 통하는 통로를 잘 짜야 되는데, 어떤 사람은 성글게 짜고, 어떤 사람은 촘촘하게 짤 수도 있으나 기본적으로 짜는 바탕이 있어야 한다. 이것을 위해 망을 氣태로 쓴 것이다. 이 氣태를 통해서 어떤 것은 통하게 하고 어떤 것은 제한하여 걸러내게 한 것이다. 미혼대에서는 동망과 본영조정 제도를 가지고 氣를 운영하게 했고, 용왕동굴에서는 모좌조정 제도와 주석망을 가지고 氣를 조달토록 했다. 동은 氣를 발산하는 성질을 가지고 있기 때문에 밖으로 펼쳐진 미혼대에서는 동망을 통해서 氣를 활성화시키는 운영을 했고, 주석은 氣를 응축하는 성질이 있기 때문에 안으로 들어가 있는 용왕동굴에서는 주석망을 써서 氣를 운영하도록 했던 것이다. 이와 같이 氣태는 모든 것과 통하게 하는 태胎가 되며 도구가 된다. 氣태의 운영은 氣를 조달하고 조종하는데 있어 거의 필수적인 것이라 할 수 있다.

지기地氣 조달

지기에 대해 한울 큰스승께서는 다음과 같이 말씀하셨다.

지기는 생명을 보호하며, 선별하며, 기력을 보태어 준다. 또한 스스로 정화되며, 새로운 것을 실어 나르고, 분리도 되고, 합쳐지기도 하며, 밀어가는 것이 마치 강과 같다.

　영氣, 地氣, 몸氣 중에서 지기의 영향이 가장 크다. 그러나 지기가 영기, 몸기와 부조화를 이루면 병도 생기고 탈도 생기고 짐도 생기고 적도 생긴다. 부담도 생기고 숨도 고르지 못해 잠도 편치 않게 되며 매를 맞게 한다.

　또한, 지기의 부조화는 수지를 악화시키고 평온을 깨고 정들을 혼란케 하며 변명하게 되고 쩔쩔매게 된다. 심각한 문제를 일으키고 소동을 부리며 ㉢을 끌어들이기도 한다.

　세상世上은 세 개의 상, 즉 세상三相으로 이루어져 있다. 세상은 사물을 기준으로 보면 '터'와 '틀'과 '틈'의 셋으로 이루어지며, 인간을 중심으로 보면 '영氣', '몸氣', '地氣'의 셋으로 볼 수 있다. 영기, 몸기, 지기는 생명체를 이루는 기본 요소다. 그 중에서 지기의 영향이 가장 크다. 지기는 땅에 흐르는 기운을 뜻하지만 더욱 큰 의미로는 우리가 살아가는 터전 그 자체를 의미한다. 땅의 기운은 물론이며 땅 위에 존재하는 모든 사물들 또한 넓게 보면 지기라고 볼 수 있다.

　우리가 땅을 딛고 살아가는 한 절대로 지기의 영향을 벗어날 수 없다. 그것은 인간이 육체와 영혼의 조합체이기 때문이다. 영(영혼)은 ○계에서 ○들이 모여 형성되며 몸은 물질이 모여서 구성된다. 영이 몸을 주도하지만 삶의 바탕은 터전이므로 지기를 모르고서는 세상에서 온전하게 존재할 수 없다. 땅은 그 위에 존재하는 온갖 사물들을 받아주고 길러주며 보살핀다. 잘 자라도록 보호하며 필요한 기운을 보태주고 지형과 지기에 따라 생명체를 선별하여 받아들인다. 땅은 혈관처럼 생명활동에 필요한 것들을 실어 나르며 생명을 키워내고 거둔다. 또한 땅은 바다와 같은 정화능력을 발휘한다. 땅이 정화능력을 갖지 못하면 생명체들은 땅 위에서 살 수 없다.

지기와 부조화를 일으키면 氣의 충돌로 말미암아 병이 나고 탈이 나고 부담이 생기고 잠도 제대로 잘 수 없다. 모든 일이 제대로 되지 않아 수지^{收支}를 악화시킬 뿐 아니라 서로 간의 정을 바르게 하지 못하여 대인관계에서도 심각한 문제가 발생하게 된다. 이러한 혼란의 틈을 영적 부조화를 일으키는 근본 요소인 ㉠에게 점령당하면 스스로 헤어나기 어렵게 된다.

지형地形과 지질地質과 지세地勢를 바탕으로 지리地理가 짜지며, 지리에 의해서 고유한 지기地氣가 형성되고 거기에는 그곳을 주도하는 영체인 지왕地王이 있어 그곳을 주관한다.

지기 보조는 특정한 지역의 지기地氣를 보조하는 것이다

지기 보조는 특정한 곳의 지명地名, 地命과 통함으로써 필요한 氣를 보조하는 것이다. 지기 보조는 주로 氣운영을 통해 이루어진다.

지기 보조를 위한 氣운영은 氣를 펴는 것이며 동시에 氣를 보조받는 것이다. 氣운영은 한편으로는 정보를 농축하고 또 다른 한편으로는 농축된 정보를 실현하는 것이다. 氣운영은 氣의 맥을 조종하는 것이다. 따라서 우리는 기맥에서 드러나는 현상들을 관찰함으로써 진행과 결과를 미리 예측할 수 있다. 사람마다 체질과 기질과 영질이 다르듯 땅도 지형地形과 지질地質과 지세地勢에 따라 서로 다른 지기를 형성하고 있다. 그러므로 지기를 보조하려면 지명을 먼저 파악한 후에 보조가 가능한 곳(지명)으로 가서 그곳의 지기와 氣를 연결하여 필요한 氣를 조달하면 된다.

지명 보조는 우리의 삶과 수도를 보조하는데 대단히 필요하다

영적 바탕을 조정하고 재구성하기 위한 우주영제도에서 지기 보조는 매우 필요한 조건 조달 방법 중의 하나다. 이 같은 이유로 우리는 재작년에는 중국 무이산을 다녀왔고, 지난 여름에는 중국 장가계를 다녀왔다.

여의수도자들과 함께 무이산을 갔을 때, 우리는 '깨달음의 氣를 보조'받을 목적으로 갔었다. 당시 무이산 천유봉天遊峰에서 천기天氣를 조달하고, 도원동桃園洞에서 지기地氣를 조달하고, 관음폭포觀音瀑布에서 두 기운을 하나로 통하게 하는 공부를 했다. 그때 나는 영적 바탕인 모좌에 대한 개념을 새롭게 정리할 수 있었다. 그리고 작년에는 '혼 보조'를 위해 중국 장가계를 다녀왔다. 장가계에서 우리는 주로 미혼대와 용왕동굴과 황석채에서 기운을 조달했다. 미혼대에서는 각자의 본영을 조정하게 했고, 용왕동굴에서는 영적 바탕인 모좌을 조정하게 했다. 그리고 옛 선인들이 수도를 하던 곳으로 이름 높인 황석채에서는 수도를 잘 할 수 있는 기운, 즉 '수도 명'을 조달하게 했다.

여기서 지기 보조에 대한 이해를 돕기위해 장가계 수련기를 소개하고자 한다.

✤ 중국 장가계 수련기

호남성 서북부에 위치해 있는 장가계는 '천하제일기산' 또는 '중국 산수화의 원본'이라고 불린다. 중국 사람들은 '사람이 태어나 장가계에 가보지 않았다면 100세가 되어도 어찌 늙었다고 할 수 있겠는가!' 라고 한다. 장가계는 무릉원武陵原이라 부를 정도로 수려한 산세와 청량한 계곡, 기이한 동굴들이 있다. 800리 동정호 물길을 따라 형성된 계곡은 눈 돌리는 곳마다 비경이요 절경이다. 장가계를 이처럼 유명하게 만든 것은 3,000여 개에 달하는 석영 사암으로 이루어진 다양한 형상의 바위기둥과 그 사이를 굽이치는

미혼대 전경

800여 개에 달하는 계곡이다. 평균 높이 130미터, 가장 높은 것은 390미터의 높이를 자랑하는 석봉들이 마치 하늘을 찌르듯 우뚝우뚝 솟아 있는데, 절벽처럼 깎아지르며 솟은 봉우리들이 하나같이 고유한 형상을 지니고 있어 보는 이의 눈길을 사로잡는다.

영화 '아바타'에서 공중에 떠 있는 판도라 행성의 무대로 유명한 '할렐루야 마운틴'이 바로 이 장가계의 '남천일주南天一柱'라는 곳이라고 한다.

장가계 수련을 위한 조건 점검

장가계 명상여행을 결정한 후 수련조건을 점검한 결과 다음과 같은 내용으로 점검되었다.

중국 장가계에서는 혼 보조를 받을 수 있습니다.

혼이란 음정 주도하며 영정 보조하는 主좌의 氣입니다.

장가계에서 혼 보조받으려면

음제도와 영제도를 가지고 지정되는 곳에서 통하면 됩니다.

주로 통할 곳은

미혼대와 용왕동굴과 황석채입니다.

장가계에서 혼 보조받을 氣태는

촘촘하게 조직한 주석망朱錫網과 동망銅網으로 하십시오.

미혼대에서 혼 보조 받으려면

동망을 영정제도 위에 올려놓고 氣운영케 하십시오.

용왕동굴에서 혼 보조 받으려면

주석망을 음조정제도 위에 올려놓고 氣운영케 하십시오.

황석채에서는 수도명을 보조 받을 수 있습니다.

황석채에서 수도명을 보조 받으려면

표를 주어서 통하게 하십시오.

천문산에서는 수도氣 정돈케 하십시오.

천안문에서는 추진력을 보조받을 수 있습니다.

천안문에서 추진력을 보조 받으려면

틈조정제도를 보조하여 통하게 하십시오.

수도는 도수를 높이는 것입니다.

도수를 높이려면

혼제도 영제도 되어야 하며

좌제도 되어야 하며

의조종 되어야 하며

계조종 되어야 합니다.

앞으로

혼 제도하시고

혼 주도하시고

혼 초대하시고

혼 보조하시고

혼 회수하십시오.

지금부터

사람영 혼 회수하시고

인간영 혼 초대하시고

우주영 혼과 함께 제도하십시오.

최선을 다하는 자들에게

수도 명 보조해 주시고

수도 문 열어주십시오.

명문이 막히면 계속할 수 없으며

영문을 모르면 초대되지 않습니다.

우주께 보장받으려면

본영제도 모좌제도하여 영격을 높여가야 합니다.

최선을 다해 수도하여 우주영 되십시오.

    나는 깊은 명상을 통한 각성 상태에 들어가서 氣를 운영하여 점검을 하곤 하는데, 그것은 보편적 의식차원을 넘어서 전일성全一性, 전체성의 깊은 영적 각성상태에 이르면 모든 우주사물과 통하게 되므로 제한된 의식이나 인식의 차원에서는 도저히 파악하거나 이해할 수 없는 것들과도 자연스럽게 통하게 되기 때문이다. 앞의 기술은 이런 방법을 통해 점검한 것이다. 지금부터 혼 보조를 위한 장가계 수련 조건의 의미를 하나하나 살펴보기로 한다.

'깨달음을 위한 氣氣 조달'이라는 범상치 않은 무이산 수련에 이어서 이번에는 '혼 보조'라는 다소 생경生梗하고 이해하기 어려운 주제가 나왔다.

혼을 보조한다는 것이 어떤 의미일까?

일반적으로는 혼은 '살아 있는 사람의 육신에 깃들어서 생명을 지탱해 준다고 믿어지는 으뜸가는 氣'라고 정의한다. 또한 혼은 정신과는 구별되는 일종의 생명원리로서 넋을 이르며, 영靈, 유혼幽魂, 혼령과 비슷한 의미로 쓰인다고도 한다.

옛 사람들은 삼혼칠백三魂七魄이 어우러져 몸을 이루어 살다가 명이 다하면 혼비백산魂飛魄散한다고 했다. 무형의 영적인 세 요소와 물질을 바탕으로 하는 일곱 요소가 조합하여 몸을 이루어 살다가 명이 다하여 죽으면 무형의 요소인 혼魂은 하늘로 날아가고 물질을 근거로 하는 백魄은 땅으로 흩어진다고 본 것이다. 그런데 이번 공부주제로 나온 혼 보조는 앞에서 언급한 일반적인 개념과는 많은 차이가 있었다. 혼魂을 영靈과 구별하고 있을 뿐만 아니라 혼을 보조받는다는 것으로 기술되어졌다. 이에 대한 이해를 위해 생명체의 기본 구성과 운영의 원리를 회로를 통해 설명하면 다음과 같다.

지금부터 조건들을 설명해 보기로 한다.

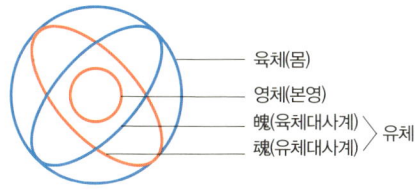

생명체는 영체와 유체와 육체의 세 체로 이루어져 있다. 이 회로에서 전체를 싸고 있는 원을 육체(몸)라 할 수 있고, 가장 내부에 있는 원을 영체(본영)라고 할 수 있으며, 서로 교차하여 돌고 있는 두 개의 타원은 영체와 육체를 돌며 운행하는 두 가지 형태의 작용력인 유체라고 할 수 있다. 이 둘 중에서 오른쪽으로 기울어진 타원은 주로 물질대사를 관장하는 육체대사체이며, 왼쪽으로 기울어진 타원은 비 물질인 영과 관계하여 운행하는 유체대사체이다. 외부는 몸체가 전체를 싸고 있으며 가장 중심에는 영체가 있어 전체를 주도하며, 그 사이에는 몸과 영의 교류, 운행을 담당하는 유체가 있어 전체를 돌리는 것이다. 이 두 작용 중에서 유체대사체를 혼이라 할 수 있고, 육체대사체를 백이라고 할 수 있다. 혼은 주로 영과 통하며 백은 주로 물질 몸과 통하여 작용한다. 이 둘이 어울려서 혼백이 되는데, 혼을 무형 중의 유형이라면 백은 유형 중의 무형이라고 할 수 있다.

우리는 종종 뛰어난 작품을 보고 거기에 작가의 혼이 깃들어있다고 한다. 혼이 깃든다는 것은 고도의 영적, 정신적 활동의 결정인 기운이 들어있다는 것이다. 우리가 영이 깃든다고 하지 않고 혼이 깃든다고 하는 것은 영은 본체이며 혼은 영의 작용이므로 본체인 영이 들어가는 것이 아니라 그의 작용인 혼이 깃들기 때문이다. 본체인 영이 다른 영에 들어가서 주도하는 것은 빙의憑依라고 하는데 이는 우리가 경계해야 할 것으로 전혀 다른 의미이다.

그런데, 혼 보조를 왜 장가계에 가서 해야 할까?

장가계가 어떤 곳이기에 그곳에서 혼을 보조 받을 수 있다는 것일까?

자료를 찾아보니 정말 특이하게도 장가계를 소개하는 내용에는 '혼'이라는 용어가 많이 등장한다. 우선 장가계를 일러 '산혼수운山魂水韻'이라고 한다. 즉 혼이 깃들어 있고 물이 노래한다는 뜻이다. 또한 미혼대를 일러서 '천자산의 혼'이라 하며, 장가계의 산을 일러 '천추대산혼千秋大山魂'이라고 한다. 장구長久한 세월에 걸쳐 이루어진 혼이 깃든 큰 산이라는 의미다. 장가계에 깃든 신령스러운 기운을 읽은 중국인들이 그렇게 표현하는 것이리라 생각한다.

혼이란 ☵ 정 주도하며 ☲ 정 보조하는 主좌의 ※입니다

먼저, '☵(모좌)'란 몸과 본영을 구성하고 운영, 관리하는 영적 좌이며, '☲(본영)'이란 몸을 조종, 운영하는 개체 영체이다. 또한 '정'이란 정수精髓를 의미함과 동시에 서로를 잇는 힘을 뜻한다. 모좌 정 주도하고 본영 정 보조한다는 것은 모좌와 본영의 정을 도리에 맞게 주도하고 보조한다는 것이며, 이러한 제반 운영을 주도하는 주체가 되는 主좌이고, 그렇게 운영하는 氣작용을 부호로 나타내면 ※이 된다. 이렇게 볼 때, 이번 장가계에서 혼 보조를 위해 모좌의 정 주도하고 본영의 정 보조한다는 것은 그곳의 지기와 통하여 모좌와 본영을 바르게 정리, 정돈하여 정수를 이루고 서로의 정을 바르게 교류할 수 있도록 기운을 보조한다는 것을 의미한다.

장가계에서 혼 보조받으려면
☵조정 제도와 ☲조정 제도를 가지고 지정되는 곳에서 통하면 됩니다.

장가계에서 혼 보조를 받으려면 '모좌조정 제도'와 '본영조정 제도'를 가지고 지정되는 곳에서 통해야 한다고 했다. 모좌조정 제도란 앞 장에서 설명한 바와 같이 영적 바탕인 모좌의 왜곡된 설계를 근원의 도리에 맞게 변조하기 위한 제도이며 본영조정 제도란 본영의 설계변조를 위한 제도를 말한다.

  모든 것은 제도 즉, 설계를 바탕으로 한다. 그런데 만약 설계에 하자瑕疵가 있다면 그것을 바탕으로 만든 집이나 기계가 온전할 리 없다. 가장 근본적인 문제는 설계이므로 설계부터 바로 되어야 한다. 그런데 우리의 얕은 의식이나 지식과 생각으로는 영적 설계에 닿지 않으며 그것을 바꿀 수 없다. 오늘날의 유전과학이 염색체의 유전자 배열을 조작하여 생명체를 자유자재로 다루듯이 우리가 영적 설계를 자유자재로 제도할 수 있다면 우리는 영적 대혁명을 이룰 수 있게 될 것이다.

주로 통할 곳은

미혼대와 용왕동굴과 황석채입니다.

  장가계를 소개하는 자료를 놓고 점검해 보니 주로 통할 곳으로 '미혼대'와 '용왕동굴'과 '황석채'라는 곳이 지정되었다.

  미혼대는 경관이 너무도 아름다워 정신이 혼미하게 된다고 하여 그렇게 불린다고 한다. 사진으로 보아도 정말 혼이 나갈 정도로 아름답다. 미혼대는 거의 일정한 높이의 기둥같이 생긴 수많은 봉우리들이 하늘을 향해 쭉쭉 솟아 있는데, 이러한 모습은 아주 특이해서 어디서나 쉽게 볼 수 있는 곳이 아니다.

용왕동굴은 종유동 전문가들에게서 '세계 종유동 중에서 기적의 꽃'이라고 찬미 받고 있으며, 중국에서 제일 크고 제일 오래된 동굴 중의 하나로 꼽힌다고 한다. 용왕동굴은 높이 50미터, 폭 80미터에 깊이가 4킬로미터에 이르는 매우 큰 석회암으로 이루어져 있다.

그리고 황석채는 황석공黃石公과 그의 제자인 장량張良이 수도하던 곳으로 절경을 자랑한다.

장가계에서 혼 보조 받을 氣태는
촘촘하게 조직한 주석망朱錫網과 동망銅網으로 하십시오.

혼을 보조 받을 氣태로 촘촘하게 짠 주석으로 만든 망(그물)과 동으로 만든 망을 쓰도록 점검 되었다. 혼을 설명하는 부호 魏에서 보듯이 혼이란 서로를 짜고 연결하고 운영하게 하는 氣작용의 다른 표현이다. 이러한 의미를 물질에서 찾아보면 바로 그물과 같은 망이 된다. 그런데 그 재료가 주석과 동으로 지정되었다. 주석은 氣를 끌어들여 응축하는 기운을 가지고 있으며, 동은 주석과 반대로 氣를 활성화하여 발산하는 기운을 가지고 있다. 주석은 흡인吸入하고 동은 발산發散한다. 망(그물)이란 걸러내기 위해서 쓴다. 이번에 그물망을 쓰는 것은 기운을 받아들이고 내보내는 데 있어

탁하고 부조화한 기운을 걸러내서 받아들이고 필요한 기운은 잘 정돈해서 내보내기 위한 것이다. 이번에 사용하는 망은 모좌조정과 본영조정을 위해 혼을 보조함에 있어 기운을 걸러서 받아들이고 걸러서 내보내고자 하는 것이다.

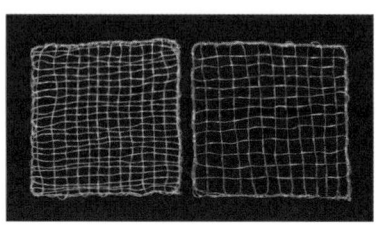

주석망과 동망

미혼대에서 혼 보조 받으려면

동망을 ᵛ영조정 제도 위에 올려놓고 氣운영케 하십시오.

본영은 모좌의 설계를 몸을 통해 밖으로 운영하여 새로운 정보를 받아들여 이를 조합하여 재창조함으로써 영적 진화를 이루어간다. 미혼대에서 혼 보조를 받는 것은 밖으로 펼쳐진 세계에서 필요한 기운을 보조하려는 것으로 본영조정 제도와 동망을 氣태로 하여 氣를 운영한다. 밖으로 펼쳐진 미혼대에서는 본영조정 제도와 氣를 발산하는 동으로 만든 동망을 가지고, 모좌의 설계에 의해 형성되고 운영되는 개체의 본영조정의 기운을 운영하는 것이다.

용왕동굴에서 혼 보조 받으려면

주석망을 🕉조정 제도 위에 올려놓고 氣운영케 하십시오.

모좌는 몸과 본영을 주도, 관리하는 영적 바탕이다. 모좌에서, 영적 주체^{主體}인 本○은 모좌에 '主좌'를 정하고 본영은 몸에 '주좌'를 정하여 서로 교류하며 통한다. 동굴에 있는 종유석^{鍾乳石}과 석순 ^{石筍}은 서로를 향하여 나아가서 서로 하나로 이어져 석주^{石柱}가 된다. 이러한 의미가 동굴에서 모좌조정 제도를 가지고 혼 보조 받는 의미와 통하는 것이다.

용왕동굴에서의 혼 보조는 모좌조정 제도와 주석망을 氣태로 하여 氣를 운영한다. 내부에 깊이 들어가 있는 용왕동굴에서는 모좌조정 제도와 氣를 흡인하는 성질을 가진 주석망을 가지고, 본영을 주도, 관리하는 보다 근원적 바탕인 모좌의 기운을 운영하는 것이다.

황석채에서는 수도명을 보조받을 수 있습니다.

황석채에서 수도명을 보조받으려면

표를 주어서 통하게 하십시오.

황석채에서는 수도명을 보조 받을 수 있다. 표란 목표, 좌표, 표적과 같이 행위의 중심이면서 동시에 그것에 도달하게 하는 수단이기도 하다. 즉, 표는 목적하는 바와 서로 통하게 하여 도달하게 하는 것이라고 할 수 있다. 표가 자기상승을 위한 것이라면 비슷한 의미로 쓰는 부符는 동기를 부여하는 것으로 자기 확장을 위한 것이다. 나는 각자에게 다음과 같은 표를 주어서 수도명을 보조받도록 했다.

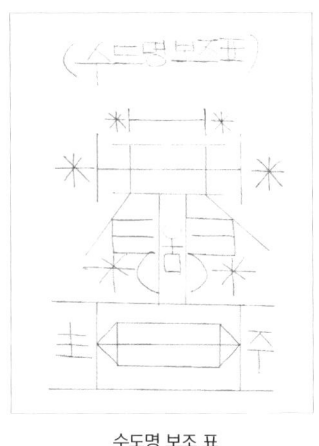

수도명 보조 표

천문산天門山에서 수도氣 정돈케 하십시오.

천문산에서는 수도의 氣를 정돈한다. 천문산에는 산을 관통하고 있는 큰 구멍인 천문이 있다. 천문은 하늘과 통하는 문이며 근원과 통하는 문이다. 천문 앞에서 장가계 수련의 모든 기운을 정돈하여 하늘과 통하게 하는 것이다. 우리의 삶은 수많은 문과의 만남이라고 할 수 있다. 문은 정수를 뽑아내며 드나들게 하며 통하게 하며 변하게 한다. 모든 문은 조건과 조종에 따른다. 문을 열고 닫음에 있어 조건을 무시하면 절대로 안 된다. 여기에서 각자 조달한 氣를 잘 정돈하여 천문을 열도록 하는 것이다.

천안문에서는 추진력을 보조 받을 수 있습니다.
천안문에서 추진력을 보조 받으려면
틈조정 제도를 보조하여 통하게 하십시오.

천안문에서는 추진력을 보조받을 수 있다. 천안문은 자금성으로 통하는 문이다. 문은 틈이 있어야 드나들 수 있다. 좁은 문에 들기 위해서는 틈을 조정해야 하고 힘을 집중해야 한다. 천안문에서 장가계 수련의 모든 기운을 집중하여 자신의 내면으로 들어가고 밖으로 펼쳐낼 수 있는 힘, 즉 추진력을 갖도록 하는 것이다.

수도는 도수를 높이는 것입니다.
도수를 높이려면
㊛제도 ㊛제도 되어야 하며

좌제도 되어야 하며

의조종 되어야 하며

계조종 되어야 합니다.

우리는 궁극적으로 영적 진화를 목적으로 존재하며, 영적 진화는 수도를 통하여 도수를 높이는 것이다. 수도는 영적 도수를 높이는 것이며 영적 도수를 높이는 것은 ○계에 들기 위함이다.

한울 큰 스승께서는 '도수를 높이는 것은 열심히만 한다고 되는 것이 아니고, 잘 조절한다고 되는 것이 아니고, 착하고 성실하다고 되는 것이 아니며, 많이 알고 많이 한다고 되는 것도 아니니, '부제도'를 바르게 하고 '모좌조정'을 잘 하며, 씀 조건에 맞게 쓰며, 젖 조달을 자동화하고, 계시를 통하여 바르게 되고, 氣를 제조를 잘 하여 비품으로 잘 보조되게 해야 한다.'고 하셨다.

도수를 높이려면 무엇보다도 자신의 왜곡된 영적 바탕인 모좌와 본영을 바르게 조정하여 우주근원의 성품과 맞추어 가야 한다. 이는 머리로 되는 것이 아니며 영적 제도를 통하는 것이 최상이다. 제도를 통해 무한하고 영원한 ○계에 속할 자신의 영적 좌를 구성하는 것이 '좌제도'이다. '의(의)조종'이란 내면의 자아가 깨어나 우주도리를 행하여 세상에 구현하게 하는 영적 조종력을 말한다. 잠들어 있고 숨겨져 있는 우주적 본성을 일깨워서 근원과 하나 되게 하는 것이 외조종이며, 이것을 위해 파견하는 것이 외술○이다. 그리고 '계조종'이란 자신과 상대의 경계를 바르게 이해하는 것이며, 상대계에서의 올바른 관계를 정립하여 서로 바른 교류를 통하는 것이며, 이를 바탕으로 나와 상대의 영적 단계를 높여 진화해 가는 것이다.

❖ 장가계 수련기행

미혼대에서

수련 첫째 날, 우리는 가이드의 안내에 따라 인간요지^{人間瑤池}라 불리는 보봉호^{寶峰湖}를 둘러본 후, 본격적인 수련을 위해 '본영조정 제도'와 '동망'을 가지고 미혼대로 출발했다. 미혼대가 있는 천자산^{天子山}은 비경^{秘境} 그 자체였다. 약 2킬로미터에 달하는 길이를 6인승의 케이블카를 타고 오르는데, 케이블카 밖으로 펼쳐지는 협곡과 숲, 그리고 수천 개의 석봉^{石峰}들은 그야말로 비경이다. 깊이 들어갈수록 운무가 짙어져서 눈앞이 보이지 않아 신비를 더해 준다. 운무를 뚫고 오르니 신선이 되어 산을 날아오르는 기분이다.

케이블카에서 내려 '하룡공원^{賀龍公園}'을 둘러본 뒤 우리는 미혼대로 향했다. 미혼대로 향하는 길은 그야말로 절경의 연속이었다.

케이블카를 타고 천자산에 오르다.

바위봉우리 숲이 마치 파도치는 바다를 연상케 한다고해서 붙여진 '서해'와 흙이 없는 바위봉우리 위에 소나무가 자라서 마치 붓을 거꾸로 꽂아 놓은 듯 하다하여 붙여진 '어필봉', 그리고 꽃바구니를 든 선녀가 꽃을 뿌리는 모습 같다 하여 붙여진 '선녀헌화' 등의 절경이 눈앞에 나타날 때마다 발걸음이 멈추어지며 감탄사가 절로 나온다.

천하제일교天下第一橋라는 곳에 이르자 일행은 이미 넋을 잃을 지경이 되었다. 미혼대에 가기 전에 만나는 천하제일교는 긴 세월 동안 수많은 지각변동과 기후의 영향으로 형성된 천연 돌다리다. 20미터 정도 떨어져 350미터 높이의 커다란 두 바위봉우리 위에 꼭대기가 다리를 놓은 듯 연결되어 있는 돌다리인데, 서로 이마를 맞대고 있는 모습이 마치 장가계의 혼을 속삭이는 듯하다. 거기서부터 특별한 기운이 느껴지기 시작했는데, 앞장서 가던 해운선생이 '여기서부터 기운을 다스려 운영을 시작해 보라'고 일행에게 권한다.

천하제일교에서 약 500미터를 더 나아가자 미혼대迷魂臺라는 전망대가 나온다. 내려다보는 절경은 한 폭의 살아 있는 산수화다. 수백 미터 높이의 기암괴석들이 천군만마千軍萬馬처럼 늘어서 있고 봉우리 사이로는 끝이 보이지 않는 협곡이 그림처럼 이어지는데 그야말로 보는 이의 혼을 쏙 빼 놓을 지경이다. 어느 대가의 산수화를 눈앞에 활짝 펼쳐놓은 듯하다. 인간의 넋을 빼앗을 정도로 아름답다는 미혼대는 과연 명불허전名不虛傳이다. 그야말로 선계仙界요 무릉도원이었다.

주위를 둘러보니 일행 중 몇 명이 내 곁에 있었다. 다른 사람들의 있는 곳을 물으니 또 다른 전망대에 있다고 한다. 그 곳에 이르

천하제일교

자 각자 준비해간 제도와 동망을 가지고 氣를 운영하고 회로를 하고 있었다. 왠지 무거운 기운이 짓눌러 온다. 그때 점검된 내용은 주로 세상제도에 관한 것이었는데, 여기서 소개하기에는 적절치 않아 생략하기로 한다. 나는 그때 비로소 내가 왜 장가계에 와야 했는지 그 이유를 확연하게 알 수 있었다. 그곳에서 나는 세상자들의 영혼에 대해 새로운 각도에서 판단하고 제도해야 함을 깨닫게 되었다. 지금까지 인간의 영적 주체인 본영과 그의 바탕인 모좌에 대해 궁구窮究해 왔는데, 이제 보다 더 근원적인 영역에까지 들어가서 조종해야 함을 알게 되었다. 무거운 마음이 전신을 짓눌러오자 미혼대의 절경도 내게는 더 이상 흥미롭게 느껴지지 않았다.

황석채에서

수련 둘째 날, 우리는 먼저 십리화랑十里畵廊과 금편계곡을 둘러보고 나서 황석채로 이동했다. 케이블카를 타고 오르는데 기암괴석奇巖怪石들이 군신처럼 모두 발아래 엎드려 있다.

황석채에 오르자 곳곳에 전망대가 있어서 주위 풍경이 한눈에 내려다보인다. '황석채를 오르지 않았다면, 장가계에 왔었다고 하지 말라.'라는 말을 이해할 수 있을 것 같다. 나는 가이드의 안내를 받아 여기저기 둘러보다가 특별히 기운이 강한 한 곳을 지정하여 일행을 안내하여 수도명을 보조 받게 했다. 나도 마음을 가다듬고

하늘 전망대 황석채

점검에 들어갔는데, 다음은 같은 내용이 나왔다.

최선을 다하는 자들에게

수도명 보조해 주시고

수도문 열어주십시오.

명문이 막히면 계속할 수 없으며

영문을 모르면 초대되지 않습니다.

♀께 보장받으려면

본영제도 모좌제도 하여 영격을 높여가야 합니다.

수도자들은 최선을 다해 수도하여 우주영 되십시오.

그것은 최선을 다하는 이들에게 ○계에서 수도의 명을 보조해 주고 수도의 문을 열어줄 것이라는 내용이다. 수도의 명과 수도의 문, 즉 명문命門이 막히면 수도를 할 수 없으니 스스로 명문을 열어가야 하며, 영문을 모르면 초대되지 않는다는 것이다. 영문은 영문○門, 靈門이니, 영문을 모르면 문을 열어줄 수 없으며, 영이 저급하면 그때에 이르러 ○계로 초대하는 문이 열리지 않는다는 것이다. 또한 자신의 영이 궁극의 자아인 丞께 보장받으려면 자신의 본영과 본영의 바탕인 모좌를 ○계 도리에 맞게 제도하여 영격을 높여가야 하며, 이를 위해 최선을 다해 수도하여 최고의 영격인 우주영이 되라는 것이다.

용왕동굴에서

수련 셋째 날, 우리는 용왕동굴로 향했다. 장가계에는 두 개의 큰 동굴이 있는데, 하나는 용왕동龍王洞이요, 다른 하나는 황룡동黃龍洞이다. 우리가 氣를 운영 할 곳은 용왕동굴이었다. 용왕동굴은 특대형 석회암 카르스트 동굴로 형성 년도는 3억 8천만 년 전이며, 중국에서 가장 크고 원시적인 동굴 중의 하나라고 한다. 용왕동굴을 처음 발견한 사람은 동굴 안쪽 천장에 보이는 구멍에 빠져 3일 후에 구조되었다는데, 이를 계기로 이 동굴을 개발하여 관광명소가 되었다고 한다.

용왕동굴에 들어서자 서늘한 기운이 순식간에 더위를 식혀준다. 안으로 들어갈수록 비경이 펼쳐진다. 셀 수도 없을 정도의 많은 종유석과 석순들이 장관을 이룬다. 천장에서 내려오는 종유석과 땅에서 솟아오르는 석순이 서로 애타게 손을 뻗고 있는 것도 있고 이미 통하여 석주를 이룬 것들도 있다. 한 지점에 이르자 거대한 석주石柱가 앞을 가로막는데 느껴지는 기운이 예사롭지 않다. 높이가 약 20m에 이르고 둘레는 십여 명이 팔을 벌려 안아야 할 것 같은 어마어마한 크기다. 다가가서 보니 석주 앞에 작은 푯말이 있는데, '도등주圖騰柱'라는 이름과 함께 영문으로 'totem pole'이라고 쓰여 있다. 아마도 누군가가 이곳에 영적인 기운이 있는 것

용왕동의 도등주 앞에서

을 감지했는가 보다. 나는 일행을 인도하여 그곳에서 각자 氣를 운영하도록 안내했다.

한 동안 氣운영을 한 후에 다시 굽이굽이 돌아 안으로 더 들어갔다. 4km에 이르는 동굴의 끝에 다다르자 재미있는 형상이 눈에 들어온다. 마치 노승을 닮은 거대한 석순이 천장에서 떨어지는 비를 맞고 서 있는 형상이다. 마치 떨어지는 맑은 물로 자신의 묵은 업장을 씻어 내리고 있는 것 같다. 이어서 나타나는 곳은 '후궁^{後宮}'이라는 곳이다. 氣 보조에 적합한 곳으로 점검되어 나는 일행에게 그곳에서 氣운영을 하도록 안내했다.

천문산에서

오후에는 무릉원의 혼이라 불리는 천문산^{天問山}으로 향했다.

장가계의 또 다른 웅장한 비경인 천문산은 보는 이의 숨을 턱 막히게 한다. 해발 1,518m의 정상에는 커다란 구멍(천문동)이 뻥 뚫려 구멍 사이로 건너편 푸른 하늘이 보인다. 천문동은 높이 131m, 폭 57m에 두께가 20m에 이르는 큰 구멍이다.

천문산에 오르기 위해 우리는 케이블카를 탔다. 길이가 7.5km에 이르러 약 40여 분을 타야 하는데, 수십 개의 지지대가 절벽 위에 세워져 있어 아슬아슬하다. 케이블카에서 내다보는 신비로운 자연경관은 저절로 탄성을 자아내게 한다.

하늘로 통하는 문을 열어놓은 천문산

　우리는 중간 저점에 내려서 새로 개발했다는 코스를 둘러가기로 했다. 가이드가 안내한 곳은 귀곡잔도鬼谷殘道라는 곳인데, 깎아지른 절벽에 난간을 만들어 그 위에 길을 만들었다. 폭이 2m가 채 안 되는 길이 절벽 위에 놓여 있으니 귀신도 다니기 두려워하는 곳이라 한다. 그래서 이름도 귀곡잔도다.
　귀곡잔도를 나서자 다시 케이블카와 버스를 타고 천문동으로 향했다. 천문동을 가는 길은 그야말로 구절양장九折羊腸이다. 아흔아홉 굽이를 돌고 돌아서 올라가는데, 멀리서 내려다보니 산허리를 휘감는 도로가 마치 만리장성처럼 보인다.

　천문동 아래 종점에 이르자 구백 구십 구 계단이 앞을 가로막는다. 천문동에 들어가려면 이 계단을 올라가야 한다. 가파른 계단

귀곡잔도

을 올라가는데 숨이 턱까지 차오른다. 땀이 등줄기를 타고 내려온 뒤에야 천문동에 오를 수 있었다. 그곳에는 상당히 넓은 공간이 있었다. 천장에서 떨어지는 가느다란 물줄기와 시원한 바람에 피로가 씻은 듯 사라진다. 이런 곳까지 관광지로 개발한 중국인들이 참으로 놀랍다. 잠시 휴식하고 있는데 땀을 흘리며 올라온 우리 일행이 눈에 들어온다. 이토록 가파른 천여 개의 계단을 단 한 사람도 빠지지 않고 모두 올라왔다. 이미 회갑을 넘기신지 오래된 분들도, 아이들을 데리고 온 분들은 아이들을 엎고 안고 모두 올라왔다. 감탄과 격려를 나누며 잠시 땀을 식힌 후, 나는 일행에게 수도氣를 정돈하도록 했다. 해운선생이 나서서 주도를 하는데 모두가 진지하게 임한다.

천문동으로 오르는 999계단

서로 손을 잡고 감싸주며 氣운영을 마치자 돌아가며 체험을 나누는데, 모두 감동의 빛이 역력하다. 마지막으로 기념촬영을 하고 나서 계단을 내려오니 기분이 날아갈 것 같다. 버스를 타고 산굽이를 수없이 돌아 내려와서 케이블카를 타고 산을 내려오니 이미 날이 어둑어둑하다. 중식으로 맛있게 저녁식사를 마치고 국내선에 올라 북경으로 향했다.

천안문광장과 자금성에서

천안문은 중화인민공화국의 상징으로 여겨지고 있다. 우리가 갔을 때는 중화인민공화국 건국 60주년 기념행사를 앞두고 보수 작업이 한창이었는데, 그 때문에 경계가 삼엄하여 공안요원들이 곳곳에 배치되어 여행객을 감시하듯 지켜보고 있었다. 나는 일행에게 추진력 강화를 위하여 보조한 '틈조정 제도'를 말아서 손에 쥐고 거기에 마음을 집중하면서 마음으로 통하도록 했다. 하기야 밀물처럼 몰려드는 인파 때문에 폼 잡고 氣운영할 수 있는 입장도 못되었다.

어느 지점에서 잠시 휴식하는데 곁에 있던 한 수련생이 쥐고 있던 제도에 눈길이 갔다. 제도를 달라고 하여 살펴보니 제도의 기운이 활성화되어 있지 않았다. 잠시 氣를 운영하여 활성화시키자 제도를 통해서 엄청난 기운이 드나드는 것이 느껴졌다. 마치 로켓포를 발사하는 것처럼 기운이 앞뒤로 뻗어 나갔다. 그에게 제도를 돌려주고 계속 앞으로 나아갔다. 잠시 후 또 다른 수련생이 다가와서 아주 재미있는 경험을 했다며 무슨 의미인지를 물었다. 그가 좀전에 제도의 기운을 활성화시켜준 수련생의 뒤를 따라 걷고 있는데 갑자기 동작이 일어나더니 손을 들어 손바닥 쪽으로 다가가서 기운을 통하게 되더라는 것이다. 한참을 그렇게 하고 나서야 마치게 되었다고 했다. 나는 "모든 것은 있는 데서 없는 데로, 높은 곳에서 낮은 곳으로 흐른다. 즉 모든 것은 위치와 밀도가 높은 쪽에서 낮은 쪽으로 흐른다. 그래서 내가 도와서 활성화되어 있는 기운을 자신도 모르게 다가가서 자연스럽게 통하게 된 것이다."라고 설명해 주었다. 그때 곁에 있던 또 다른 수련생이 다가와 슬며시 자신의 제도를 내민다. 氣를 운영해보니 역시 기운이 활성화되어 있지 않았다. 내가 氣를 보조해 주니 비로소 강한 힘이 느껴진다. 후에 들으니 그도 제도를 통해 강한 기운을 느끼게 되었다고 한다. 그 외에도 곁에 있던 몇몇 사람들에게 제도의 氣를 보조해 주었다.

사람마다 체형과 체격과 체질이 다르듯이 사람마다 기질과 기상과 기품이 다르고 영적으로는 영질과 영격에 차이가 있다. 그리고 그에 따라 외부세계에 대한 반응하는 농도와 깊이와 양상이 다르다.

이번 장가계의 수련 중, 지정된 곳에서 기운을 받아들이는 데 있어서도 어떤 사람은 몸이나 기운으로 느끼는데 비해 어떤 사람은 의미로 이해하고, 또 어떤 사람은 마음으로, 또 어떤 사람은 영적으로 통한다. 그것은 그 사람을 구성하는 육체, 유체, 영체에서 발달된 부분이 각자 다르기 때문에 받아들이는 양상이나 깊이가 다른 것이다. 그래서 어떤 사람은 기운으로 느끼고 어떤 사람은 마음에서 울려 나오고 또 어떤 사람은 사물의 이치를 판단하여 원리를 깨우치기도 하는 것이다.

이는 사람마다 혼 보조를 통하여 영적 제도에 보조할 기운이 다르기 때문에 그것을 보조 받을 곳에서 더욱 강하게 느끼고 반응하는 양상을 보인 것이다. 이번 장가계 수련 중, 미혼대에서 특별한 기운을 느낀 사람은 본영조정의 기운이 필요한 때문이며 용왕동굴에서 기운을 느낀 사람은 모좌조정의 기운을 필요로 하기 때문이고, 황석채에서 남다른 기운을 느낀 사람은 수도명의 보조가 필요한 때문인 것이다.

氣를 보조하고 조종하는데 있어 기감氣感은 대단히 중요하다. 그래서 처음에는 정신을 집중하여 모든 기감을 섬세하게 살려낸다. 그리고 그 기운을 타고 내면으로 들어가서 조정하고 조종한다. 따라서 氣를 섬세하게 느끼는 것은 대단히 중요하다. 그러나 단순히 느낌에만 의존하는 것은 대단히 위험하다. 느낌을 통해서 내부에 숨어있는 바탕을 이해하고 원리를 깨달아야 한다. 그렇지 않고 오로지 느낌에만 의존하면 원리를 모르고 흐름만 따르게 되어 스스로 주도하고 조종할 능력을 갖지 못하게 된다. 근본도리를 모르고 감각만 따르게 되면 맹목적이 되거나 허망虛妄한 술수에 빠지기 쉽다. 그러므로 처음에는 감각을 살려내고 거기에 따르지만 그 차원을 넘어서려면 오히려 감각을 통제하는 법을 터득해야 하며, 근본원리를 깨달아 그 이치에 맞게 다스려 쓸 수 있어야 하는 것이다.

천안문 광장의 자금성을 통과하면서 추진력을 강화하는 氣보조를 받은 후, 늦은 점심을 먹은 우리는 귀국을 위해 북경공항으로 향했다. 공항으로 향하는 일행은 벅찬 감동에 발걸음은 가볍고 마음은 기쁨으로 충만했다.

업장 제도

우리의 영적 본체는 '본영'이다. 이 본영이 부조화를 일으키게 하는 ○적 요소인 ㉠에게 점령당하면 영적 혼란이 일어나서 자신의 명을 온전히 풀어내지 못하여 영적 찌꺼기를 남기게 되는데, 이것이 바로 업장業障이다. 이러한 기운들은 다음 생에서 '영'과 '명'과 '몸'을 형성하는 데 부정적인 요인이 되므로 반드시 소멸해야 한다. 한울 큰스승께서는 다음과 같은 말씀을 통해 업장제도의 중요성을 깨우쳐 주셨다.

보라!
마음의 눈을 뜬 자가 보리라.
진실로 모든 것이 저절로 돌아오는 것을.
내가 너희 앞의 거울이니
저지른 대로 어김없이 돌아오며
베푸는 대로 돌아와 받게 되는 것을.
지금까지 너에게 왔던 것은

언젠가 너에게서 갔던 것이며

네가 앞으로 행하는 것은

언젠가 너에게로 돌아와

네가 좋던 싫던 받아야 할 것이니라.

네가 남의 목을 조이면 네 목이 조일 것이며

네가 남을 앓게 하면 네가 앓게 될 것이며

네가 남을 벌하면 네가 벌을 받을 것이니라.

네가 남을 인도하면 네가 인도 받을 것이며

네가 남을 사랑하면 네가 사랑 받을 것이며

네가 남에게 베풀면 너에게로 누군가 베풀 것이니라.

네가 설령 과거에 베푼 것이 없어

지금 가진 것이 없다 할지라도

더욱 저지르지 말고

베풀진 못하더라도

네가 저지른 모든 것을

이 세상에서 받을 수만 있다면

해소만 할 수 있다면

그 사슬을 다 풀어버릴 수만 있다면

이 세상에 태어난 보람이 있을 것이니라.

세상자들은 계속 저지르기만 하고
자기가 받을 것을 받으면서도
남을 탓하고 손가락질하고 원한을 맺으니
지금의 자기가 과거의 자기에게
또 한 번 독침을 쏘아 넣는 것이니
앞으로 그 독을 어이 감당할 것인가.
세상자들이여!
진실로 우려할 것은
너희가 이 세상에서
많이 받지 못하고 있다는 것이 아니라
너희가 저지른 것이
빨리 돌아오지 않고 있다는 것이다.
그것은 너를 비추어 줄 주께서
너로부터 너무 멀리 떨어져 있기 때문임을 알라.

너의 행위가 멀리 멀리 돌아서 오면
더욱 멍들고 더욱 지쳐서 온다는 것을 알라.
세상자들이여!

피하지 말고 자기가 받을 것을 빨리 받으라.
그리고 모든 것을 사랑하고 이해하며
자유롭게 하고 아프게 하지 말며
베풀 것이 있으면 주저하지 말고 베풀라.

세상 모든 것은
자기가 만든 씨앗이 싹트고 있는 것이니
그것을 깨달은 자는 세상이 허망하고
세상엔 아무 볼 앓이 없다는 것을 알 것이니
세상에 집착하지 않고 열심히 노력하면
세상 속의 세상을 꺾을 것이니라.

업장은 죄罪가 되어 저들의 무리에 빠지게 하며, 자신의 영을 도리에 맞게 돌지 못하게 하고, 깨어나지도 돌아나지도 못하게 하며, ○계에 들지도 못하게 한다. 자신의 영이 보장되려면 영적 장애가 되는 모든 업장을 소멸해야 한다.

업장소멸에는 여러 방법이 있으나 회로제도가 최선이다. 그것은 업장제도가 우리의 머리나 생각으로는 닿지 않으며, 오로지 氣로써 짜인 계를 바르게 파악하고 조정함으로써 가능하기 때문이다. 계란 우주자성으로 운행되는 우주의 근본 질서이며 공존의 법칙이다. 모든 것은 계로써 짜여있고 운행된다. 이 계를 짜고 운행하는 근원적인 작용이 바로 氣다. 그러므로 氣를 운영하여 제도하는 것이 업장을 제도하는 최상의 길인 것이다.

우리는 모두 풀지 못한 전생업장으로 인하여 이 세상으로 온다.

마치 대기 중의 먼지에 수중기가 모여들어 빗방울이 되어 떨어지는 것과 같이 모두가 전생에서 풀지 못한 영적 응어리가 있어서 그것이 원인이 되어 이 세상으로 오게 된다.

영적 응어리인 업장은 무리한 조임에서 비롯된다. 무리한 조임은 죄를 만들고 죄는 업장이 된다. 죄는 조이는 것이니 남을 조이거나 자신을 조이거나 도리에 맞지 않게 조이면 모두 죄가 된다. 죄는 무지와 탐욕에 의해 생긴다. 무지와 탐욕은 자신에게로만 끌어당김으로써 우주적 대순환을 거스르게 한다. 이러한 무지와 탐욕이 원冤과 한恨과 저주詛呪의 응어리를 만들며, 이것이 풀어지지 않고 쌓여서 업장이 된다.

또한 도리에 어긋나게 하면 독이 되고, 그 독이 우리의 몸과 마음과 영혼에 배어 탁하고 거칠고 악한 것이 자리 잡아 업장이 된다. 이렇게 내재한 독들을 풀어내지 못하면 명이 손상된다. 그 독이 영혼에 깊이 베어 들어 그것이 업장이 되어 지금의 자기에게 독화살을 쏘아댄다. 그 독毒과 화禍와 살殺 때문에 탈이 생기고 병이 생겨서 자신의 뜻대로 살아갈 수 없게 되는 것이다. 이런 업장의

사슬로부터 벗어나기 위해서는,

    탐욕과 집착을 버려야 한다.
    무지로부터 깨어나야 한다.
    죄를 짓지 않아야 한다.
    봉사하고 베풀어야 한다.
    우주도리를 따르고 실천해야 한다.
    제도를 통해 스스로 풀어내야 한다.

우리에게는 풀어야 할 업장들이 마치 양파껍질과 같이 겹겹이 쌓여있다. 이 세상에 업장이 없는 사람은 아무도 없다. 모두가 업장을 다 가지고 태어난다. 그런데 점검하다 보면 전생업장의 기형이 나오지 않는 경우가 간혹 있는데, 이는 닦을 때가 없는 것이 아니라 아직 닦을 때가 안 된 경우이다. 때를 닦고 싶어도 때가 이르지 않으면 닦을 수 없으며, 조건을 맞추지 못하면 닦을 수 없다. 때를 닦는 것도 때가 있으므로 때와 조건을 잘 맞추어 지혜롭게 닦아야 한다.

    지금부터 업장을 제도하는 방법을 소개하기로 한다.

먹물 정화를 통하는 방법

이것은 먹물 정화를 통해 영혼을 정화하는 방법이다. 먼저 큰 그릇에 작은 유리잔을 넣고 그 안에 먹물을 한 두 방울 넣는다. 그러면 먹물은 유리잔 전체로 퍼져나가서 검은 물이 된다. 이렇게 준비가 완료되면 그 먹물이 담겨져 있는 유리잔에 맑은 물을 한 잔씩 붓는다. 계속 붓는 것이 아니라 마음이 일어날 때마다 한 잔씩 부으면서 정화하도록 한다.

물을 부을 때는 자신의 때를 닦아 본래의 맑고 청정한 상태로 돌아가겠다는 간절한 마음으로 물을 붓도록 한다.

이 먹물 정화를 통한 업장제도 방법은 누구나 쉽게 할 수 있어 모두에게 권하고 싶다. 마음이 일어날 때마다 맑은 물을 부으면서 자신의 마음을 닦고, 업장을 닦고, 이 세상의 때를 닦겠다는 마음으로 해나가면 자신도 맑아지고, 가정도 밝아지고, 이 세상도 정화 시킬 수 있다

영적 정화를 위한 먹물과 잔과 맑은 물

업장의 기형氣形 위에 촛불을 켜서 소멸시키는 방법

이것은 전생업장의 기형 위에 촛불을 켜놓고 氣를 운영하여 정화하는 방법이다. 먼저 몸과 마음을 잘 정돈한 후에 전생업장을 나타낸 기형과 깊이 통하도록 한다. '풀지 못한 전생업장'의 기형氣形 위에 촛불을 켜고 그 앞에 앉아서 참회와 용서하는 마음으로 기도하고 명상함으로써 업장을 태우도록 한다. 이것은 직접 氣를 운영해서 자신의 전생업장을 소멸하는 방법이다. 그런데 여기서 '풀지 못한'이라고 한 것은 지금까지 자신의 힘으로는 스스로 풀 수 없었던 업장에 대한 제도라는 뜻이다. 우리는 살아가면서 사랑하고 용서하고 아파하고 괴로워하면서 많은 업장을 풀어내게 된다. 하지만 그것만으로 모든 업장을 다 풀어낼 수는 없다. 그래서 풀지

업장의 기형 위에 촛불을 켜 놓은 모습

못한 업장을 별도로 제도하게 하는 것이다.

  전생업장은 우리의 인식이 닿지 않는 의식 저 너머에 있다. 그렇기 때문에 자신의 전생이 무엇이었는지, 그때 어떤 업장들을 지었는지 알 수가 없다. 그것을 알아내려면 영적인 힘을 써서 그 사람의 영적 세계로 들어가야 한다. 영적 각성자는 그 사람의 전생으로 들어가서 풀어야 할 업장의 기운을 기형氣形으로 그려낼 수 있다.

  기형 위에 촛불을 켜놓고 업장의 기운들을 태워내도록 한다. 물을 부어 정화하는 방법이 업장을 닦아내는 방법이라면 기형 위에 촛불을 켜 놓고 氣를 운영하는 이 방법은 업장을 태워 소멸燒滅하는 방법이다. 물로 닦아서 안 되는 것을 불로 태워야 한다. 그래서 전생업장의 기형 위에 촛불을 켜놓고 그것과 氣를 연결해서 전생업장의 기운을 태우는 것이다. 초는 자신을 태워 빛으로 화한다. 업장을 태우기 위해서는 다 태우지 못한 자신의 업장을 완전하게 불태워야 한다. 이때 저항도 생기고 갈등도 생기고 아픔도 생긴다. 자신을 불태우는데 어찌 아픔이 없겠는가. 나아가려고 하면 반드시 저항이 발생한다. 이 저항과 마찰과 고통을 이겨내야 업장이 소멸되고 빛을 발한다. 그림자가 생기는 것은 스스로 불타지 않기 때문이다. 스스로 불타는 태양은 그림자가 없지만 태양 빛을 반사하는 달은 그림자 있다. 자신의 업장을 온전히 불태우면 그림자는 사라지고 스스로 빛이 된다.

회로를 통하는 방법

우리는 회로를 통해 전생업장의 氣를 풀어내어 조정함으로써 전생업장을 제도 할 수 있다.

회로를 통하는 방법은 누구나 할 수 있는 것은 아니지만 매우 확실하고 빠른 방법이다. 그것은 회로를 통해 생각이나 의식 그 너머의 내면에까지 내려가서 맺혀 있고 응어리져 있는 기운을 제도해 낼 수 있기 때문이다.

회로는 우주자성을 몸으로 표현하는 자동동작보다 더 깊은 세계와 닿을 수 있으므로 더욱 깊이 내재되어 있는 업장을 제도할 수 있다. 회로를 통하는 방법은 화학적인 변화를 일으키는 것으로 세제를 써서 때를 녹여내는 것과 같다.

제도를 통하는 방법

이것은 직접 제도를 통하는 방법이다. 제도는 회로를 통하는 방법보다 더욱 근원적인 업장 제도법이다. 이것은 잘못된 자신의 영적 프로그램을 자체를 수정하는 것이다. 닦거나 태워서 정화하거나 성질性質을 바꾸는 게 아니라 영적 프로그램 자체를 수정, 보완하는 것이다. 이것이야말로 가장 근본적이고 확실한 방법이다. 이것이 전생업장 제도의 최상의 방법이다.

이 세상 어느 누구도 영적으로 완벽하게 깨달아서 정명^{正命}의 사슬을 완전히 풀어내지 않는 한 절대로 전생업장으로부터 자유로울 수 없다. 정명은 풀어야 할 사슬이며 감옥이다. 업장을 모두 풀어내야 진실로 해탈^{解脫}하게 된다. 따라서 영적 정화를 위한 업장제도는 우주영제도에 있어서 매우 중요한 과제 중의 하나라고 할 수 있다.

chapter4
우주영제도 동참자들의 긍정적인 변화

'참'은 스스로 깨어나게 해야 한다. 속을 보려고 나무의 껍질을 벗겨내면 그 나무는 죽어버린다. 내부에서부터 움터 나오면 싸고 있던 껍질은 저절로 벗겨지게 된다. 저급한 사람의식을 고도의 우주의식으로 바꾸기 위해서는 내면의 영적 바탕을 바꾸어야 한다.

모든 것은 두드리면 소리가 난다. 그 소리는 숨겨져 있던 내면의 성품이 소리화되어 드러나는 것이다. 종을 두드리는데 북소리가 날 수는 없다. 소리는 내면세계의 반영인 것이다. 내면을 바꾸려면 모든 변하는 것의 본질부터 바꾸어야 한다. 우주영제도는 잠들어 있는 참을 깨워내기 위해 영적 바탕을 바꾸는 것이다.

우주영제도를 시작한지 1년 남짓 되었다. 그 사이 약 100여명이 이 프로그램에 동참했다. 우주영제도를 위한 조건(개인조건과 공통

조건)을 성실하게 수행한 이들에게서 점차 긍정적인 면이 드러나기 시작했다. 그들은 보다 적극적이고 지혜로워졌으며 영적인 힘을 발휘하기 시작했다. 그들은 사물을 대하는 관점이 확장되고 깊어지며, 마음이 더욱 순수해지고 서로를 사랑으로 대하며, 내면의 아름다움을 찾아내려고 애를 쓴다. 간혹 이 과정에서 깨어나는 아픔을 겪는 것을 보기도 하지만 그들 대부분은 꺾이지 않고 굳건하게 잘 이겨내고 있다. 하기야 깨어나는데 어찌 껍질이 깨어지는 아픔이 없을 수 있겠는가. 안쓰럽지만 그들이 그러한 과정을 이기고 나면 분명 훨훨 날아오를 것이다. 그리고 차원이 바뀐 자신을 경이롭게 바라보게 될 것이다.

그 동안 우주영제도에 동참한 분들의 긍정적인 변화를 보면서 나는 우주영제도가 영적 진화에 획기적인 방법이라는 것을 다시금 확신하게 되었다. 아울러 이것이 제3인류로의 대도약을 위한 불씨라고 생각하며, 이 희망의 불씨가 세상에 널리 퍼질 수 있기를 진심으로 소망한다.

■ **맺는 글**

 전작前作 〈해인의 진실〉과 〈○의 실체〉에 이어 〈영적 혁명〉을 출간하게 되었습니다. 〈해인의 진실〉은 본인의 수행기이고, 〈○의 실체〉는 우주의 근본도리를 설명한 것이며, 〈영적 혁명〉은 실행을 위한 안내서라고 할 수 있습니다.

 지금 우리는 역사상 유래가 없는 대변혁의 시대에 살고 있습니다. 지구 변혁의 근원은 우주를 주관하는 ○계입니다. ○계는 지구의 대변혁을 통해 인류의 영적 진화를 도모하고 있습니다. 따라서 우리는 이 대변혁의 과정을 통해 영적 진화를 이루어내야만 합니다. 영적 진화를 위해서는 고차원적인 우주의식으로의 전환이 일어나야 합니다. 물질만 탐하고 자신의 이익에만 집착하는 낮은 의식으로는 절대로 영적 진화를 이룰 수 없습니다. 에고를 바탕으로 하는 사람의 시각과 생각으로는 영적 각성을 이룰 수 없습니다. 나를 서 있게 하는 것은 터전이지만 나아가기 위해서는 그 터전을 떠나지 않을 수 없듯이 기존의 자기를 고집한다면 절대로 앞으로 나아갈 수 없습니다. 이제는 기존의 나로부터 깨어나서 우주지성을 가진 우주영으로 거듭나야 합니다.

대변혁의 파도를 넘으려면 우주의식으로 깨어나야 하며 그러기 위해서는 영적 바탕이 바뀌어야 합니다. 영적 바탕을 바꾸어야 영적 차원이 바뀝니다. 영적 구성을 변조함으로써 영적 차원을 바꾸는 것이 바로 우주영제도입니다. 우주영제도는 영적 세계를 인정하지 않거나 영적 진화를 거부하는 이들에게는 아무런 의미가 없습니다. 영혼의 세계로 눈을 돌리고 우주로 눈을 돌리는 사람만이 우주영으로 거듭날 수 있습니다.

이제 깨달음은 보편화되어야 합니다. 그리하여 우주의 본질인 ○을 깨닫고 그의 작용력인 氣를 체득하고 조종하여 영적 대도약을 이루어내야 합니다. 우리가 ○계로부터 밀려오는 ○적 파도를 탈 수 있다면 그것만으로도 엄청난 영적 진화를 이룰 수 있습니다. 나는 우리 모두가 이 신성한 ○계의 파도를 타고 모두 신神과 같은 존재가 되기를 소망합니다. 이 파도를 타고 영적 대도약을 이루어내는 것이 지금의 우리 인류에게 최선의 길이며 최상의 길이라고 생각합니다.

끝으로, 이 책이 나오기까지 관심과 성원을 보내주신 고마운 분들께 감사 드립니다.

먼저 전작前作들에 이어 이번에도 편집을 맡아주신 윤영미님께 감사드립니다 그리고 바쁜 일과 속에서도 시간을 내어 교정과 사진 작업에 동참해 주신 의제 김경희님께 감사 드립니다. 아울러 쌤 스튜디오 대표 김남욱 사진작가님께도 감사 드립니다. 그리고 출판의 전 과정을 세심하게 챙겨주신 운정 유정숙님께 감사드리며, 뜻을 함께 해주신 취산 김경만님, 오성 임세진님, 청정 김정미님, 도정 김경욱님과 도문 고종일님, 김주인님, 김동민님 등 여의수도회 지도자들과 여의수도자 여러분께 감사 드립니다. 그리고 한결같은 마음으로 성원을 아끼지 않는 한울인 여러분들께도 깊이 감사 드립니다.

여러분들의 깊은 관심과 성원에 감사드리며 '참'을 추구하는 많은 분들이 영적으로 크게 도약하시기를 진심으로 소망합니다.

부록.

참을 찾아서

대부분의 사람들은 지식과 경험을 바탕으로
힘들여 일하면서 살아가지만
진리를 추구하는 자들은 진실과 조화를 바탕으로
수련과 수도를 하는 삶을 산다.

＊모든 강물이 바다로 향하듯 궁극에는 모두가 깨달음의 길로 향하게 된다

붓다와 예수는 깨달음을 이룬 인류의 참된 표상이다. 인간 싯다르타가 깨달아 각성자 붓다가 되었고, 인간 예수가 하나님의 아들임을 깨달아 인류의 영적 구원자 그리스도가 되었다. 그들은 세상 사람 모두가 가는 보편적인 삶에 만족하지 않고 끊임없이 진리를 추구하여 마침내 깨달음을 이루었고, 그 깨달음을 세상에 전하여 인류를 영적 구원의 길로 인도했다.

인류의 큰 스승 붓다는 성인으로 세상에 나기 위해 현생에 태어나기 전 과거 전생에 무수한 세월 동안 구도자로서 남을 이롭게 하는 선한 공덕을 많이 쌓고 보살행菩薩行을 실천하여 비로소 현세의 부처가 되었다고 한다. 그는 오백생을 거듭 태어나면서 악업惡業을 닦고 선한 공덕功德을 쌓아서 태어날 당시에는 이미 깨달을 수 있는 모든 기운을 모두 가지고 태어났다고 한다. 그럼에도 불구하고 가장 근원적인 물음인 생로병사生老病死의 의문을 풀기 위해 6년간 정진精進을 거듭한 후에야 비로소 깨달음에 이를 수 있었다고 한다.

예수 또한 구세주로서 세상에 왔음에도 불구하고 인간 예수는 하나님의 길을 따르기 위해 수많은 시험을 겪어야 했으며, 마침내는 세상자를 위해 목숨까지 내놓고 사랑을 실천하여 영적 승리를 이루어내었다. 예수의 탄생은 구약성서에서 이미 구세주로서 탄생이 예고되어 있었다. 이스라엘의 베들레헴이라는 작은 고을에서 다윗의 자손이 처녀잉태 되어 출산하게 될 것인데, 이 아이가 바로 메시아messiah이며, 신성神性이 가득하여 세계만방을 다스릴 왕이 될 것이라 했다. 실제로 베들레헴에서 다윗의 자손으로 예수가 탄생했으며, 예수 탄생 때에 동방의 현자들이 메시아의 출현을 미리 알고 와서 경배했다고 한다.

이렇듯 그들의 탄생과 삶은 미리 예견되어 있었거나 준비되어 있었다. 이에 대해 한울 큰스승께서는 "나는 지극히 평범하게 태어나 특별히 잘 하거나 뛰어난 것 없이 평범하게 자라 왔으나 우주의 본질을 궁구窮究하여 우주의 설계도인 제도를 하고, 비품을 보조하고 때에 맞추어 氣운영을 함으로써 우주의 근본도리를 깨달아 이 세상을 제도할 영적인 힘과 지혜를 갖게 되었다." 하시며 다음의 말씀을 주셨다.

성인들의 설화에서 우리는 좌절하고 만다.

그들은 탄생부터가 독특하다.

온 산천이 경배를 하고 모두가 기뻐했다고 한다.

여기, 누가 그렇게 탄생한 자가 있는가.

거의 모두가 성인이 되는 첫 조건부터 불합격이다.

우리에게 교훈이 되고 희망이 되는 것은

같은 조건 속에서 누군가가 큰 위업을 이루어 내었을 때이다.

그런데도 성인의 설화만은 독특하게 꾸며놓고

범인이 접근하거나 꿈도 꾸지 못하게 해 놓은 것은 커다란 잘못이다.

앞에서 보듯이 성인들은 탄생부터가 이미 다르다. 그들은 탄생이 이미 예고되어 있거나 성인이 될 모든 조건을 미리부터 가지고 태어났다. 우리 중에 누가 예수처럼 예언에 의해 태어난 자가 있으며, 붓다와 같이 깨달을 수 있는 모든 조건을 완벽하게 갖추고 태어난 자가 있는가? 만약 이것이 깨달음에 이르는 전제前提라면 과연 우리 중에 누가 깨달을 수 있겠는가? 우리는 성인이 될 꿈조차 꿀 수 없고 시작도 하기 전에 절망하게 된다. 그들이 성인으로서 전 인류에게 표가 된 것이 사실이지만 깨달음에 이런 조건이 전제되어야 한다는 것은 크게 잘못된 것이다. 우주는 진화를 목적으로 존재하며, 인간은 궁극적으로 깨달음의 길로 나아가게 되어 있다. 설혹 처음부터 심오한 깨달음을 목적으로 하지 않는다 하더라도 '나는 누구인가?', '나는 어디에서 와서 어디로 가는가?' 이런 본질적인 문제에 의문을 가지고 살다 보면 결국 만날 수밖에 없는 것이 참을 찾는 길이다.

* 깨달음이란 '참나'가 깨어나는 것이다

세상에서 온갖 부귀영화를 꿈꾸고 또 그걸 위해서 지금 무엇을 하고 있다 하더라도 그것이 전부가 아니라는 것을 알아차리는 것이 깨달음의 시작이다. 어느 누구도 영원히 존재할 수 있는 자는 없으며, 그가 세상에서 무엇을 이루었다 할지라도 돌아갈 때는 모두 두고 가야 한다. 죽음은 영혼과 육체의 분리를 일으켜 육체는 소멸되고 영혼은 영원을 향해 나아간다. 때문에 영혼을 위한 삶이 더욱 가치 있고 보람 있는 삶인 것이다.

깨달음에 이르는 길은 외롭고 힘들고 아픈 길이다. 그것은 깨달음이 반드시 기존의 껍질을 깨고 나와야 하기 때문이다. 껍질은 자신을 보호하지만 동시에 제한하고 구속하기도 한다. 이런 제한과 구속을 벗어나려면 강한 저항에 부딪힐 수밖에 없다. 지혜로운 자는 이런 저항을 두려워하지 않고 수많은 저항과 자극을 깨달음을 위한 동기로 삼고 계기로 삼아 스스로를 일깨워낸다. 깨달음을 위해서는 반드시 이런 저항을 극복하고 보편성을 뛰어넘어야 한다.

단군신화에서 환웅의 부인이 된 웅녀는 곰의 보편적인 행위로서 여자가 된 것이 아니라 보편성을 포기하고 어두운 동굴 속에서 마늘과 쑥을 먹었던 것이다. 타성에 젖은 일상에서는 창조성이 깨어나지 않는다. 창조란 굴레화 되어 있는 껍질을 깨는 것이다. 그러나 무의미한 마찰과 갈등은 진보가 아니라 자기 변형이나 자기 파괴가 있을 뿐이라는 것 또한 간과看過 해서는 안 된다.

깨달음을 위해 껍질을 깨고 나오는 모습은 마치 병을 앓는 것처럼 보이기도 한다. 병은 명을 태울 때 일어나는 현상이다. 명을 도리에 맞게 잘 풀어내면 병이 안 생기는데, 이치에 맞지 않게 잘못 풀어내면 병이 된다. 따라서 병을 앓고 있다는 것은 명을 잘못 쓰고 있다는 것을 의미하며, 명을 바르게 깨달아 도리에 맞게 잘 조정하면 병은 저절로 물러가게 된다.

＊깨달음에는 시험과 아픔이 따른다

싯다르타는 수많은 시험을 이기고 부처가 되었으며, 예수는 모든 시험을 이기고 그리스도가 되었다. 시험은 정화淨化 하고 농축하며 차원을 높인다. 시험은 기본적인 욕구에서부터 시작된다. 식욕食慾, 수면욕睡眠慾, 재물욕財物慾, 색욕色慾, 명예욕名譽慾 등은 인간의 가장 근본적인 욕구이며 이로 인한 시험이 가장 크고 직접적이다.

시험은 다양한 형태로 다가온다. 모든 것을 제공하기도 하고, 일시에 걷어가 버리기도 하며, 이룬 것을 모두 뒤집어 버리기도 하고, 특별한 권능과 힘을 갖게 하여 자만하게 함으로써 잘못된 길로 이끌기도 한다. 이런 시험에 들게 되는 것은 이기적인 욕망 때문이며, 우주도리를 무시하기 때문이며, 사랑이 없기 때문이다. 끝없는 욕망은 무리를 범하며, 무지한 욕망은 우주적 부조화를 일으키는 근원적 요소인 ㉠의 힘이라도 빌어서 쓰려한다. 무지는 ㉠이 부리기에 좋으며, 사랑이 없으면 악ᅟᅠᆵ으로 끌려가기 쉽다.

한결같은 마음으로 참을 추구하되 바른 법으로 지켜가지 않으면 자신이 시험에 들어있는 줄도 모르고 빠져들게 된다. 시험에 이기려면 힘과 지혜가 있어야 한다. 한울 큰스승께서는 '힘의 원형은 견디는 것이오. 앎(지혜)의 원형은 맑은 것'이라고 하셨다. '참'을 찾는 자에게 반드시 필요한 두 가지는 '견딤'과 '맑음'이다. 견딤에는 근력에 의한 견딤이 있고, 감정을 다스리는 견딤이 있고, 외부로부터의 수모와 모욕으로부터의 견딤이 있다. 이런 여러 형태의 견딤을 크게 둘로 나누어 보면 밖에서 오는 것에 대한 견딤과 자기 내부에서 일어나는 것에 대한 견딤의 두 가지로 볼 수 있다. 우리는 자기 내면을 다스려 안에서 일어나는 것을 잘 견뎌야 하며, 그러한 내적인 힘을 통해 밖에서부터 오는 힘듦에 견딜 수 있도록 해야 한다.

앎은 맑음에서 온다. 마음이 더러움으로 가득 차고 끊임없이 파도가 일어나면 사물의 본성을 바로 볼 수 없다. 자신의 마음과 감정과 몸을 잘 다스려 우주만물의 본질을 보고 그 성품을 깨달을 수 있도록 해야 한다.

'참나'를 찾으려면 먼저 바른 법을 만나야 하고, 인도할 참된 스승을 만나야 한다. 스승은 보이지 않는 길을 안내하는 자이다. 참을 찾아가는 길에 바른 스승을 만나는 것은 더 없는 행운이다. 스승은 스스로 서며 스스로 행하는 자이다. 스승은 제자가 자랄 바탕이 되어주는 자이며 진리의 길로 안내해 주고 인도해 주는 자이다. 지혜로운 제자는 스승을 잘 타고 간다. 지혜로운 제자는 스승을 통해 사물에 내재되어 있는 '참'을 관찰하여 그와 진실로 통한다.

＊자아는 여러 단계를 거치면서 깨어난다

'참나'를 깨워내기 위해서는 먼저 자아에 대한 바른 이해가 있어야 한다. 우리의 자아는 겹겹이 쌓여 있는데, 대체적으로 다음 여섯 단계를 거쳐서 형성되고 깨어난다.

첫 번째 자아는 영체와 모체와의 만남으로 시작된다. 자식은 부모에 의해 만들어지는 것이 아니라 부모를 통해서 이 세상으로 온다. 사실 부모와 자식은 영적으로는 전혀 별개의 존재다. 그렇기 때문에 부모보다 큰 자식이 나올 수 있고 훌륭한 부모에게서 형편없는 자식이 나올 수도 있는 것이다. 이 영적인 첫 만남이 좋은 인연에서 비롯되기도 하고 악연에서 비롯되기도 한다. 좋은 인연으로 만나면 서로 돕고 이끌어 주지만 좋지 않은 악연으로 만나면 부모와 자식은 끊임없이 갈등하고 충돌하게 된다.

　두 번째 자아는 모체와 태아의 관계에서 이루어진다. 이때가 자아형성에 있어서 가장 중요한 때이다. 태아는 모체를 통해 생명활동에 필요한 기운을 받는다. 이때 서로의 조건을 잘 맞춰 가면 서로 순한 관계가 되지만, 조건이 서로 잘 맞지 않으면 모체와 태아의 기운이 충돌하게 되는데, 입덧이 그 예다. 이러한 기운을 잘 조정하지 않으면, 자라는 과정에서 부모와 자식 사이에 충돌이 끊이지 않게 된다.

　세 번째 자아는 사춘기 때에 깨어난다. 사춘기가 되면 내면에 잠들어 있던 또 다른 자아가 깨어난다. 그때에 자신의 정체성이 흔들리면서 삶과 죽음의 세계를 오가며 혼란과 갈등을 겪게 된다. 자살 충동을 가장 강렬하게 느끼는 것도 이때이다. 이러한 과정을 통해 잠들어 있던 자아가 깨어나는 것이다.

　네 번째 자아는 결혼을 통해서 깨어난다. 서로 다른 두 사람이 만나서 서로 맞추어 가면서 깨어나는 것이다. 서로를 맞추는 과정에서 때로는 이해와 사랑이, 때로는 갈등과 충돌이 일어난다. 그러면서 자아가 깨어난다.

　다섯 번째 자아는 인생에서 크게 좌절했을 때 깨어난다. 열심히 살아가다 크게 좌절했을 때, 삶에 대해 회의懷疑를 느끼게 된다. 이

때에 내면의 있는 참나를 찾게 된다. 그때까지 이룬 것에 대해 회의가 일어나기도 하고 가족 관계를 비롯한 모든 관계가 무의미하게 느껴지기도 한다. 그래서 심한 자살충동을 느끼기도 한다. 실제로 자살률이 가장 높을 때가 이때이다.

여섯 번째 자아는 삶을 마감하게 되었을 때, 즉 모든 것을 마무리 할 때에 깨어난다. 자신의 삶을 전체적으로 되돌아보면서 다시 한 번 자아를 확인하고 정돈하면서 저 세상으로 가기 위한 죽음을 준비하게 된다. 이것이 자아가 깨어나는 일반적인 진행과정이다.

그러나 '참'을 추구하는 자는 때와 무관하게 본질에 대해 끊임없이 의문을 가지고 찾아 들어가야 한다. 본질적이고 근원적인 문제에 대해 의문을 갖는 것이 깨달음의 시작이다. 싯다르타가 존재의 가장 기본인 생로병사生老病死에 대해 강한 의문을 갖게 된 것처럼 말이다.

* '참나'를 깨닫는 것은 모든 어우러짐 속에 있는 자기 존재의 의미를 찾아내는 것이다

'참나'를 발견한다는 것은 독립되어 있는 온전한 자기 자신을 발견하는 것이 아니라 모든 어우러짐 속에 있는 자기 존재의 의미를 찾아내는 것이다. 다시 말해 자기가 모든 대상들과 어떤 관계들을 맺고 있으며, 그 속에 존재하고 있는 나는 어떤 의미를 가지는가를 발견하는 것이 진실로 '참나'를 찾는 것이다.

'참나'를 발견하는 것이, 고유한 나를 발견함으로써 얽히고 설킨 관계 속에서 홀로 독립되어 자유로워질 수 있는 것으로 착각해서는 안 된다. 독립된 자기를 찾아가는 길과 모든 어울림 속에서 자기 존재의 의미를 파악하는 것은 근본적으로 다르다. 자기를 찾는 공부 쪽으로만 가는 사람은 점점 비사회적인 인간이 되어 현실을 부정하여 사회로부터 스스로 소외되고 말지만, 전체 속에서 자기의 존재를 찾는 사람은 모든 존재를 다 인정하고 서로 조화롭게 어울린다. 그 속에서 자신과 상대가 존재하는 의미를 온전히 찾을 수 있는 것이다. 그로써 나와 상대의 관계가 선명해진다. 부모와 자식, 스승과 제자, 상사와 부하의 모든 관계를 부정하고 자기 자신만을 찾으려고 하는 것은 모든 관계를 부정하는 것으로써 이는 '참나'를 찾는 바른 자세가 아니다.

자기 속에서만 존재의 의미를 찾으려 하다 보면 영적 자폐증自閉症에 걸리게 된다. 자폐증은 모든 관계를 끊고 자기 속으로 들어가서 외부로 통하는 문을 모두 닫아버리는 병증이다. 자폐증에 걸리면 적절한 대인관계를 맺지 못하고, 기쁨이나 흥미, 성취 등을 다른 사람과 자발적으로 공유하려 하지 않으려 하며, 사회적, 감정적인 상호작용을 하지 못하고, 특정 행동을 반복하는 상동증常同症을 보이며, 기분과 정서의 불안정성을 보이기도 한다. 또한 의례적인 행동에 융통성 없이 집착하여 제한된 패턴^{pattern}으로 하나 또는 그 이상의 흥미 거리에 사로잡히게 되는데, 그 흥미의 강도나 초점이 비정상적이다. 이러한 자폐증은 외부로부터의 공격에 민감하게 반응하는 피해망상^{被害妄想}에서 비롯되는데, 이는 외부세계를 두려워하여 자기 속으로 들어가서 안주^{安住}하려는 것이다.

   자폐증에 걸리면 치료가 거의 불가능하다. 그것은 자기 속으로 들어가서 만족해 하며, 안쪽으로 문을 걸어 잠그고 있기 때문이다.

   '참'을 찾는 사람이 자기 속으로만 들어가다 보면 자칫 이런 자폐증에 걸리기 쉽다. 모든 원인을 자기 내면에서 찾으려는 것이 일견 그럴 듯 해 보이지만 자신을 비출 거울을 잃게 되어 자신의 본 면목을 볼 수 없게 되고 만다.

   우주는 크게 자기의 안쪽과 바깥쪽으로 이루어져 있다. 드러난 외부세계는 거시세계로서 상대적인 우주로 존재하며, 감추어진 내부세계는 미시세계로서 절대적인 우주로 존재한다. 내부세계로 들어가면 상대가 사라지고 오직 자기 자신만 있을 뿐이다. 그래서 서로 비추어 볼 대상이 사라지게 되어 자기 속으로 함몰^{陷沒}되어 스스로 갇히게 된다. 그런데도 자신은 외부로부터의 격리를 초월로 착각하며 환상에 사로잡힌다.

   '참'을 찾는 수도자나 집단이 가장 경계해야 할 것이 바로 이 영적 자폐증이다.

＊깨달음은 환상으로부터 깨어나는 것이다

원자는 파동일까? 입자일까?

올바른 답은 '정답 없음'이다. 원자 이하의 세계인 소립자를 연구하던 과학자들은 자연히 전자는 파동인가 입자인가 하는 의문을 갖게 되었다. 그들은 전자는 에너지를 전달하며, 에너지는 입자 또는 파동의 형태로만 전달되므로 당연히 전자는 입자가 아니면 파동이어야 할 것이라고 생각했다. 그러나 문제는 그렇게 간단하지 않았다. 전자를 가지고 실험한 결과 과학자들은 전자가 어떤 경우에는 입자처럼 보이고 어떤 경우에는 파동처럼 보인다는 사실을 발견했다. 이것을 과학자들은 '입자와 파동의 이중성'이라 불렀는데, 이는 소립자의 세계가 얼마나 기묘한가를 보여준다. 소립자의 세계에서는 입자와 파동의 개념이 적용되지 않는다. 고전 물리학에서 그토록 중요시 한 입자와 파동의 구분이 소립자의 세계에서는 무의미한 것이 되고 만다. 전자는 입자도 파동도 아니며, 어떤 실험을 하느냐에 따라 입자로 보일 수도 있고 파동으로 보일 수도 있다. 입자와 파동의 법칙은 자연법칙이 아니라 실험자의 마음에 있는 것이다.

전자의 실험에서 보듯이 원자 이하의 세계에서는 모든 것의 구별이 모호해진다. 즉 일상생활과는 전혀 다른 현상이 일어나는 것이다. 양자론적인 미시세계로 들어가면 거기에는 이것과 저것, 여기와 저기, 과거와 현재의 구별이 사라져 버린다. 이것을 잘못 이해한 사람들은 이상과 현실을 구별 못하는 착각에 빠져들고 만다. 그들은 모든 것이 마음먹기에 달렸다고 생각하면서 쾌재快哉를 부른다. 보고 싶은 대로 보고 믿는 대로 이루어진다고 생각하니 얼마나 통쾌한가. 그들은 현실을 무시한 채 모든 것이 마음만 먹으면 다 된다고 생각하면서 자신이 만들어낸 허구虛構의 환상 속으로 빠져든다. 현실을 망각한 그들이 다시 현실로 돌아올 때는 어쩔 수 없는 괴리乖離 때문에 고통스러울 수밖에 없다. 그래서 현실로 돌아오기를 거부하며 외부로 향하는 문을 굳게 걸어 잠그고 자신이 만든 환상 속에서 살아간다. 그러면서 이미 궁극의 진리를 깨달았으며 모든 것을 다 이루었다고 착각한다. 이 또한 영적 자폐증에 걸린 사람들이다.

많은 이들이 이를 대단한 깨달음인양 포장하여 자신을 따르는 사람들을 환상 속으로 몰아넣는다. 양자론적인 세계가 무한한 가능성을 가진 환상적인 세계임에 틀림없지만 그것이 현실화되는 데는 여러 가지 조건이 따른다는 것을 잊어서는 안 된다. 궁극의 세계는 모든 것을 다 담고 있어 모든 것이 가능하지만 그것을 현실화시키기 위해서는 제반 조건을 맞추어가야만 하는 것이다. 이것을 도리에 맞게 하는 것이 '조건과 조종'이며, 이 조건과 조종을 자유자재 하는 것이 '여의如意'인 것이다.

＊천신만고 끝에 정상에 오른 자와 아예 정상을 포기하고 산 아래에 머무는 자는 무엇이 다를까

정상에 오른 자에게는 신선한 공기와 색다른 주위와 내려다보는 쾌감과 정복감과 완성에 대한 만족이 있다. 산 아래에 머무는 자에게는 탁한 공기와 구태의연한 주위와 언젠가는 올라가야 한다는 부담감이 있으며, 올려다 보아야 한다는 굴욕감과 미완성에 대한 공허함이 있다. 그러나 정상에 오른 자라고 할지라도 정복감과 만족감을 느낄 수 없다면 산 아래에 머무는 자와 다를 바가 없을 것이며, 설령 산 아래에 머무는 자라고 할지라도 부담감, 굴욕감, 공허감이 전혀 없다면 굳이 정상에 오를 필요가 없을 것이다.

느낌이 궁극적이라며 느낌을 제압하는 수련을 하여 부질없이 산에 오르는 행위를 종식 시킬것이며, 느낌을 통한 기쁨이 궁극이라면 그 외에 다른 것으로도 얼마든지 충당할 수 있을 것이다. 궁극적 필요에 대한 확실한 근거가 없다면 우리는 추구할 의욕을 상실하게 되고 만다.

느낌이 또 다른 진행의 바탕이 된다면 정상에서의 느낌은 만족이 아니고 하나의 센서가 받아들인 정보가 되어 다음의 추진을 위한 바탕이 된다. 여기에서 개체를 전체와 연결시켜 봄으로써 자기 추구의 종식 내지 추진 여부를 결정할 수 있다.

산을 힘들게 오르는 것은 정상에 오른 기쁨과 더불어 자유가 보장되기 때문이다. 산을 오를 때 그토록 힘들던 것이 산 정상에 오르면 순식간에 사라지는 것은 산이 밀어 올리는 기운을 받기 때문이다. 정상은 끝이 아니며, 한 세계의 끝은 다음 세계의 시작이 된다. 이와 같이 물질계의 끝은 무형의 에너지계로 이어지는 시발점이다. 우리는 바로 거기에서 차원을 넘어서는 지혜와 힘을 얻을 수 있다. 정상에 오르고자 하는 것은 거기에 자유가 있기 때문이며, 보장 받을 수 있기 때문이고, 새로운 길이 있기 때문이다.

＊'참'을 깨닫고자 하는 것은 영적 대자유를 얻기 위함이다

살아가는 것은 누구나 할 수 있으나 가치 있는 삶을 사는 것은 누구나 할 수 없다. 가치 있는 삶은 삶의 목표 설정에서부터 시작된다. 사업을 한다, 정치를 한다, 온갖 걸 다 해도 실제로 자기 영혼에 득(得)이 되는 것은 그다지 많지 않다. 우리는 진실로 영혼에 득이 될 것이 무엇인가를 깨달아야 한다. 영혼에 득이 되는 것은 영적인 삶을 통해 영적인 힘과 지혜를 갖는 것이다. 이 세상에서 어떤 삶을 살았든 우리가 유래한 본원으로 갈 때 가져갈 것은 자신이 이 세상에서 쌓은 영적 정보뿐이다. 그렇기 때문에 삶의 목적을 영적 성장에 두어야 하는 것이다.

'참'을 깨닫고자 하는 것은 영적 대자유를 얻기 위함이다. 자유란 모든 구속과 억압에서 벗어나 무한한 가능성의 세계에 들어가는 것이며, 자신이 유래한 근원으로 돌아가는 것이다. 모든 것을 제한 받으면 어떤 것도 할 수 없다. 그것은 죄수가 감옥에 갇혀서 모든 자유를 제한 받는 것과 같다.

인류는 자유를 쟁취하기 위해 부단히 노력해 왔다. 원시시대에는 자연의 억압으로부터 벗어나려고 했고, 근대에 이르기까지는 봉건 세력의 전제적인 억압으로부터 벗어나려고 했다. 앞으로는 영적인 구속과 억압으로부터 벗어나 진정한 자유를 누려야 한다. 우리는 이제 모든 상대적인 형식이나 제도나 대상으로부터 벗어나 진실로 자유로운 영혼으로 깨어나야 하는 것이다. 현대는 이미 우주로 향하고 있는데, 아직도 원시 영혼을 가지고 있어서는 엄청난 갭gap 때문에 혼돈에서 벗어날 수 없다. 지금이야말로 모든 종교적, 영적 억압과 구속으로부터 벗어날 영적 혁명의 시대이다. 우리가 우리 자신이 유래한 근원으로 돌아가 우주의 참 본성과 하나가 될 때, 비로소 영적 대자유가 보장된다.

* '참나'를 찾는 것은 여의화如意化되기 위함이다

참나를 발견하고 그와 하나가 되려는 것은 궁극적으로 여의화를 위함이다. 여의란 '뜻하는 바가 그대로 이루어지는 것'이다. 여의는 여O로 설명할 수 있다. 여의란 우주본질인 ○과 현상계에 드러난 존재인 |이 서로 같아지는 것이다. 그런데 ○과 |이 같아지

기 위해서는 반드시 Ω라는 조건이 충족되어야 한다. 이는 아인슈타인의 질량과 에너지의 관계를 설명하는 방정식 $E=mc^2$으로 설명할 수 있다. 상대성 이론에서 물질은 에너지의 다른 형태일 뿐이므로 질량은 그와 동등한 양의 에너지를 갖고 있다. 다만 질량과 에너지가 서로 같게 되려면 반드시 광속의 제곱의 속도로 이동해야하는 조건이 충족되어야 한다. 여기서 조건인 광속 C는 워낙 큰 값이기 때문에 조그만 질량을 가지고도 엄청나게 큰 에너지를 낸다. 깨달음은 자신의 내부에서 이 에너지를 얻는 것이다. 이는 마치 핵폭발이나 핵융합이 일어나는 것과도 같아서 범인凡人으로는 상상조차 할 수 없는 엄청난 힘을 발휘한다. 이 힘이 바로 세상을 자유자재 할 수 있는 여의화의 원천源泉인 것이다.

* 근원과 현상계는 ∞으로 꼬여 있으며, 여기에 천변만화千變萬化하는 우주의 비밀이 숨겨져 있다

근원에서 현상계에 이르는 데는 수많은 저항이 있으며, 이 저항으로 본질이 왜곡되어 변형, 변질됨으로써 서로 다른 모습을 갖게 된다. 꼬여있기 때문에 상대적인 조건이 따르고 그 조건에 따른 조종이 필요하다. 이 꼬임에 의해 안에 내재되어 있던 것이 밖으로 드러나고 밖으로 드러나 있던 것이 안으로 내재된다. 꼬여있음으로써 씨앗이 싹터 나오고 꽃이 피고 열매를 맺고 열매는 다시

씨앗 속에 모든 정보를 내재할 수 있다. 여의화된다는 것은 이 꼬임을 자유자재 할 수 있게 되는 것이다. 꼬임을 풀고 여는 키^{key}가 바로 氣이다. 氣는 우주만물에 작용하므로 모든 것과 통한다. ○계와 세상은 서로 다른 모습을 가지고 있지만 氣를 타고 내면으로 들어가 보면 서로 하나로 통하고 있는 것을 발견하게 된다. 氣는 안팎을 드나들며 운행하므로 氣를 쓰면 모든 조건을 조종할 수 있다. 이때에 비로소 여의가 이루어지며, 이것이 공즉시색 색즉시공 空卽是色 色卽是空의 세계다.

세상에서는 각기 다른 모습을 갖고 있지만 만물의 근원인 ○계와 통하게 되면 모든 것과 통하여 '하나'가 된다. 모든 것의 내면으로 들어가서 우주만물이 하나임을 밝히는 것이 진정한 깨달음이다. 이러한 이치를 모르고 무조건 같다고 하는 것은 무지이고 착각이다.

흔히 깨달음을 물으면 분별하는 마음을 모두 버리라고 한다. 진실을 가리고 있는 것이 나와 남을 나누는 분별하는 마음 때문이니 그 마음을 버리라고 한다. 이 얼마나 감동적인가. 그러나 버리기 전에 본질부터 파악해야 한다. 그래야 무엇을 버릴지, 어떻게 버릴지를 알 수 있다. 버려야 할 것을 모르고 어찌 버릴 수 있으며, 버려야 할 때를 모르고 어떻게 버릴 수 있단 말인가. 먼저 사물의 본성을 바르게 파악하고 나서야 비로소 버리든 구하든 그것에 잡히지 않고 자유자재 할 수 있게 되는 것이다.

*여의는 조건과 조종을 자유자재 하는 것이다

조건과 조종이 이 세상을 운행하는 힘이며 질서이다. 조건과 조종을 모르고는 수련도 수도도 지도도 바르게 할 수 없다. 물을 앞에 놓고 끓어라! 끓어라! 아무리 간절하게 기도해도 끓지 않는다. 물을 끓이려면 끓을 때까지 필요한 열을 계속 공급해주어야 하는 것이다. 비행기가 날아오르려면 임계속도를 넘어서야 한다. 임계속도를 넘어서지 못하면 날지 못한다. 마찬가지로 깨달음에 이르지 못하는 것은 조건을 맞추지 못하기 때문이며, 조건에 따라 조종을 잘 하지 못하기 때문이다. 수련의 조건은 점점 더 짙어지고 강해지고 튼튼해지는 조건이라야 하고, 수도의 조건은 반드시 도수를 높이는 것이어야 하며, 지도는 조건을 적합하게 제시하고 바르게 주도하는 것이어야 한다.

조건을 모르고 무작정 조종하려 들면 곧 탈이 나고, 지치게 되며, 타성에 젖어 의심과 갈등으로 혼란을 겪게 된다. 그때부터는 비판하고 부정하는 마음이 생기고 포기할 이유만 찾게 된다. 그렇게 되면 깨달음과는 점점 멀어지게 된다. 날아오르려면 먼저 목표를 선명하게 정하고 끊임없이 계속해서 임계점을 넘어서야 한다.

*진화는 나아가는 것이며, 순수하게 되는 것이며, 다양하게 되는 것이며, 참되게 되는 것이다

나아간다는 것은 계속한다는 것이며, 순수하게 된다는 것은 정화된다는 것이고, 다양하게 된다는 것은 고도로 분화되는 것이며, 참되게 된다는 것은 진실하게 되고 가득 차게 된다는 의미다. 진화는 생동하는 것이며, 순수한 우주자성의 깨어남이며, 궁극의 자아를 찾아가는 깨달음의 과정이다.

진화의 바탕은 순수성과 다양성이다. 순수성은 빛에서 볼 수 있다. 빛은 자신을 드러내지 않는다. 만약 빛이 자신의 색을 드러낸다면 우주사물은 절대로 각각의 고유한 모습을 볼 수 없을 것이다. 그러나 빛이 자신의 색을 드러내지 않는다고 색이 없는 것이 아니다. 빛은 모든 색을 다 가지고 있으면서도 어떤 색도 드러내지 않는 것이다. 프리즘을 통과한 빛에서 보듯이 빛은 대상을 만나면 그 사물이 가진 색을 드러나게 한다. 사물은 자신의 색을 드러냄에 있어 자신이 수용하지 못하는 색을 드러낸다. 즉 흰색으로 보이는 것은 어떤 색도 수용하지 못하고 모든 색의 빛을 다 반사하는 것이고, 검은 색으로 보이는 것은 모든 색을 다 흡수하여 어떤 색도 드러내지 않는 것이며, 푸른색으로 보이는 것은 다른 색은 다 흡수하고 푸른색만을 반사하기 때문이다. 빛은 스스로 자신을 드러내지 않고 우주사물이 각각 자신의 색을 드러내도록 한다.

이와 같이 순수하다는 것은 없는 것이 아니라 자신을 드러내지 않으면서 모든 사물이 스스로 드러나도록 하는 성품이다.

＊진화는 균형과 불균형의 대립과 조화에서 이루어진다

씨는 싹을 틔워 자라서 꽃을 피우고 열매를 맺고는 다시 씨앗으로 돌아가는 사이클을 돈다. 이때 처음의 씨와 사이클을 돌아서 나온 씨는 완전히 일치하지 않는다. 겉으로는 같아 보이지만 씨가 가진 정보는 차이가 나게 된다. 그것은 사이클을 도는 과정에서 새로운 외적 정보를 받아들이기 때문이다. 유전자인 DNA는 복제가 매우 정확하게 이루어지지만 100만 번에 한 번 정도씩은 오류가 생긴다고 한다. 복제과정에서 정확성과 스닙[Snip]이라고 하는 실수의 균형은 아주 미세하게 일어난다. 여기서 실수가 너무 자주 일어나면 생물이 본래의 기능을 할 수 없고, 너무 적게 일어나면 변화에 대한 적응력을 잃어버리게 된다. 그런데 새로운 정보에 의해 발생하는 작은 오류가 일으키는 불균형이 생명체를 진화하게 한다. 모든 생명체는 이런 과정을 통해 생존하면서 진화를 거듭하는 것이다. 이렇게 진행되는 진화의 속도는 매우 느릴 수밖에 없다. 그것은 생명체가 수용할 수 있는 변화의 폭이 극히 제한되어 있기 때문이며, 그 한계를 넘어서면 생명체가 존재할 수 없기 때문이다. 그런데 오늘 날 우리 인간은 유전자를 조작하여 유전정보를 획기적으로 바꾸고 있다. 수십 수백 만 년 걸리던 변화를 바로 한 대에서 바꾼다. 이제 인간은 생물체의 설계도를 마음대로 조작할 수 있게 된 것이다. 이것이 가능하게 된 것은 사물의 본질을 찾아 들어가서 실체를 밝혀냈기 때문이다.

* 진리추구는 올바른 이성으로 사물의 이치를 바르게 깨우쳐 가야 한다
이성적 성찰법省察法에는 연역법演繹法과 귀납법歸納法이 있다. 연역법은 이미 알고 있는 명제命題에로 접근해 가는 것이고, 귀납법은 구체적인 관찰로 명제에 접근해 가는 방식이다. 연역법이 이미 아는 답을 풀어 설명해가는 방법이라면 귀납법은 답을 찾아가는 방법이라고 할 수 있다. 하나는 근원으로부터의 계시적인 형태이고, 다른 하나는 진리를 찾아가는 형태이다. 하나는 근원으로부터 내려오는 길이며, 하나는 근원을 향하여 올라가는 길이다. 하나는 조건에 따르지 않는 무조건적인 길이고, 다른 하나는 조건을 철저히 따라야 하는 길이다.

세상의 여러 종교 또한 이 두 길 중에서 하나의 길을 취한다. 기독교와 이슬람교는 절대자의 계시에 철저히 따름으로써 근원에 이르게 하고, 불교는 신의 존재를 부정하며 사물에 대한 깊은 통찰을 바탕으로 각성하여 근원으로 다가가게 한다.

경주 불국사佛國寺에 대웅전 앞에는 석가탑釋迦塔과 다보탑多寶塔이 절묘한 조화를 이루고 있다. 석가탑이 아주 단순하고 남성적인데 비해 다보탑은 매우 복잡하고 여성적이다. 석가탑은 단아하고 간결하게 절제된 모습이고, 다보탑은 화려하고 정교하게 다듬어져 있다. 이 두 탑의 가장 큰 차이는 계단에 있다. 석가탑은 계단이 없고 다보탑은 계단이 있다. 계단이 없는 석가탑은 위에서 아래로 내려오는 길을 상징하고, 계단이 있는 다보탑은 아래에서 위로 올라가는 길을 의미한다. 석가탑은 근원으로부터 내려오는 길을, 다보탑은 세상으로부터 근원으로 올라가는 길을 설명하고 있는 것이다.

다보탑은 사방四方에 계단이 있다. 이는 궁극의 진리에 이르고자 할 때, 정상으로 향하고자 할 때, 우리가 선택할 수 있는 길은 하나의 길만 있는 것이 아니라 어느 길로도 갈 수 있다는 것을 가르치고 있는 것이다. 우리는 서로의 차이를 이해하고 다른 길을 인정해야 한다. 이것을 인정하지 않고 자기만을 고집하고 어느 하나에 집착하면 서로를 부정하고 탓하고 다투게 된다.

계단을 통해 위로 올라가면 사방에 네 기둥이 서 있고 중앙은 비워져 있다. 기둥은 의지意志를 상징한다. 세상 바탕은 사방이니, 사방에 굳건한 의지를 세우라는 것이다. 그리고 내부가 비어 있다는 것은 수용력을 의미하는 것으로 마음은 비우라는 것이다. 거기서 더 올라가면 이제 난간으로 둘러싸인 팔각 층에 이르게 된다. 난간은 떨어지지 않도록 잡아주는 역할을 한다. 이것은 보호가 필요하다는 것을 의미한다. 위로 올라갈수록 추락의 위험이 커진다. 추락하면 자신은 물론 남도 크게 다치게 된다. 그래서 보호가 필요한 것이다. 또한 4각이 우리가 존재하는 세상 바탕을 의미하는 것이라면 8각八角은 사물의 운행을 뜻한다. 즉 8각층은 이제 운영력을 가지게 되었다는 것이다. 운영은 조종하기에 따라 올라갈 수도 있고 추락할 수도 있다. 이때 보호가 필요하며 지킬 계가 필요하다. 사람이 수용력이 적을수록 각을 작게 드러내고 수용력이 크면 클수록 각이 커지게 된다. 4각에서 8각으로 바뀐다는 것은 수용력이 커짐을 뜻하는 것이기도 하다. 위로 올라갈수록 각이 많아지는 것은 완성으로 갈수록 수용력이 커진다는 것을 의미한다. 난간이 있는 8각 층에서 위로 더 올라가면 연꽃 모양의 8각형의 갓 모양이 나온다. 그런데 이 갓은 아래층보다 크다. 이것은 완전히 차원을 달리하지 않으면 올라갈 수 없다는 것을 의미한다. 머리에 쓰는 갓 모양을 여기에 둔 것은 생각과 사고의 차원을 넘어야 한다는 것을 가르치고 있는 것이다. 여기까지 이르면 이제 완성된 것이다. 완성을 상징하는 것이 구형球形의 보주寶柱다. 그런데 보주를 보면 완전하게 둥근 구형이 아니라 찐빵같이 위에서 살짝 눌러 놓은 형태다. 이 세상에 완전한 구형은 존재하지 않는다. 씨나 알은 생명체가 될 수 있는 모든 정보를 다 담고 있지만 일그러진 형태를 띠고 있다. 이는 세상에 존재하는 모든 것이 우주적 불균형의 상태에 있다는 것을 의미한다. 우리는 이 보주를 보고 설혹 이미 완성되었다 하더라도 자만하지 말고 자신을 겸허하게 낮추어야 한다는 것을 알아차려야 한다. 다보탑은 이러한 형태를 통해서 진리를 추구하는 자가 어떻게 올라가야 하는가를 가르치고 있는 것이다.

곁에 있는 석가탑은 다보탑에 비해 아주 단순하다. 올라가는 길은 한 계단씩 올라가야 하기 때문에 복잡하지만, 내려오는 길은 복잡할 이유가 없으므로 아주 단순하다.

다보탑이 인간계人間界에서 천계天界로 올라가는 길이라면, 석가탑은 하늘에서 세상으로 내려오는 길이다. 근원으로부터의 계시는 절대적이고 단순하고 명쾌하다. 근원으로부터 제시되는 답은 극히 간단, 명료하다. 답을 찾아가는 과정이 복잡한 것이다. 이렇게 보면, 다보탑은 올라가고 석가탑은 내려와 대웅전 앞에서 ○으로 회전운동을 하고 있다. 이 두 탑은 둘이면서 하나이고 하나이면서 둘인 절대세계와 상대세계를 이렇게 회전운동으로 표현하고 있다. ○은 불법의 중심사상이니, 다보탑과 석가탑은 불법의 가르침을 참으로 명쾌하게 설명하고 있는 것이다. 우리는 이러한 의미의 세계를 두 탑에 숨겨놓은 옛 선인들의 놀라운 지혜에 경탄하지 않을 수 없다. 다보탑과 석가탑에 담겨있는 이런 깊은 의미를 모르고 단순히 문화적, 예술적 가치로만 보는 것은 그것이 가진 본래의 참된 가치를 모르는 것이다.

＊창조적인 삶을 위해서는 틈을 잘 조종해야 한다

기계적으로 반복되는 일상생활에서 창조적인 사고를 하는 것은 결코 쉽지 않다. 정해진 길에서 벗어나면 삶이 온통 뒤죽박죽 될 수도 있기 때문이다. 그러나 고정관념에서 자유로워지지 않는다면 창조적인 삶을 기대할 수 없다. 창조는 다른 사람들과 같은 사물을 보고도 다르게 생각할 때 일어난다.

창조적인 삶을 위해서는 틈을 조종할 수 있어야 한다. 틈 조종은 '전체를 질서 있게 엮어가는 법칙'과 그 '법칙을 깨는 무질서한 운동' 사이에서 자신의 영역을 창조해 내는 것이라고 할 수 있다. 틈이 있어야 통하며 틈이 있어야 전달할 수 있고 틈이 있어야 전할 것인가 아닌가를 결정할 수 있다.

틈은 사이, 여유, 여건, 조건 등을 이르는 것이다. 사물은 물론 시간도 공간도 틈이 있어야 돌릴 수 있다. 몸도 생각도 마음도 틈이 없으면 돌릴 수 없다. 더 깊이 들어가면 영혼도 틈을 통하여 구성되고 조종된다. 틈은 모든 조건을 조종하기 위한 바탕이며 길이다. 우리가 모든 틈을 자유자재 할 수 있다면 세상에서 조종하지 못할 것이 없을 것이다.

각자가 평생 쓰는 명의 크기는 별 차이가 없으나 무엇을 위해 어떻게 쓰는가 하는 것은 천양지차^{天壤之差}이며 그에 따라 결과는 극적으로 달라진다. 자신에게 배정된 시간을 어떻게 쓰고 몸과 마음을 어떻게 쓰는가 하는 것은 각자의 가치기준에 따라 달라진다. 틈 조종은 무엇을 위해 틈을 낼 것인가 하는 것이 우선이며, 그 다음은 어떻게 틈을 조종할 것인가 하는 것이다. 보다 의미 있고 가치 있는 삶을 위해 틈을 내고 조종할 때 우리의 삶은 더욱 진화, 발전할 것이다.

틈을 조종하는 것은 누군가에 의해 강제적이고 억압적으로 되는 것이 아니다. 모든 틈을 스스로 조종하는 것이다. 틈을 스스로 조종하고 주도할 수 있어야 자신의 삶을 자신이 주도할 수 있다. 틈 조종을 통해 자신의 삶을 스스로 주도할 수 있게 되도록 해야 한다. 주께서는 틈 속에 계시므로 모든 틈을 자유자재 하여 스스로 주도하는 것이 바로 주와 하나가 되는 길이다.

한울 큰스승께서는 "깨달음은 기존의 자기를 깨는 것에서부터 시작되며, 씨앗이 싹트려면 껍질이 깨져야 하고, 앞으로 나아가려면 균형이 깨어져야 하며, 진리를 깨우치려면 기존의 자기가 깨어져야 한다."고 하셨다. 고정관념에 사로잡혀 있는 한 깨달음의 세계는 그와 멀어질 수밖에 없다.

창조는 여리고 부드러운 데서 일어나 점점 구체화된다. 도자기를 만들 때는 부드러운 흙으로 빚어내야 한다. 그러나 빚어낸 도

자기를 쓰기 위해서는 고온에서 구워내어 강하게 하지 않으면 안 된다. 만들 때는 부드러워야 하고 쓸 때는 강해야 한다. 강(剛)과 유(柔)는 어느 것이 좋은 것이 아니라 도리에 맞아야 하는 것이다. 무릇 만물이 생성, 운행되는 이치가 모두 이러한 도리를 바탕으로 하므로 이것을 모르면 틈을 조종할 수 없고 세상에 바로 설 수 없다.

*우주는 만물에 베풀지만 스스로 안전장치를 가지고 있다

근원의 뜻을 세상에 구현해 내는 데는 수많은 저항들이 있고 조건들이 있는데, 어떻게 하면 조건들을 구체화하여 구현해 낼 수 있는가를 알아야 한다. 그런데, 자칫 잘못 생각하면 모든 것은 ○으로부터, 절대자로부터 비롯됐으니까 자신도 절대자라고 착각하기 쉽다. 그것은 잘못이다. 앞에 설명한 바와 같이 여의화가 되면 이미 둘이 아니다. 노자 도덕경에 '거금정시아, 아금불시거(渠今正是我, 我今不是渠)'라는 말이 있다. '그가 바로 나다. 하지만 내가 그는 아니다.' 이걸 모르면 '내가 하나님이다' '내가 구세주다'라고 착각하게 된다.

우주는 자신을 지키는 안전장치를 곳곳에 숨겨 놓고 있다. 첫 번째 안전장치는 서로를 제한하고 조절하게 하는 것이다. 우주는 만물에 베풀면서 제한하고 제한하면서 이끈다. 이를 통해 우주만물이 공존하며 상승하게 한다. 우주가 설치한 또 하나의 안전장치는

'자만'과 '교만'이다. 자만과 교만은 자신을 뒤집어지게 한다. 아무리 큰 그릇이라도 뒤집히면 다 쏟아지고 만다. 자만하면 비워지니 그가 세상에서 무엇을 이루었다 할지라도 우주근원은 그에게서 돌아서 버린다.

사실, 이미 도달한 자에게 그 이름은 아무런 의미가 없다. 부처라 하던 하나님이라 하든 알라라 하든 그것은 세상자들이 절대자를 부르는 이름에 지나지 않는다. 그래서 노자 도덕경에서는 '道를 도라고 할 때 이미 진실된 도가 아니며, 어떤 대상에 이름을 붙였을 때는 이미 진실된 이름이 아니다.'라고 한 것이다. 여기서 도道는 근원인 ○계를, 명名은 세상 물질계를 의미한다. 즉 도는 우주근원인 ○의 도리, 질서, 법칙을 뜻하는 것이고, 명은 세상에 존재하는 사물과 그의 운행이치를 얘기하는 것이다. 이 둘은 그대로 모두 진실된 것인데, 여기에 인위적으로 어떤 의미를 부여하고 이름을 갖다 붙이면 이미 그의 본질에서 벗어나는 것이다. 이름을 붙이는 순간 이미 순수한 의미가 제한되어 그가 아닌 것이 되어버린다.

더불어 명심해야 할 것이 '성전이귀지誠全而歸之'다. 그 뜻은 참으로 성실하게, 온전하게 해서 근원으로 돌아가라는 말이다. 온전해지지 않으면 근원으로 돌아갈 수가 없다. 근원으로 돌아가려면 ○계의 조건에 맞추어야 한다. 난자를 향해서 수억 개의 정자가 몰려가도 모두 난자에 들어가는 것은 아니다. 난자는 자신이 원하는 조건에 맞지 않으면 작은 섬모들을 이용해서 다가오는 정자를 밀어낸다. 마찬가지로 ○계에서도 ○계의 목적에 부합되지 않으면 다가오는 영들을 밀어낸다. 이렇게 밀려난 영들은 다시 세상으로 돌아와 윤회를 하게 된다. 이것이 영적 심판이다. 우리가 ○계에 들기 위해서는 우주도리를 깨달아 ○계의 조건에 맞추어야 하는 것이다.

＊인간과 자연을 이토록 조화롭고 효율적으로 운행하는 본질은 무엇일까

기독교에서는 전체를 질서 있게 움직이게 하는 전체의지, 즉 절대의지가 있다고 보고, 그러한 절대의지를 인격적 의지를 가진 존재라고 생각하여 그를 '하느님' 또는 '하나님'이라고 했다. 하나님의 말씀으로부터 온 우주가 이루어졌다고 본 것이다.

그런데, 인도의 붓다는 우주적 본질을 인격적인 존재가 아니라 공空이라고 보았다. '아! 우주만물은 모두 비어있는데, 있다고 착각하고 있었구나. 있다고 착각하기에 거기에 집착하게 되었구나!'라고 깨달은 것이다. 붓다가 깨달은 우주본질은 '수냐'라고 하는, 무언가 부풀어 오르게 하는 우주적 힘이었다. 붓다의 깨달음은 오늘 날의 양자이론과도 통하는 시대를 앞선 큰 지혜였다. 양자이론에서는 모든 것은 개체로 존재하지 않고 미소(微小)한 양자(量子)들이 진동하는 양자장으로 존재하며, 우주만물은 그로부터 비롯된다고 본다.

또한, 중국의 노자는 우주만물을 생성하고 주도하는 뭔가가 있는데, 그것을 '大'라고 할까, '玄'이라 할까 망설이다가 '도(道)'라고 하기로 한다. 노자는 이 우주가 무위로 흐르는 자연스러운 길, 즉 질서가 있다고 본 것이다. 길이 있어 모든 것과 통하고 있는데, 그 길은 인위적인 것이 아니라 우주적 자성에 의해 스스로 그렇게 되어 가는 것이라고 보아 무위자연(無爲自然)이라고 했다. 이처럼 우주의 본질과 사물의 실체는 어느 관점에서 보는가에 따라서 많은 차이가 있다. 우리 몸을 박테리아의 눈으로 본다면 우리 몸은 더없이 넓은 들판이요, 산이요, 그야말로 우주일 것이다. 그러나 〈걸리버 여행기〉에 나오는 거인의 눈으로 본다면 인간은 작은 벌레처럼 보일 것이다. 상대에 따라 엄청나게 클 수도 있고 대단히 작을 수도 있는 것이다. 걸리버는 거시세계와 미시세계를 다 보여준다. 깨달은 자는 걸리버와 같이 거시세계와 미시세계 모두를 본 자이다. 그런 그가 서로를 이어줄 수 있다. 미시세계만 들여다 본 자나 거시세계만 바라 본 자는 전체를 알 수 없다. 진리를 추구하는 자는 보이는 세계와 보이지 않은 세계, 다가가고 싶은 세계와 돌아서고 싶은 세계를 모두 보아야 하며, 궁극적으로는 우주만물의 근원이며 본질인 ○을 보아야 한다.

＊태초에 氣작용이 온 우주로 울려 나와 우주만물을 이루었다

인간은 동물과 판이하게 다르다. 하등동물로 내려갈수록 유전인자의 지배를 받는 반면, 인간은 유전인자보다는 그가 어느 시대에 살았으며, 어떤 사람과 만나고, 어떤 가치관을 가지고 살았는가에 따라 삶의 질이 달라진다. 그것이 우리 인간이 다른 생물과 전혀 다른 위치에 서게 한 것이다. 그러나 생체조직으로 들어가면 사람과 동물의 생리작용은 별 차이가 없다. 개구리의 생리작용이나 사람의 생리작용은 크게 차이가 없다. 그런데 생명체끼리는 같지만 생물과 무생물과는 완연하게 다르다. 무생물은 생리적 작용이 없다. 거기서 더 내려가 분자, 원자의 차원에 이르면, 무생물과 생물의 구분이 없어진다. 사람에게서 떼어낸 원자와 돌멩이에서 떼어 낸 원자는 차이가 없다. 이렇게 들어가 보면 세상 모든 것은 더 이상 나눌 수 없는 궁극의 그 무엇인 '하나'에서 만나게 된다. 이 하나가 바로 ○이며, 그의 작용력이 氣다.

최상의 균형과 질서와 완벽성을 갖춘 절대의지, 그를 세상 사람들은 '하나님'이라 하고, '알라'라 하고, '상제님'이라 하고, '한울님'이라 한다. 우리는 우주의 본질인 ○이 있어 그가 스스로 충동하여 氣작용을 일으킴으로써 우주만물이 생성되었다고 본다. 이것이 유○론唯○論이다.

○을 우주의 실체로 보고 궁구하여 깨달음에 이르고자 하는 유○론적 각성법에서 지도○을 비롯한 여러 ○들을 파견하여 지도하는 것은 이 수행법이 근원인 ○계로부터의 지도라는 것을 의미한다. 근원인 ○계로부터 조건을 통지하고 그 조건에 따라 성실하게 공부해 가는 것이 유○론적 각성법의 가장 큰 특징 중의 하나이다. 때에 따라 제도가 허락되고, 氣태가 지정되고, 氣운영 조건이 제시되는 것은 모두 이러한 맥락脈絡에서 이루어지는 것이다.

그런데 참으로 안타까운 것은 용어에 대한 잘못된 이해다. 우주의 근본 작용력인 氣를 말하면 잡기雜技를 생각하여 수준 낮게 보고, 영 또는 영혼을 말하면 특정 종교나 무속을 연상하며, 우주본질인 ○을 말하면 너무도 근원적이라서 알아듣질 못한다. 이제 우리는 개념부터 바르게 이해해야 한다. 자신이 부정否定한다고 없는 것이 아니다. 우리 모두는 우주본질인 ○으로부터 영靈이 형성되어 이 세상에 존재하게 되었고, ○의 氣작용에 의해 살아가고 있다는 것을 깨달아야 한다.

* '참나'를 찾아가는 최선의 길은 氣를 통하는 것이다

인간의 영적 수준이 높아지고 지혜의 눈이 떠지면 자연히 서로를 개방하고 아름다움을 추구하는 길로 나아가게 된다. 우리는 이

제 인성(人性) 속에 잠들어 있는 신성(神性)을 깨워내야 한다. 신성의 본질은 '창조'와 '평화'이다. 창조는 자기와 다른 것을 받아들이는 데서 시작되며, 평화는 하찮은 것까지 존재의 의미와 가치를 진실로 인정해 줄 때에 이루어진다.

우리 몸에는 자기인식 시스템이 있어서 자기에게 맞지 않는 것이 들어오면 거부반응을 일으켜 밀어낸다. 그런데 참 신비로운 일이 있다. 우리의 성(性) 세포는 감수분열을 하여 전혀 자기와 다른 유전정보를 가진 상대를 받아들여서 생명을 창조해 낸다. 자기를 지키는 데는 분명한 자기인식이 필요하지만 창조를 위해서는 자기를 비우고 자기와 다른 정보를 수용할 수 있어야 한다. 이것을 통해서 사랑하고 이것을 통해서 창조를 이루어 나간다. 이러한 관계, 나와 상대의 조화로운 어울림, 이러한 것을 파악하는데 있어 최선의 방법이 氣작용을 통하는 것이다. 氣는 우주의 근원이며 본질인 ○의 작용력으로서 우주만물의 생성과 운행을 관장하며 모든 것과 통하게 한다. 그러므로 氣작용을 통해 사물의 본성을 이해하고 깨우쳐 가는 것이 깨달음에 이르는 최상의 길이다.

우리는 氣의 흐름을 통해서 몸과 마음을 조종하며, 눈에 보이지 않는 보다 높은 질서의 세계를 이해할 수 있다. 이러한 氣작용을 하등동물들은 거의 완벽하게 쓰고 있다. 작은 벌새에서 아프리카의 영양들에 이르기까지 수많은 동물들과 여러 종류의 철새들이 이동하는 것은 내재된 氣작용에 의한 것이다. 그런데, 우리 인간은 지능과 의식이 발달하면서 점차 자연적인 氣의 흐름을 잃어버리게 되었다. 지능과 의식의 발달로 인간은 다른 동물과 극적으로 다른 차원에 설 수 있게 되었으나 대자연의 질서와 통하는 氣의 흐름을 잃어버리고 말았다. 그 결과 우리는 자연을 훼손시켜 삶의 터전을 스스로 파멸로 몰아가고 있다. 우리가 우주본성의 드러남인 氣작용을 다시 찾아내야 스스로 존재하고 스스로 운행하는 우주적 본성을 이해하고 깨달을 수 있다.

■ 용어설명

제1부

＊태양에너지 solar energy: 태양으로부터 전자기파 형태로 방출되는 에너지.
태양이 방출하는 에너지는 막대하지만 지구에 도달하는 것은 약 20억 분의 1에 지나지 않는다. 그 중에서 70%정도가 지구에 흡수된다. 세계 연간 에너지 소비량은 1시간동안 지구에 흡수되는 태양에너지양에 불과하다.

＊대기권大氣圈: 지구를 둘러싸고 있는 대기의 범위.
지상 1,000km까지를 이르며, 온도 분포에 따라서 밑에서부터 대류권, 성층권, 중간권, 열권으로 나눈다.

＊태양풍太陽風, solar wind: 태양에서 우주공간으로 쏟아져나가는 전자, 양성자, 헬륨원자핵 등으로 이루어진 대전 입자의 흐름.

＊밴앨런대 Van Allen belt: 지구를 둘러싼 강한 방사선대.
지구 자기극 축軸에 대칭인 고리 모양으로 지구를 둘러싸고 있는 고에너지의 입자군粒子群.

* **지자기**|地磁氣|earth magnetism, terrestrial magnetism: 지구가 가지는 자기.
지구는 하나의 천연 자석으로 자석의 양극兩極은 각각 지리적 양극 부근에 있다. 자침이 남북을 가리키는 것은 이 때문이다. 지자기는 불변의 것이 아니고 주기적 또는 불규칙적으로 변화하며 영구 자계와 변화 자계로 나뉜다.

* **지구자기장**地球磁氣場: 지구와 관련된 자기장.
지구 표면에서 지구자기장은 주로 쌍극자의 성질(남극과 북극의 2개의 극을 가짐)을 보인다. 지표에서 멀어지면 쌍극자의 성질이 변화되어 나타난다.

* **오스트랄로피테쿠스** Australopithecus: 약 400만 년 전, 지구에 나타났던 원인猿人.
생활근거지를 마련하고, 언어소통을 하며, 친족관계를 형성하는 등 최초의 인간적인 특징을 지닌 것으로 여겨진다.

* **호모 하빌리스** Homo habilis: 150만 년 전, 플라이스토세에 살았던 인류.
'능력 있는 사람'이라는 뜻으로 도구를 만들어 쓴 최초의 인간이다. 뇌의 크기는 500~800CC정도로 '오스트랄로피테쿠스'보다 다소 커져서 원인猿人과 원인原人의 중간에 위치한다.

* **호모 에렉투스** Homo erectus: '직립인간'이라는 뜻으로, 자바원인, 북경원인, 하이델베르크인이 여기에 해당한다. 대퇴골이 외형적으로는 현생인류와 거의 구별이 없으며, 두발로 똑바로 서서 보행을 했다는 것을 나타낸다. 불의 사용으로 겨울철이 있는 온대지방까지 진출할 수 있었다. 20만~100만 년 전, 구대륙의 열대-온대에 널리 분포했으며 전기 구석기 문화를 이루었다.

*호모 사피엔스Homo sapiens: '지혜가 있는 사람'이라는 뜻으로 생물학이나 고인류학에서 사람속Homo Genus가운데 현생인류와 같은 종種으로 분류되는 생물을 가리키는 학명學名이다.

*임계점臨界點: 물질의 구조와 성질이 다른 상태로 바뀔 때의 온도와 압력. 평형 상태의 두 물질이 하나의 상狀을 이룰 때나 두 액체가 완전히 일체화할 때의 온도와 압력을 이른다.

*티핑 포인트Tipping point: 전환되는 급격한 변화 시점.

*가이아 이론Gaia theory: 지구를 환경과 생물로 구성된 하나의 유기체, 즉 스스로 조절되는 하나의 생명체로 소개한 이론으로 1978년 영국의 과학자 제임스 러브록이 〈지구상의 생명을 보는 새로운 관점〉이라는 저서를 통해 주장하였다.

*우주○계: 우주를 주도하고 조종하는 가장 높은 차원의 계.

*우주영: 우주적인 의식과 지혜와 힘을 가지고 우주도리를 바탕으로 세상을 제도하는 영체.

*인간영: 상대를 배려하고 보살피며, 서로의 관계를 소중히 하고 도리를 따르며, 영적 각성을 위해 끊임없이 노력하는 영체.

*사람영: 물질만을 탐하고, 자기 몸에만 집착하며, 서로의 관계를 무시하고, 영혼과 정신의 작용에 대해서는 무관심하며, 도리를 따르려 하지 않는 극히 이기

적인 영체.

＊동물영: 먹고 자고 번식하는 등의 동물적 본성에만 집착하는 영체로서 생존과 번식을 위해 자신의 모든 명을 쓴다.

＊제3인류: 우주적인 지혜와 힘을 가진 우주영들이 주도하는 인류.
제3인류는 육체의 한계를 벗어나 정신으로 물질을 통제하고 영감으로 소통하는 삶을 살게 되는데, 그들은 텔레파시와 같은 염력念力을 쓰고, 우주에너지인 ○력을 자유자재로 쓰게 되며, 물질의 차원을 뛰어넘으며, 시간과 공간의 개념이 완전히 바뀐 세상을 살게 될 것이다.

＊○적 파도: 우주○계에서 일으키는 우주에너지 파동. ○적 파도는 세상을 변화시키기 위한 원동력이 된다.

＊점프타임jump time: 진 휴스턴은 현재를 점프타임의 시대, 즉 도약의 시대라 정의하면서 이 시기에 우리 인류와 지구 전체가 새로운 영역으로 도약하여 새롭게 진화될 것이라고 주장했다.

＊홀로그램hologram: 완전하다는 'holos'와 그림이라는 'gram'의 합성어.
빛의 간섭을 이용해 3차원 영상정보를 사진필름에 기록하는 기술을 '홀로그래피holography'라 하며, 그러한 기술을 통해 물체의 영상이 기록된 사진필름 또는 재현된 영상을 '홀로그램hologram'이라 한다.

제2부

* 유○론적 각성법: 우주 궁극의 실체를 ○으로 보며, 우주만물이 모두 ○으로부터 비롯되었다고 보는 우주관에 기초하는 사상으로, 모든 자에게는 우주적 본성이 내재되어 있으므로 ○과 깊이 통함으로써 스스로 각성해 가는 사상이다.

* ○: 우주의 근원이요 본질이며 우주만물의 기본 구성 소素로서, 모든 것의 시원始原이며, 모든 가능성과 힘과 정보를 가진 우주적 실체. ○은 '없는 것'이 아니라 '○으로 존재'하는 것이다.

* 氣: 우주 궁극의 실체인 ○의 작용력.
우주만물은 氣의 이합집산離合集散에 의해 살아나고 사라지며 생멸生滅을 계속한다. 氣는 대상에 따라 상호작용하는데, 몸에 작용하면 '몸氣'가 되고, 영혼에 작용하면 '영氣'가 되며, 땅에 작용하면 '지기地氣'가 되고, 물질에 작용하면 '물질氣'가 되며, 서로의 관계에 작용하면 '연기緣氣'가 되고, 기운의 성쇠盛衰에 작용하면 '운기運氣'가 된다.

* 氣(스스로氣): 우주자성에 의해 스스로 발생하고 스스로 운동하는 氣작용.

* 氣(저절로氣): 氣에 의해 일어나는 상대적, 조건적으로 작용하는 氣작용.

* 우주자성: 전체적인 조화와 균형을 이루기 위해 '스스로 존재'하고 '스스로 운행'하는 우주적 본성.

* 생명장生命場,Life field: 생명활동을 보장하는 전체의 장을 이르는 개념.
생명장은 몸기氣(몸을 운영하는 기운)와 영기靈氣(영혼의 기운)와 지기地氣(터전과 환경의 기운)의 조합이 이루어내는 氣場(몸집)을 말한다. 존재하는 모든 것은 각자마다 고유한 기장氣場을 형성하고 있는데, 특히 생명체에 형성되어 있는 기장을 생명장이라 한다.

* 생명장 이론: '터'와 '틀'과 '틈'으로 된 세상장에서, '몸기', '영기', '지기'로 이루어진 생명장을 조화롭고 균형있게 운영함으로써 온전한 생명활동을 할 수 있다는 이론.
모든 생명체는 생명장을 통해 세상(세상장)과 상호 보조, 보완, 간섭, 통제하면서 존재한다.

* 생명장 조정: 내외적 요인에 의해 왜곡, 변형된 생명장을 氣의 창조성과 복제성을 이용하여 생명 본래의 온전함을 회복하도록 氣를 조절, 조종하는 운영.
모든 생명체는 생명장의 수축, 팽창을 통해서 살아나고 사라지므로 생명장을 도리에 맞게 조정하고 조종함으로써 온전한 생명활동을 계속할 수 있다.

* 생명장 기형氣形: 생명장을 그림 형식으로 시각화한 것.
기형 점검을 통해 부조화의 모든 원인을 파악할 수 있다.

* 세상장: 바탕이 되는 '터(터전)'와 그 위에서 운행되는 모든 '틀(사물)'과 틀이 운행되도록 돌려주는 '틈(공간)'의 세 바탕으로 이루어진 모든 생명체가 존재할 바탕. 모든 생명체는 세상장과 각자의 생명장이 서로 공명하고 대사함으로써 존재한다.

＊지도○파견: 인간의 영적 주체인 본영에게 우주 지성체인 지도○을 파견하여 영적 진화를 도모하는 영적 지도법. 지도○에는 보호를 전담하는 위술衛術○, 내외의 氣를 조절하여 조화와 균형을 이루는 의술醫術○, 내재된 본성을 일깨우는 의술意術○, 근본원리를 깨닫게 하는 리理○ 등이 대표적이다.

＊자동동작: 내부의 氣와 외부의 氣가 불균형 상태에 있을 때, 스스로 조화와 균형을 이루기 위해 발생하는 氣의 이동 현상을 몸짓으로 표현하는 것.
자동동작을 하는 것은 자율적이고 자동적이며 자연스럽게 운행되는 우주자성의 氣를 체험하고 체득하기 위함이다.

＊회로: 우주실체인 ○의 자성운동을 2차원의 평면에 그림 형식으로 표현한 것.

＊회로제도: 사물의 숨겨진 실상實相을 밝히기 위해서 우주의 근본 소素인 ○의 운동성과 질서를 그림 형식으로 표현하는 수행법.
회로제도를 하는 것은 외부세계의 정보를 농축시켜 자신의 내부에 내재하는 것이고, 자신에게 내재된 것을 실현해 내는 것이며, 특정한 목적을 위하여 필요한 氣를 조합하여 형상화하는 것이고, 형상화한 회로제도를 운영하여 氣를 쓰는 것이다. 이 같은 이유로 우리는 회로제도를 통해 진화, 발전하는 ○의 도리를 깨달을 수 있다.

＊제도: 우주의 근본 소素의 표현인 회로를 우주도리에 맞게 조합하여 설계화한 것. 제도는 氣의 집적도集積圖이며, 영적 설계도로서 모든 조직화의 바탕이며, 모든 정보의 결집체이다. 제도는 설계한다는 의미로서 정보를 새롭게 짜거나 이미 짜진 것을 재구성한다는 제도製圖의 의미가 있으며, 설계되어진 것을 자신의

의도에 따라 주도하고 조종하여 다스린다는 제도^{制度}의 의미를 동시에 가진다.

* 氣태: 氣의 보조와 조종을 위해 특정한 재질과 모양으로 제작한 물품.

* 氣태운영: 氣태를 통해 氣를 조달하고 조종하여 제도의 세계를 실제 세계로 구현해 내는 제반 행위.

* 지기^{地氣}보조: 특정한 목적을 위해 특정한 지역의 지기를 보조하는 것.
지기보조는 특정한 곳의 지명^{地名, 地命}과 통함으로써 필요한 氣를 보조하는 것인데, 주로 氣운영을 통해 이루어진다.

* 氣운영: 영적 설계인 제도를 실현해 내기 위해 氣를 보조하거나 조정하는 것. 氣운영은 氣를 폄과 동시에 보조받는 것이므로 氣운영을 통해 한편으로는 정보를 농축하고 한편으로는 농축된 정보를 실현할 수 있다. 또한 氣운영은 氣맥을 조종하는 것이므로 이를 통해서 진행과 결과를 미리 예측할 수도 있다.

* 氣조정: 내부의 기운과 외부의 기운이 서로 균형과 조화를 이루도록 조정하는 것. 氣조정은 내재된 자정능력을 개발하고 활성화시켜 생명력을 강화하며, **氣**와 **氪**를 조화롭게 조정할 수 있도록 함으로써 氣의 운행을 원활히 한다. 이를 위해 자신에게 필요한 기운을 외부로부터 받아들이고 내부의 불필요한 기운을 밖으로 내보냄으로써 내부를 정화하고, 잠재되어 있는 능력을 활성화하며 더불어 안과 밖의 조화와 균형을 이루도록 한다.

* 氣조절: 氣의 수급^{受給}을 조절하는 것.

모든 것은 내부세계와 외부세계로 나누어져 있어 상호 대사함으로써 존재한다. 氣대사에 있어 수급收給, 과다過多, 심천深淺, 고저高低, 강약强弱, 완급緩急 등을 무리하거나 모자라게 하면 탈이 되고 병이 됨으로 이를 잘 조절해야 한다.

* 氣조종: 자신의 의지로 氣를 조종하여 외부세계를 변화시키는 것.
정화되고 활성화된 내부의 氣를 자신이 의도하는 목적 실현을 위해 주도적으로 운영하는 것이다.

제3부

* 사람성: 몸과 물질에만 집착하고 탐욕하는 무지하고 이기적인 성품.

* 인간성: 서로의 관계를 소중히 하며 영적 각성을 위해 노력하는 성품.

* 위술○: 부조화를 일으키는 여러 요인으로부터 보호하기 위해 보조하는 ○.

* 의술○: 안과 밖, '모좌'와 '몸좌'의 균형과 조화를 위해 보조하는 ○.

* 9술○: 내재된 우주성품의 활성화를 위해 보조하는 ○.

* 리理○: 우주사물과 사상의 근본이치를 파악하기 위해 보조하는 ○.

* 우주○: 우주○계를 구성하는 고차원의 우주지성을 가진 ○.

* 떙(명)조정제도: 물질화된 에너지의 총화인 '명命'을 조정하는 제도.

* 떵(본영)조정제도: 본영의 설계를 우주도리에 맞게 수정, 보완하는 제도.

* 㗊(모좌)조정제도: 본영과 몸을 설계, 운영, 관리하는 모좌를 조정하는 제도.

* 㗊(주좌): 영적 주체主體인 本○과 모좌와 몸좌를 주도하는 좌.

* 제도製圖: 우주근원인 우주○계에 좌를 구성하기 위한 영적 제도 및 활동.

* 세상제도世上制度: 영적 깨달음을 바탕으로 세상을 제도(다스림)하는 제반 활동.

* 주명제도: ○계의 도리를 전담하여 세상에서 실행에 옮기는 제반 활동.

* 계조종제도: 공존의 법칙인 계(경계, 관계, 단계)를 조정하고 조종하는 제도.

* 여의제도: 우주근원과 하나 되어 ○계와 세상을 주도하고 조종하는 제도.

* 우주영제도: 왜곡, 변질된 '본영'과 '모좌'와 '명'과 '몸'을 우주도리에 맞게 수정, 보완하여 변조(재구성)함으로써 영적 진화를 도모하는 영적 제도 법.

* 계: 氣와 炁의 조합으로 이루어지는 근본 질서로서 모든 존재의 바탕. 氣와 炁의 조합으로 형성되는 계system가 만물의 변화를 주도하고 생멸을 관장한다. 이 보이지 않는 질서에 의해 각자가 속할 계系·系가 정해지고 운행된다.

＊本○(本○): 개체의 영적 핵심(씨, 알)이라고 할 수 있는 ○체.
이것이 주○이 되어 보조○들과 조절○들이 조합되어 영체가 구성된다. 이 本○
이 본영을 주도, 관리하며 모든 정보는 궁극적으로 本○에 농축, 저장된다. 영적
진화는 본영이 우주도리에 맞게 향상됨으로써 本○의 격이 높아지는 것이다.

＊영(본영): 本○이 주체가 되어 보조○들과 조절○들을 조합, 조직하여 형성된
영체.
이 본영에 의해 우주영, 인간영, 사람영, 동물영 등의 영격이 결정되므로, 이 본
영이 변조되어야 영적 진화가 일어난다.

＊명(명): 모좌에 본영이 좌를 정하여 명을 짜고, 명에 의해 몸이 형성됨으로써
세상으로 오게 되며, 명이 내적 균형을 이루고 내재된 정보를 풀어냄으로써 살
아간다.

본영은 운영할 명(명)을 갖으며, 명에 의해 몸이 형성되고, 몸은 본영에 의해 조
종된다. 이러한 모든 몸의 원형으로서 생명활동의 가능하게 하는 영적 바탕을
영적 부호로 표현하면 ○이 된다. 여기서 본영의 주체가 되는 것이 本○이며,
本○은 ○계에서 통제, 관리된다.

＊○(모좌): 本○과 영과 몸좌를 운영, 관리하는 영적 바탕.
우주만물을 생성하고 운행하는 자궁子宮이며 정보의 데이터베이스database로서,
영적 진화를 위한 모든 정보를 실행하며 다시 근원으로 돌아가게 하는 영적 시
스템이라고 할 수 있다. 모든 몸은 모좌에 의해 형성되며, 모좌에 의해 운영, 관
리된다.

＊몸좌: 모좌의 설계에 의해 형성된 몸을 운영, 관리하는 영적 바탕.

＊부제도: 영적 정보의 수집과 설계된 정보의 실행을 위해 모좌를 자극하고 동기를 부여하는 영적 정보 및 작용력.

＊모좌와 부제도의 역할: 부제도는 아버지와 같은 속성을 가지며, 모좌는 어머니와 같은 성품을 가진다. 부(부제도)는 모(모좌)에 불기운(작용력)을 주어서 몸을 형성하도록 힘과 정보를 제공하고, 모(모좌)는 부(부제도)의 불기운을 받아서 몸을 형성하고 운영한다. 즉, 모좌는 몸의 근원으로서 영혼과 육체를 주도하고 관장하며, 부제도는 모좌에 동기를 부여하고 모좌로부터 기운과 정보를 불러내어 실행한다.

＊옴: 모든 몸을 형성하고 운행하는 영적 바탕.
우주는 우주본질인 '○'과 물질계인 '□', 그리고 이 둘을 제한하고 연결하면서 질서를 짜고 운영하는 '┼'의 조합과 주도로 운행된다.

＊主조종좌: 영체와 유체와 육체의 조화로운 조합과 운행을 주도하는 영적 좌.
우리는 세 좌가 조화롭게 운행됨으로써 세상에서 온전하게 존재할 수 있다.

제4부

＊ㅈ: 부조화를 일으키는 ○적 요소.
ㅈ은 이간하여 서로를 갈리게 하며, 몸을 사로잡아 독을 뿌리고, 성을 마구 부

리게 하여 명을 병들게 한다.

＊몸기운영: 우주근원의 작용력인 氣를 체득하여 이를 바르게 운영함으로써 육체적, 정신적, 영적 건강을 도모하는 수행법.
몸기운영을 통해 생명장을 조화롭게 다루어 모든 대상과 서로 조화를 이루고, 씀씀이를 옳게 함으로써 참되고 지혜로운 삶을 이루며, 궁극적으로는 영적 진화를 이루도록 한다.

＊몸기보조 좌판: 몸기의 보조와 조정을 위해 '터'와 '틀'과 '틈'으로 이루어진 세상 모습을 본떠 만든 수련용품.

＊기맥제도: 인체에서 가장 근간이 되는 여섯 기맥과 전체를 싸고 있는 기장을 제도화한 것.

＊○栗乂明吊: 우주의 근원이며, 본질인 '○'에서부터 현상계이며, 물질계인 '□'에 이르는 전 과정의 우주적 도리와 질서와 법칙을 하나의 부호로 나타낸 표.

＊○栗주: 우주를 주재主宰하고 주도主導하는 절대자를 이르는 이름 또는 도리.

＊계조종: 공존의 법칙인 계를 조종하는 것.
계조종은 조화로운 공존을 위해 올바른 관계를 정립하여 서로 바른 교류를 통하는 것이며, 나아가 이를 바탕으로 서로의 영적 단계를 높여가는 것이다.

＊전생업장제도: 전생으로부터 비롯된 영적 응어리를 소멸하는 영적 제도.

* 여의화如意化: 본질인 'ㅇ'과 존재하는 사물 'ㅣ'이 ㅇ=ㅣ로 하나가 되는 것. 모든 것을 자신의 뜻대로 이룰 수 있는 경지에 이르는 것을 의미한다.

* 여의조종법: 인간과 사물에 대한 깊은 통찰을 바탕으로 스스로 氣를 조종하여 뜻하는 바를 이루는 氣조종법.
여의조종은 소망하는 것을 이루는 조종이지만 원한다고 무엇이나 할 수 있는 것이 아니고 할 수 있다고 무엇이나 해서도 안 된다.

* 영적 진화: 우주지성을 받아들이고 그의 절대 질서에 순응하여 더욱 높은 정보체계를 이루는 것.
우주는 더욱 높은 질서로 향하려는 성품이 있는데, 이는 우주의 근저根底에 온갖 이유를 조화롭게 하는 절대지능絶對知能, 즉 우주지성이 있음을 의미한다. 이 우주적 지성을 받아들여 그와 하나 되는 것이 영적 진화를 이루는 최상의 길이다.

■ 참고문헌

* 초자연 1. 2 (라이얼 왓슨 저, 인간사 1991년)
* FIELD (린 맥타가트 저, 무우수 2004년)
* 공생자 행성 (린 마굴리스 저, 사이언스 북스 2007년)
* 거의 모든 것의 역사 (빌 브라이슨 저, 까치 2003년)
* 홀로그램 우주 (마이클 탤보트 저, 정신세계사 1999년)
* 디바인 매트릭스 (그랙 브에이든 저, 굿모닝미디어 2008년)
* 월드쇼크 2012 (그랙 브에이든 외, 출판사: 쌤앤 파커스 2008년)
* 2012 지구 대전환 (김재수 저, 소피아 2009년)
* 지구. 46억년의 고독 (마쓰이 다카후미 저, 푸른산 1990년)
* 교과서에서 배우지 못한 과학 이야기 (로버트 M. 헤이즌. 제임스 트레빌 공저, 고려원미디어 1993년)
* 의식혁명 (데이비드 호킨스 저, 한문화 1997년)
* 요가 호흡정석 (B. K. S 아행가 저, 문진희 요가 연구소 1994년)
* 환경의 날 특집 다큐멘터리 'HOME'
* The 11th Hour. 2007 (지구의 11번째 시간)

영적혁명

초판 1쇄 | 2010년 10월 10일

지은이 | 김상국
편집 | 유정숙
펴낸곳 | 여의출판사

주 소 | 서울시 서초구 서초1동 1444-11번지 성도빌딩 3F
전 화 | 02-588-7456
전자우편 | veryez@naver.com
등록 | 제214-90-93720호

값 20,000원
ISBN 978-89-960242-3-1 03810

Copyright© 2010 by yeoui

* 이 책은 여의출판사가 저작권자와의 계약에 따라 발행한 것이므로
  본사의 허락없이는 어떠한 형태나 수단으로도 이 책의 내용의 내용을 이용하지 못합니다.
* 파본이나 잘못된 책은 구입처에서 교환해 드립니다.